U0225953

“十三五”国家重点出版物出版规划项目

海洋机器人科学与技术丛书

封锡盛　李　硕　主编

深海探测装备

张少伟　著

科学出版社
龍門書局
北　京

内 容 简 介

本书是关于深海探测装备的现状、发展趋势、关键技术的科技前沿专著。本书针对深海科学探索前沿的需求，结合在研项目，对典型深海探测装备进行介绍。全书主要内容如下：对深海探测传感器进行介绍；针对海底观测，对深海着陆器、浮标基海底观测系统进行介绍；详细研究水下滑翔机流体力学、动力学建模与控制技术；阐述基于水下滑翔机的海洋移动自主观测系统；介绍利用水下机器人跟踪观测海洋现象的设备；描述深海金属矿产资源开发利用技术和开采系统设计方案。

本书可作为从事深海探测装备研发和设计的科技人员、管理人员的参考书，也可作为深海探测、海洋观测技术相关专业本科生和研究生的教材。

图书在版编目（CIP）数据

深海探测装备 / 张少伟著. —北京：龙门书局，2020.3（2021.3 重印）
（海洋机器人科学与技术丛书 / 封锡盛，李硕主编）
“十三五”国家重点出版物出版规划项目　国家出版基金项目
ISBN 978-7-5088-5677-3

Ⅰ. ①深…　Ⅱ. ①张…　Ⅲ. ①深海－海洋调查设备　Ⅳ. ①TH766

中国版本图书馆 CIP 数据核字（2019）第 242513 号

责任编辑：王喜军　高慧元　张　震 / 责任校对：王萌萌
责任印制：师艳茹 / 封面设计：无极书装

科学出版社
龍門書局　出版
北京东黄城根北街 16 号
邮政编码：100717
http://www.sciencep.com
中国科学院印刷厂 印刷
科学出版社发行　各地新华书店经销
*
2020 年 3 月第　一　版　开本：720 × 1000　1/16
2021 年 3 月第二次印刷　印张：11 3/4　插页：6
字数：230 000

定价：108.00 元

（如有印装质量问题，我社负责调换）

丛书前言一

浩瀚的海洋蕴藏着人类社会发展所需的各种资源，向海洋拓展是我们的必然选择。海洋作为地球上最大的生态系统不仅调节着全球气候变化，而且为人类提供蛋白质、水和能源等生产资料支撑全球的经济发展。我们曾经认为海洋在维持地球生态系统平衡方面具备无限的潜力，能够修复人类发展对环境造成的伤害。但是，近年来的研究表明，人类社会的生产和生活会造成海洋健康状况的退化。因此，我们需要更多地了解和认识海洋，评估海洋的健康状况，避免对海洋的再生能力造成破坏性影响。

我国既是幅员辽阔的陆地国家，也是广袤的海洋国家，大陆海岸线约 1.8 万千米，内海和边海水域面积约 470 万平方千米。深邃宽阔的海域内潜含着的丰富资源为中华民族的生存和发展提供了必要的物质基础。我国的洪涝、干旱、台风等灾害天气的发生与海洋密切相关，海洋与我国的生存和发展密不可分。党的十八大报告明确提出：“提高海洋资源开发能力，发展海洋经济，保护海洋生态环境，坚决维护国家海洋权益，建设海洋强国”。[①]党的十九大报告明确提出：“坚持陆海统筹，加快建设海洋强国。”[②]认识海洋、开发海洋需要包括海洋机器人在内的各种高新技术和装备，海洋机器人一直为世界各海洋强国所关注。

关于机器人，蒋新松院士有一段精彩的诠释：机器人不是人，是机器，它能代替人完成很多需要人类完成的工作。机器人是拟人的机械电子装置，具有机器和拟人的双重属性。海洋机器人是机器人的分支，它还多了一重海洋属性，是人类进入海洋空间的替身。

海洋机器人可定义为在水面和水下移动，具有视觉等感知系统，通过遥控或自主操作方式，使用机械手或其他工具，代替或辅助人去完成某些水面和水下作业的装置。海洋机器人分为水面和水下两大类，在机器人学领域属于服务机器人中的特种机器人类别。根据作业载体上有无操作人员可分为载人和无人两大类，其中无人类又包含遥控、自主和混合三种作业模式，对应的水下机器人分别称为无人遥控水下机器人、无人自主水下机器人和无人混合水下机器人。

无人水下机器人也称无人潜水器，相应有无人遥控潜水器、无人自主潜水器

① 胡锦涛在中国共产党第十八次全国代表大会上的报告. 人民网，http://cpc.people.com.cn/n/2012/1118/c64094-19612151.html

② 习近平在中国共产党第十九次全国代表大会上的报告. 人民网，http://cpc.people.com.cn/n1/2017/1028/c64094-29613660.html

和无人混合潜水器。通常在不产生混淆的情况下省略“无人”二字，如无人遥控潜水器可以称为遥控水下机器人或遥控潜水器等。

世界海洋机器人发展的历史大约有 70 年，经历了从载人到无人，从直接操作、遥控、自主到混合的主要阶段。加拿大国际潜艇工程公司创始人麦克法兰，将水下机器人的发展历史总结为四次革命：第一次革命出现在 20 世纪 60 年代，以潜水员潜水和载人潜水器的应用为主要标志；第二次革命出现在 70 年代，以遥控水下机器人迅速发展成为一个产业为标志；第三次革命发生在 90 年代，以自主水下机器人走向成熟为标志；第四次革命发生在 21 世纪，进入了各种类型水下机器人混合的发展阶段。

我国海洋机器人发展的历程也大致如此，但是我国的科研人员走过上述历程只用了一半多一点的时间。20 世纪 70 年代，中国船舶重工集团公司第七〇一研究所研制了用于打捞水下沉物的“鱼鹰”号载人潜水器，这是我国载人潜水器的开端。1986 年，中国科学院沈阳自动化研究所和上海交通大学合作，研制成功我国第一台遥控水下机器人“海人一号”。90 年代我国开始研制自主水下机器人，“探索者”、CR-01、CR-02、“智水”系列等研制任务先后完成。目前，上海交通大学研制的“海马”号遥控水下机器人工作水深已经达到 4500 米，中国科学院沈阳自动化研究所联合中国科学院海洋研究所共同研制的深海科考型 ROV 系统最大下潜深度达到 5611 米。近年来，我国海洋机器人更是经历了跨越式的发展。其中，“海翼”号深海滑翔机完成深海观测；有标志意义的“蛟龙”号载人潜水器将进入业务化运行；“海斗”号混合型水下机器人已经多次成功到达万米水深；“十三五”国家重点研发计划中全海深载人潜水器及全海深无人潜水器已陆续立项研制。海洋机器人的蓬勃发展正推动中国海洋研究进入“万米时代”。

水下机器人的作业模式各有长短。遥控模式需要操作者与水下载体之间存在脐带电缆，电缆可以源源不断地提供能源动力，但也限制了遥控水下机器人的活动范围；由计算机操作的自主水下机器人代替人工操作的遥控水下机器人虽然解决了作业范围受限的缺陷，但是计算机的自主感知和决策能力还无法与人相比。在这种情形下，综合了遥控和自主两种作业模式的混合型水下机器人应运而生。另外，水面机器人的引入还促成了水面与水下混合作业的新模式，水面机器人成为沟通水下机器人与空中、地面机器人的通信中继，操作者可以在更远的地方对水下机器人实施监控。

与水下机器人和潜水器对应的英文分别为 underwater robot 和 underwater vehicle，前者强调仿人行为，后者意在水下运载或潜水，分别视为“人”和“器”，海洋机器人是在海洋环境中运载功能与仿人功能的结合体。应用需求的多样性使得运载与仿人功能的体现程度不尽相同，由此产生了各种功能型的海洋机器人，如观察型、作业型、巡航型和海底型等。如今，在海洋机器人领域 robot 和 vehicle 两词的内涵逐渐趋同。

信息技术、人工智能技术特别是其分支机器智能技术的快速发展，正在推动海洋机器人以新技术革命的形式进入“智能海洋机器人”时代。严格地说，前述自主水下机器人的“自主”行为已具备某种智能的基本内涵。但是，其“自主”行为泛化能力非常低，属弱智能；新一代人工智能相关技术，如互联网、物联网、云计算、大数据、深度学习、迁移学习、边缘计算、自主计算和水下传感网等技术将大幅度提升海洋机器人的智能化水平。而且，新理念、新材料、新部件、新动力源、新工艺、新型仪器仪表和传感器还会使智能海洋机器人以各种形态呈现，如海陆空一体化、全海深、超长航程、超高速度、核动力、跨介质、集群作业等。

海洋机器人的理念正在使大型有人平台向大型无人平台转化，推动少人化和无人化的浪潮滚滚向前，无人商船、无人游艇、无人渔船、无人潜艇、无人战舰以及与此关联的无人码头、无人港口、无人商船队的出现已不是遥远的神话，有些已经成为现实。无人化的势头将冲破现有行业、领域和部门的界限，其影响深远。需要说明的是，这里“无人”的含义是人干预的程度、时机和方式与有人模式不同。无人系统绝非无人监管、独立自由运行的系统，仍是有人监管或操控的系统。

研发海洋机器人装备属于工程科学范畴。由于技术体系的复杂性、海洋环境的不确定性和用户需求的多样性，目前海洋机器人装备尚未被打造成大规模的产业和产业链，也还没有形成规范的通用设计程序。科研人员在海洋机器人相关研究开发中主要采用先验模型法和试错法，通过多次试验和改进才能达到预期设计目标。因此，研究经验就显得尤为重要。总结经验、利于来者是本丛书作者的共同愿望，他们都是在海洋机器人领域拥有长时间研究工作经历的专家，他们奉献的知识和经验成为本丛书的一个特色。

海洋机器人涉及的学科领域很宽，内容十分丰富，我国学者和工程师已经撰写了大量的著作，但是仍不能覆盖全部领域。“海洋机器人科学与技术丛书”集合了我国海洋机器人领域的有关研究团队，阐述我国在海洋机器人基础理论、工程技术和应用技术方面取得的最新研究成果，是对现有著作的系统补充。

“海洋机器人科学与技术丛书”内容主要涵盖基础理论研究、工程设计、产品开发和应用等，囊括多种类型的海洋机器人，如水面、水下、浮游以及用于深水、极地等特殊环境的各类机器人，涉及机械、液压、控制、导航、电气、动力、能源、流体动力学、声学工程、材料和部件等多学科，对于正在发展的新技术以及有关海洋机器人的伦理道德社会属性等内容也有专门阐述。

海洋是生命的摇篮、资源的宝库、风雨的温床、贸易的通道以及国防的屏障，海洋机器人是摇篮中的新生命、资源开发者、新领域开拓者、奥秘探索者和国门守卫者。为它“著书立传”，让它为我们实现海洋强国梦的夙愿服务，意义重大。

本丛书全体作者奉献了他们的学识和经验，编委会成员为本丛书出版做了组织和审校工作，在此一并表示深深的谢意。

本丛书的作者承担着多项重大的科研任务和繁重的教学任务，精力和学识所限，书中难免会存在疏漏之处，敬请广大读者批评指正。

中国工程院院士　封锡盛

2018 年 6 月 28 日

丛书前言二

改革开放以来，我国海洋机器人事业发展迅速，在国家有关部门的支持下，一批标志性的平台诞生，取得了一系列具有世界级水平的科研成果，海洋机器人已经在海洋经济、海洋资源开发和利用、海洋科学研究和国家安全等方面发挥重要作用。众多科研机构和高等院校从不同层面及角度共同参与该领域，其研究成果推动了海洋机器人的健康、可持续发展。我们注意到一批相关企业正迅速成长，这意味着我国的海洋机器人产业正在形成，与此同时一批记载这些研究成果的中文著作诞生，呈现了一派繁荣景象。

在此背景下“海洋机器人科学与技术丛书”出版，共有数十分册，是目前本领域中规模最大的一套丛书。这套丛书是对现有海洋机器人著作的补充，基本覆盖海洋机器人科学、技术与应用工程的各个领域。

“海洋机器人科学与技术丛书”内容包括海洋机器人的科学原理、研究方法、系统技术、工程实践和应用技术，涵盖水面、水下、遥控、自主和混合等类型海洋机器人及由它们构成的复杂系统，反映了本领域的最新技术成果。中国科学院沈阳自动化研究所、哈尔滨工程大学、中国科学院声学研究所、中国科学院深海科学与工程研究所、浙江大学、华侨大学、东华理工大学等十余家科研机构和高等院校的教学与科研人员参加了丛书的撰写，他们理论水平高且科研经验丰富，还有一批有影响力的学者组成了编辑委员会负责书稿审校。相信丛书出版后将对本领域的教师、科研人员、工程师、管理人员、学生和爱好者有所裨益，为海洋机器人知识的传播和传承贡献一份力量。

本丛书得到 2018 年度国家出版基金的资助，丛书编辑委员会和全体作者对此表示衷心的感谢。

“海洋机器人科学与技术丛书”编辑委员会

2018 年 6 月 27 日

前　言

“21 世纪海上丝绸之路”是国家“一带一路”倡议的重要组成部分，这为海洋装备的发展带来了新的契机。党的十八大报告指出“提高海洋资源开发能力，发展海洋经济，保护海洋生态环境，坚决维护国家海洋权益，建设海洋强国”。海洋强国战略的实施，不仅会促进沿海地区的经济繁荣，更能对海洋工程装备的发展产生强大推力。

本书结合国家的海洋强国战略，对深海探测技术与装备进行介绍。全书共七章，分别对深海科学前沿、深海探测传感器、深海海底固定观测技术、水下滑翔机动力学建模与控制技术、海洋移动自主观测技术、中小尺度海洋特征跟踪观测技术、深海金属矿产资源开发利用技术等进行系统的介绍。

本书在论述深海科学探索意义的基础上，对深海探测装备的前沿技术进行介绍。本书分析和阐述深海探测装备的导航定位传感器和海洋探测功能型传感器；针对海底观测技术，介绍深远海海底观测系统的设计理念和主要装备组成；从功能需求、总体设计、系统设计、近海试验、远海试验等方面深入细致地介绍深海着陆器技术，并给出海试结果。主要介绍以下关键技术：①包括浮标、水下动态光电复合缆、海底接驳盒技术。通过浮标为海底接驳盒进行供电，海底观测数据经浮标实时回传到岸基，水下动态光电复合缆在传输能源信息的同时，系留住了水面浮标。系统实现了海面、海底实时观测及数据传输，是对现有的海底观测网观测方式进行补充，适用于深远海特别是海底观测网难以铺设的海域。给出光电复合缆的系留设计方案，并详细描述近岸的试验结果。②水下滑翔机的动力学建模对提升水下滑翔机性能具有重要意义，需将流体力学、动力学、控制进行有机组合，低阻的流线外形设计影响其流体力学性能，机翼的位置和尺寸对动力学建模与控制有重要影响。在建模的基础上，分析水下滑翔机在不同滑翔角下的切换控制方法，针对水下滑翔机下潜上浮的运动过程中的不稳定问题，设计最优控制算法。③中小尺度海洋现象的变化受时间、空间的影响，在不同海域、不同季节，这些现象的变化特性、趋势也不相同。采用水下自主平台特别是水下机器人进行观测是最有效的观测方式，建立水下自主平台运动策略与中小尺度海洋现象跟踪观测的数学模型，将观测问题转化为自主水下平台的控制与决策问题。这对了解深海探测装备发展、应用的学科理论，借鉴和吸收国外先进技术与设计思路，并系统全面地掌握其发展现状和趋势，具有重要意义。

作者在本书筹划、编写、统稿、审校过程中，得到了中国科学院深海科学与工程研究所各位领导、专家的帮助和支持，对此表示衷心的感谢。王治强对本书的初稿进行了仔细的校对，在此一并表示感谢。

由于作者水平有限，书中难免会有不足之处，恳请广大读者批评指正。

张少伟

2019 年 5 月

目　录

1
深海科学探测前沿

目前的中国海洋科技界，几乎所有的科研项目都针对 5000 多米以浅的水域，海斗深渊科学、深海探测、海洋资源开发、深潜作业技术仍然属于待开辟的领域，深远海海洋地质、海洋环流的研究是海洋基础科学的研究热点。深海探测装备的发展不足制约了深海科学的研究，现有的深海科学理论对深海环境内部所发生的物理、化学、地质现象的认知十分匮乏，特别是超高压、低温条件下的海斗深渊环境，深海海底的物理、化学、地质现象是否可用近海、浅海的科学理论进行解释，尚无定论。

1.1 大洋深海现象

海洋按深度不同可划分为浅海（≤1000m）、半深海（1000～3000m）、深海（3000～6000m）和海斗深渊（≥6000m），如图 1.1 所示。其中，海斗深渊（hadal

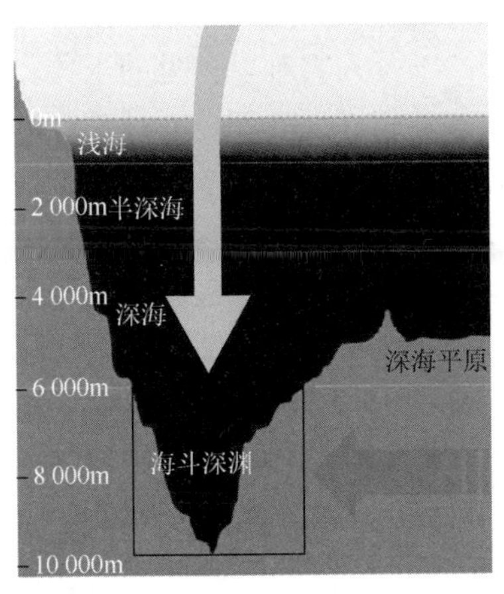

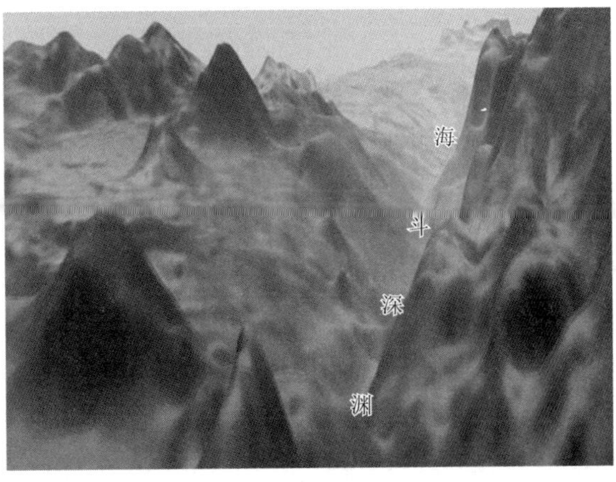

图 1.1 浅海、半深海、深海、海斗深渊对应的深度（见书后彩图）

trenches）的海底面积约为 4.5 万 km^2，虽然只占海洋面积的 1%，却代表了海洋底部 45%的深度范围，是海洋生态系统的重要组成部分。

典型的海洋现象包括海表的风、暴、潮以及它们相互作用产生的上升流、内波、涡流等；海水水体观测包括对温度、盐度、声学的观测；海底观测包括海底地质、底质的观测，研究海底地壳运动特性、地震特性等，并为海底矿产资源开发提供海底表面层数据，如图 1.2 所示。

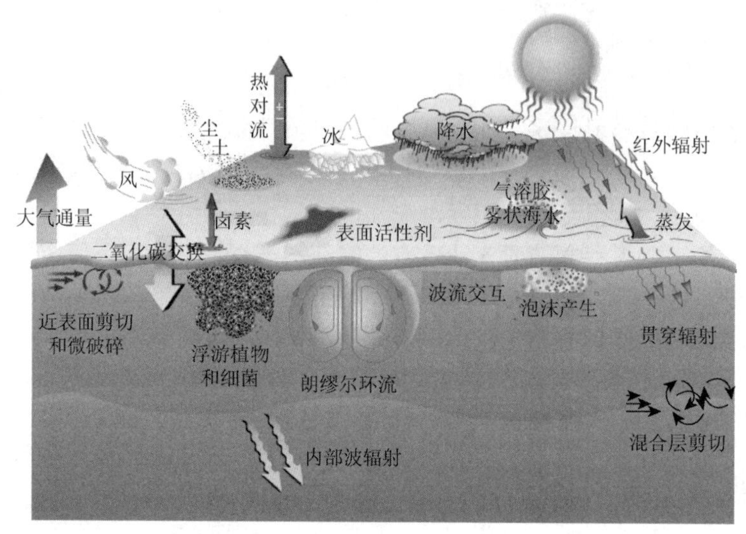

图 1.2　海底及海洋水体典型海洋现象[1]

马里亚纳海沟西南端“挑战者”深渊，最大水深达到 11 000m，具有独特的海洋极端环境，其内部具有压力大、温度低、无光、构造活跃、地震密集、生命奇特等特征。这里有着专属性的洋流运动和环境要素，以及人类难以预见的水体、沉积和成矿地球化学特征，同时，洋流运动与上层海洋和洋壳内部之间存在广泛而特别的物质和能量交换。然而，对于这些重要而奇特的物理、化学、生命与地质现象中所存在的科学问题，目前仍需要进一步研究。

深渊内部有着独特的物理海洋学现象，可通过探测深渊洋流和水团时空变化特征来揭示深渊洋流与全球大洋环流的内在联系，探索洋流对深渊动物幼仔迁移和物质输运的作用，揭示深渊生物新陈代谢的基本物理环境特征。同时，通过观察深渊内部基本化学环境要素特点，分析其独特的化学、矿物和地质微生物学现象，从而揭示深渊物质通量和碳收支模式，并推导深渊内部独有的早期成岩作用机制和铁锰结核成矿机制。

海斗深渊科学是以大深度深渊潜水器深渊监测平台、深渊采样平台和深渊环境模拟平台为主要技术手段，研究海洋深度超过 6000m 的海斗深渊内发生的生命、地质、化学、物理等自然现象、过程及其规律的科学。海斗深渊科学开展的研究有地质地化过程、海沟地形与洋流等。海斗深渊科学开展的研究是蕴含重大科学突破的前沿科学领域，尤其对于探索地球上生命的起源有着重要的意义。

1.2 深海科学探测的意义

地球上海洋的面积是陆地面积的两倍多，而 90%以上的海洋是水深超过 1000m 的海域。进入 21 世纪，日益加剧的人口、资源与环境之间的矛盾，使更深更远的海洋成为人类社会实现可持续发展的战略空间和资源宝库。海洋油气资源不断被发现，而海洋石油主要蕴藏在深海海底，目前估计，全球未来油气总储量的 40%将来自深海海底；如图 1.3 所示的可燃冰，更有可能成为未来的替代性矿物能源；深海金属硫化物、多金属结核矿以及正在揭示的深海“暗能量生物圈”基因资源等，都展现出难以估量的深海资源前景。

图 1.3 海底可燃冰[3]

深海油气资源的发现正在引发新一轮国际海上竞争。围绕着大陆架延伸和专属经济区的划分，国际海底资源之争愈演愈烈。2007 年俄罗斯在北冰洋 4000m 海底插旗，原因是北冰洋可能蕴藏着全球 1/4 未开发的油气量；日本在冲之鸟礁上建岛，目的是占据西太平洋比它本土面积还大的深水区。毋庸置疑，未来谁能够拥有和控制更广阔的海洋，谁就掌握了更多的资源和生存空间。

深海金属矿产资源也是新一轮国际海上竞争的前沿领地，如图 1.4 所示。我国“蛟龙号”载人潜水器在马里亚纳海沟的海试过程中，观察到了海沟铁锰金属结核在深海海底的广泛发育。铁锰结核的形成与原位的氧化还原条件、金属元素来源、沉积速率、水深等成矿环境密切相关，不同环境中所形成的铁锰结核矿物在形态结构、矿物组成、地球化学特征等方面有着较大差异。目前虽尚未对这些结核进行深入的矿物学和地球化学研究，但据现有信息来看，海底结核呈松散的皮状覆盖于深海沉积物之上，显著区别于上层大洋盆地和浅海环境中的同类矿物的宏观形态和结构。结合马里亚纳海沟特殊的地质构造背景、远高于大洋盆地的静水柱压力和特殊的氧化还原条件等成矿环境，以及其独特的铁锰物质来源，我们相信铁锰结核的成矿过程和机制可能会给现有成矿理论带来突破。

(a) 多金属结核

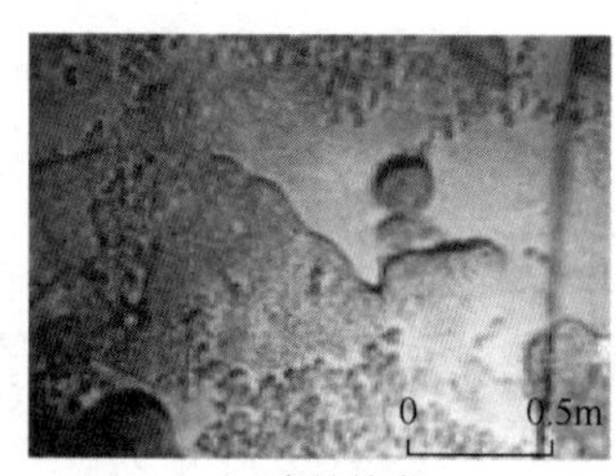

(b) 富钴结壳

(c) 多金属硫化物

图 1.4 金属矿产资源[4]

1.3 深海探测技术现状

1.3.1 载人潜水器技术

随着计算机、微电子技术和机械工业的发展，深海探测手段也逐步多样化。1958 年美国“的里雅斯特号”（Trieste）载人深潜器开启了深海现场观测序幕，1960 年首次到达了马里亚纳海沟的 10 912m 处。日本开发的“Kaiko 号”无人深潜器在 1995～1998 年多次深潜到马里亚纳海沟最深处。美国第二代“海神号”深潜机器人于 2009 年再次下潜到马里亚纳海沟最深处。随着人类对深海环境关注的增多，新一代载人作业型深潜器发展迅速，其中包括美国的“阿尔文号”、日本的“深海 6500 号”、俄罗斯的“和平 1 号”与“和平 2 号”、法国的“鹦鹉螺号”。这些深潜器的最大作业深度大约为 6500m。

我国是继上述四个国家之后第五个自主研制超过6000m深潜器的国家。图1.5所示的“蛟龙号”7000m载人潜水器于2012年6月在西太平洋的马里亚纳海沟海试，成功到达7062m的深度，创造了载人作业型深潜器的世界纪录，为人类迈向深远海开创了新纪元。

图1.5 “蛟龙号”7000m载人潜水器[5]

1.3.2 海底观测网技术

美国于2007年制定了包括区域、近岸和全球三大系统的网络建设计划。最具代表性的海底观测网由美国国家科学基金会组织实施的海洋观测项目（ocean observatories initiative，OOI）支持建设，如图1.6所示，其使命是建设可提供节点供电及高速网络链接的水下观测系统，使科学家、工程师、教育家可以通过远程研究方式开展海底火山、鱼类繁衍、地震、风暴、洋流、海底微生物、气候变化等领域的研究工作，核心内容为将现有的观测条件进行整合，规划发展为三级系统。

海洋观测计划于2009年9月正式开始[6]，于2014年建成启用，其中“区域”部分就是原来美国方面承担的海王星计划（NEPTUNE）[7, 8]。以海王星计划为代表，类似网络节点已于2007年更名为区域尺度观测节点（regional scale observation node，RSN），RSN由华盛顿大学与伍兹霍尔海洋研究所的科学家最早提出，计划在整个胡安·德富卡板块上安装光缆网，进行长期“蹲点”，观测各种时间尺度上的变化，这些观测节点将从根本上改变人类认识海洋的途径。

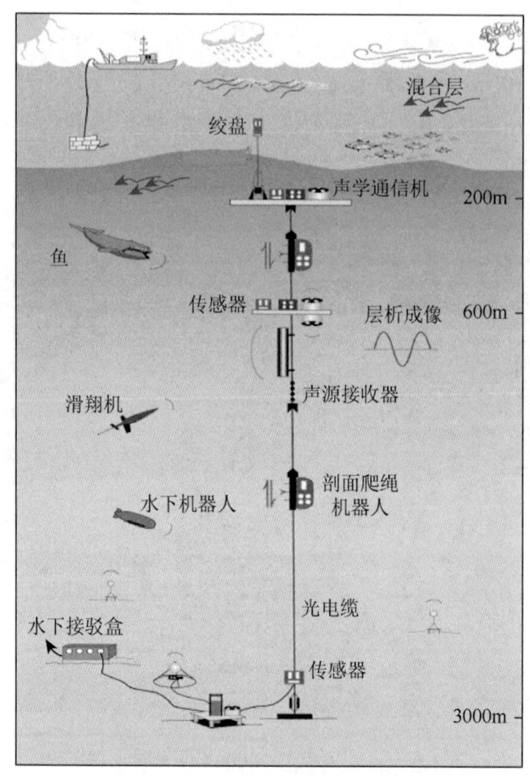

图 1.6 海洋观测计划[6]

2009 年 12 月，加拿大海王星海底观测系统正式启动。它由加拿大阿尔卡特-朗讯公司研发，是加拿大在西部太平洋沿岸不列颠哥伦比亚省的埃斯奎莫尔特海军基地建设的海底观测站。它横跨太平洋的一段海床，在整个胡安·德富卡板块上用 2000 多 km 光电缆将上千个海底观测设备联网。光电缆从温哥华岛西岸出发，穿过大陆架，置身深海平原之上，同时向外延伸到活火山脊扩张中心（新洋壳形成的地方），最终形成一个回路。

为了对宏伟庞大的海底观测站进行测试，美国和加拿大在建设区域尺度观测节点的同时，建设了两个作为试验平台的小型观测站。一个是维多利亚海底试验网络（VENUS）[7]，于 2005 年在佐治亚海峡和英属哥伦比亚附近的胡安·德富卡板块动工铺设光缆。另一个为蒙特利湾加速研究系统（MARS）[9-11]，在美国蒙特利湾设立观测站。它们将使科学家更加密切地监测海岸周围的水域。

美国的海洋观测计划得到欧洲国家和日本的响应。欧洲国家如英国、德国、法国、意大利等已在建设自己的海底观测站。2004 年欧盟制定了欧洲海底观测网（ESONET）计划[12]，该计划汇集了来自欧洲的 14 家研究所的高级科学家，针对从北冰洋到黑海不同海域的科学问题，在大西洋与地中海精选了 10 个海区设站建网，准备进行长期的海底观测，同时探索在大西洋与地中海沿岸兴建海底网络系统的可能性。

日本、韩国以岸基观测站和锚系浮标、潜标为主，分别组成了水上、水下立体海洋观测系统。日本有 120 个观测站，16 个大型资料浮标/潜标。日本在日本列岛东部海域沿日本海沟的跨越板块边界，建设了长约 1500km、宽约 200km 的光电缆连接的自适应快速环境数据同化（adaptive rapid environmental assessment，AREA）系统[13]。日本还建立了 18 个不同侧重点的海洋生态监测站（研究基地或实验室），彼此通过国际互联网等实现数据与信息共享，所获取的数据已成为海洋环境保护管理工作的重要参考。

海底观测系统最初应用于冷战时期美国海军声波监听，美国在大西洋和太平洋中布置大量水听器用以监听苏联潜艇的动向。随后该系统通过搭载新的科学观测仪器，如海底地震监测、水文数据采集、生物捕获等传感器，利用水下接驳盒作为水下中继节点，实现对这些仪器的输/变电、观测数据传输。最后逐步形成海底观测系统：以海底能源/信息输送光电缆、水下接驳盒技术为基础，将各种海底观测仪通过水下接驳盒进行搭载，实现供电及数据采集，在海底进行组网观测。海底观测网通过在海底敷设光电缆，扩大海底观测范围，形成对海底长期原位观测及数据采集的能力，如图 1.7 所示。

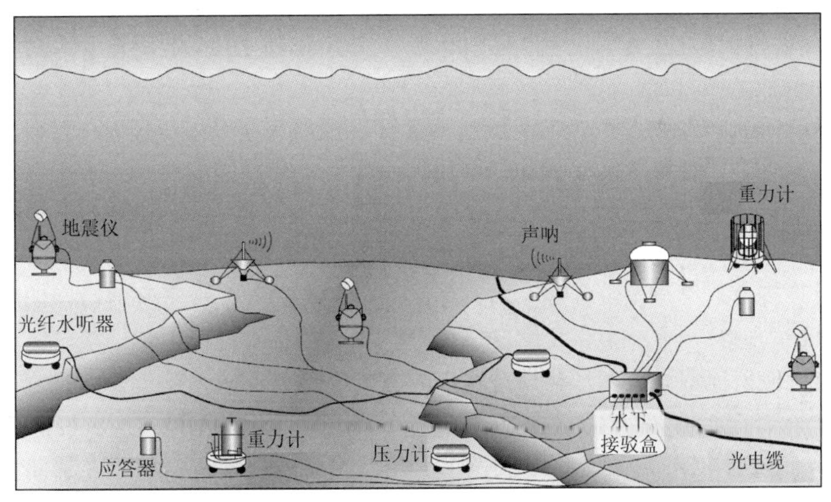

图 1.7 海底观测系统的组成[14]

1.3.3 海洋移动自主观测技术

典型中小尺度海洋现象的传统观测方式主要以遥感、锚定潜标、科考船等作为海洋现象观测手段，机动性差。如何高效、立体地观测典型中小尺度海洋现象，从而获得高质量、高分辨率、具有一定实时性的数据，成为中小尺度海洋现象研究的一个难点。移动自主观测技术将水下机器人引入海洋观测中，根据观测需求携带相应的观测仪器，采样获取温度、盐度数据，与浮标、潜标观测方式形成优势互补。特别是水下机器人、水下滑翔机（简称：滑翔机）具有成本低、操控性能优良的优势，可自主观测采样，并获得高质量、高分辨率、强实时性的温度、盐度数据。通过温度、盐度数据的变化特性来研究上升流、温跃层等现象，是研究中小尺度海洋现象的首选方式。

将水下机器人的自主控制、路径规划与海洋现象观测相结合，以中小尺度海洋现象观测为目的，实现基于水下机器人的自主观测过程，是海洋移动自主观测的关键技术。该技术将水下机器人引入海洋现象观测中，充分利用水下机器人的可控性强、成本低的优势，实现对中小尺度海洋现象的高分辨率的温度、盐度数据采样，以期望对传统海洋观测方式形成优势互补。

海洋环境自适应采样网络（autonomous ocean sampling network，AOSN）计划[16-18]将多水下机器人的测量数据与空间位置对应，构建区域海洋的三维观测数据库，并动态更新以提高对海洋物理学过程预测、估计的精度。而水下机器人在海洋观测中的作用是：一方面建立适应海洋变化的队形控制模型，去完成单个机器人无法完成的任务，如梯度跟踪等；另一方面利用机器人平台作为采样平台进行海洋特征采样。从 1997 年开始，美国开展了大量与海洋环境自适应采样网络相关的研究工作，分别在 2000 年、2003 年和 2006 年开展了三次大规模的海上试验。

在 AOSN 计划的基础上，美国海军又开展了自适应采样与预报项目研究，该项目的一个重要目标就是研究如何利用多滑翔机进行高效的海洋参数采样，并于 2006 年 8 月在美国蒙特利湾进行了试验。试验应用 4 个 Spray 滑翔机和 6 个 Slocum 滑翔机，对蒙特利湾西北部寒潮周期的上升流进行了调查。这些海上试验获得的高分辨率有效测量数据，提高了海洋学家对一些海洋现象如上升流、跃层和锋面等的认识与理解，充分显示了基于多滑翔机构建的分布式、可移动、可重构海洋环境自适应采样网络在海洋环境观测中具有的优势。

此外，在滑翔机实际应用方面，欧洲滑翔观测站（the European Gliding Observatories，EGO）[12]也做了大量工作，主要是用滑翔机实现海洋长期观测，该组织由法国、挪威和英国等多个国家的海洋科学家与海洋研究机构组成。

海洋观测系统的研究工作主要围绕海洋自适应参数的特征跟踪、断面观测和自适应区域覆盖采样三个方面。自适应区域覆盖采样是针对某些具有研究意义的海洋区域，进行撒点式覆盖采样，了解整个采样区域的信息，在此基础上，对感兴趣的区域进行分析。海洋区域的时空分布密度是变化的，因此，如何合理调度多滑翔机或其他采样平台对区域进行覆盖式采样，使移动平台的分布密度和海洋时空变化的密度相协调，从而使采样获得的数据能够尽可能全面，是区域覆盖采样的难点。通过覆盖观测获得观测区域的整体信息，然后对感兴趣的区域进行特征跟踪和断面观测。特征跟踪是针对呈现在固定水层的海洋现象的漂移进行观测采样，并跟随海洋特征的移动而移动。

1.3.4 坐底式深海勘探技术

海洋资源开发和海洋科学研究不断由近海向深远海发展，对深海技术及海洋装备提出了更高的要求。高压、低温等极端深海环境的限制对深海探测装备提出了极高的技术要求。随着水深变大，耐压结构设计、声学通信技术受到深度的限制和约束，深海海底的观测、勘探和科学研究受到极大限制，对深海海沟区域的观测更为困难。为此，目前国际上出现了一种坐底式深海勘探平台——深海着陆器，以满足深海底多学科综合勘探、探测的要求。

深海勘探技术主要包括船载多波束探测、深拖探测、近底精细探测等勘探技术。坐底式深海勘探技术是随着深海科学研究与深海资源勘探的发展而出现的一种新型勘探技术。其中最为典型的坐底式深海勘探装备是由日本和英国联合开展的一项海斗深渊研究计划开发的，该计划通过研制坐底式深海勘探系统，对深海底进行多学科综合勘探。深海着陆器这一概念的提出源自于科学家对于海底环境的考察需求，因其结构简单，不需要水面母船的支持，显著降低了科学研究的成本，很快在相关领域得到广泛应用。

2012 年 3 月 25 日，著名导演卡梅隆乘坐“深海挑战者号”载人潜水器成功下潜到马里亚纳海沟处的万米深海，而在载人潜水器下水之前，有两台深海着陆器作为“先头部队”在底部着陆（图 1-8）[2]，通过声学通信与载人潜水器在马里亚纳海沟底部会合。这两台深海着陆器搭载有 3D 高清摄像机、照明灯和一些科学设备，如 Niskin 采水瓶和生物捕捉器等。

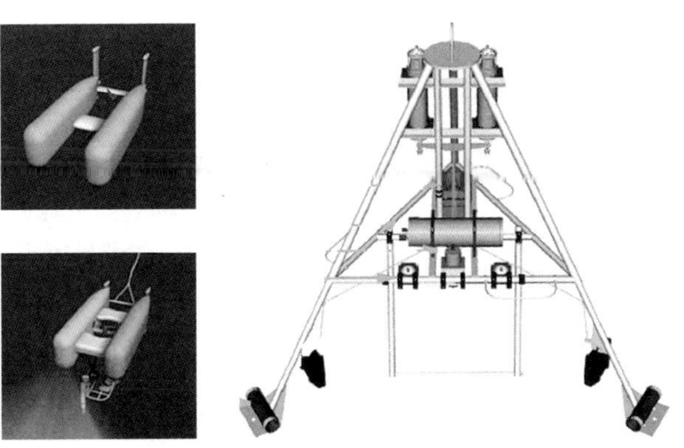

图 1.8 深海着陆器[19]

国内在坐底式深海勘探技术的研究上起步较晚，具有代表性的系统有两种：一种是深海摄像系统；另一种是海洋潜标系统。广州海洋地质调查局[19]自 1997 年开始深海摄像技术的研究，先后研制出三套深海摄像系统，均应用在当年的大洋调查中，获得了大量海底影像数据资料和地质数据。如图 1.9 所示，该系统将摄像设备固定在观测架上，观测架与母船用缆绳连接，母船通过缆绳向水下系统供电与通信，系统的布放及回收通过缆绳拖曳的方式完成。

图 1.9　深海摄像系统[19]

1.3.5　锚系潜标系统

锚系潜标系统是当前深远海海洋环境观测的主要装备之一，它可对固定观测点的环境要素进行长时间、不间断的综合观测。最长持续观测时间一般为半年到一年，有的甚至超过一年。传统锚系潜标系统通常是根据观测区域和观测任务完成设计与集成后，将其布放到观测位置，等观测任务结束后再将其回收，然后下载其观测数据。在观测过程中，锚系潜标系统的工作状态和观测数据在岸上是无法获得的，这就使得观测过程存在很大风险。一旦锚系潜标系统搭载的仪器设备出现故障、布放过程出现问题、环境干扰导致锚系潜标系统工作异常以及其他外界因素造成锚系潜标系统不能正常工作等，都将造成整个观测计划的失败，可能会错过一些重要的海洋现象，给海洋科学研究造成重大损失。

在国家高技术研究发展计划（863 计划）的资助下，中国船舶重工集团有限公司第七一〇研究所、国家海洋技术中心开展了实时传输海洋锚系潜标系统的研制工作[20]，该系统将海洋环境测量数据通过可自动补充的水面通信浮标与卫星双向通信，实现数据实时传输到岸站的功能；该系统可搭载声学多普勒流速剖面仪（ADCP）、海流计、温度链等海洋测量设备，进行海流剖面测量和温盐深测量。

国内在各类海洋观测计划中大量使用了锚系潜标系统，但传统的锚系潜标系统主要通过电池供电，难以长期连续工作，并且大部分都无法获得实时信息。近年来，国内海洋声学领域也投入了大量人力物力开展锚系潜标系统的研制，在锚系潜标系统上安装水听器用于接收声信号，或者挂载发射换能器用于发射声信号，开展海洋声学领域的基础研究和应用基础研究，取得了不错的成绩，但是这类锚系潜标系统功耗较大。因此，研制具有实时信息交互和数据传输能力的锚系潜标系统已经成为技术发展的新趋势，成为海洋技术领域当前研究热点之一。

锚系潜标作为一种新型有效观测手段在开展海洋环境监测和研究中起着至关重要的作用，可以实现海底锚定、多层挂载、定点释放回收和再移植布放，通过多种探头对单个剖面的水体环境特征实施长期、实时、立体的监测，如不同深度的流速、流向、温度、盐度、密度、湍流混合、酸碱度、溶解氧、叶绿素、浊度等物理、生物和化学环境要素。通过定点布设，结合节点控制器、水下接驳盒等技术，实现通过海底光缆进行数据实时传输和电源供给，或者实现波浪供电及铱星数据传输，彻底改变传统坐底式潜标单一投放回收的形式。

1.3.6　深海矿产资源开发利用技术

在深海矿产资源开发利用方面，“九五”期间，深海矿产资源开发技术项目以 1000m 海试为目标，设计了中试系统方案，并在云南抚仙湖进行了试验，整个深海矿产资源开发利用系统如图 1.10 所示[5]。大洋多金属结核采矿中试分四个阶段进行：开采技术基础研究，形成总体方案；中试采矿系统总体设计和技术设计，进行湖试验证；浅海试验；深海试验。从 1998 年 4 月开始，长沙矿冶研究院按照所确定的系统设计和专有技术以我为主、通用技术国际合作配套的技术路线，寻找国际合作伙伴，于 1999 年 10 月 8 日与法国 CYBERNETIX 公司签订了合作制造集矿机的合同。2000 年 6 月底长沙矿冶研究院完成了设备加工、总装和水下试验，通过了集矿机验收。2001 年 5 月完成了湖试系统的实验室联调，为湖试奠定了基础。2001 年 6 月湖试系统设备运抵云南抚仙湖，长沙矿山研究院和长沙矿冶研究院 20 余名专业人员组织了模拟结核铺撒区域的标定、300t 结核的铺撒及航迹测量工作；9 月进行了集矿机系统下放、湖底行驶、系统采集湖底模拟结核并输送和系统回收试验，首次试采成功，从湖底采集并回收模拟结核 900kg。试验达到了打通采矿系统工艺流程、验证系统能从湖底采集模拟结核并输送到水面船上的目的，采矿试验获得圆满成功。

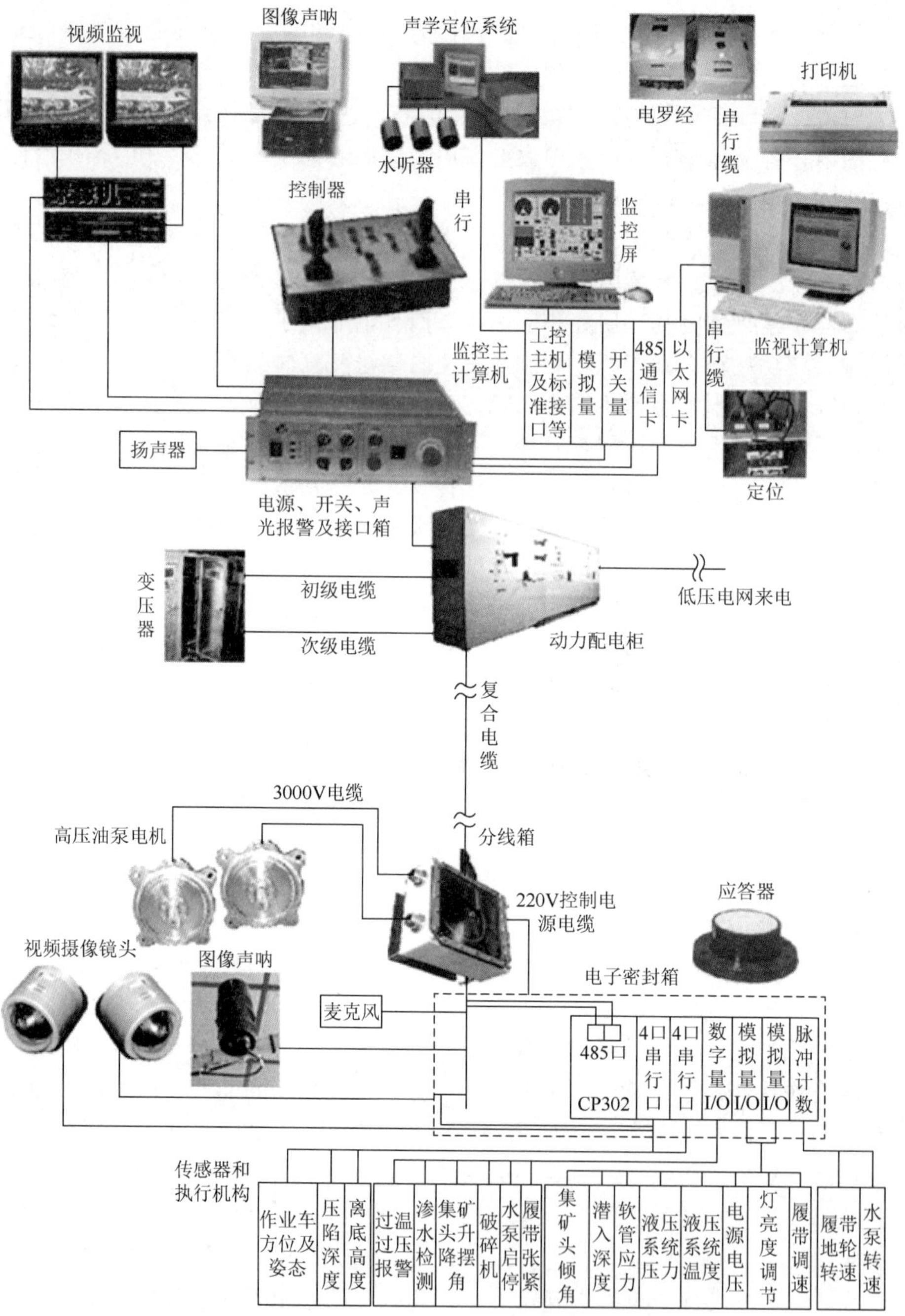

图 1.10　深海矿产资源开发利用系统及其控制技术原理图[4, 21]

我国造船行业经过数十年的发展，已具备较强的陆地采矿及装备研制能力，造船能力已超越日本、韩国等国成为世界第一造船大国，福建马尾造船厂更是与迪拜船东签订了世界第一艘深海采矿船的建造合同。在深海工程方面，“蛟龙号”载人潜水器、同时具备3000m水深铺管能力和4000t起重能力及3级动力定位功能的深水起重铺管船海洋石油201浮吊、起吊6000t的海洋石油201浮吊、海洋石油981半潜式深水钻井平台等也达到世界先进水平。在深海矿产资源的海上运输和陆地选冶方面，我国拥有全球最强的远洋运输能力，而且我国的有色金属冶炼产能和技术水平均位于世界前列。以上这些条件为中国深海采矿产业的发展提供了十分有利的条件。

1.4 本章小结

海洋技术是《国家中长期科学和技术发展规划纲要（2006—2020年）》中提出的前沿技术的重要领域之一。《国家中长期科学和技术发展规划纲要（2006—2020年）》在重点任务中提出：重点支持深（远）海环境监测、资源勘查技术与装备，深海运载和作业技术与装备成果的应用。

相比于国外深海技术发展，我国深海探测技术相对落后，在前沿深海科学领域及深海核心装备技术方面与发达国家的差距仍然有15～30年。深海探测技术的落后影响了我国在国际划界谈判的话语权，难以保障国家海洋权益、资源利益和环境安全。与陆地不同，深海开发完全依靠高科技的深海装备。近年来，国家提出“21世纪海上丝绸之路”倡议和《全国科技兴海规划（2016—2020年）》，加大了深海高技术探测装备的支持力度，特别是在深水油气与天然气水合物资源勘探、大洋矿产资源勘查、深海探查和潜水器技术等方面取得了一定的进步。

海洋资源开发和海洋科学研究不断由近海向深远海发展，对深海技术及海洋装备提出了更高的要求。深海技术及海洋装备是开展深海勘探、深海科学研究和深海资源开发不可或缺的技术手段，代表着一个国家深海勘探、研究与开发的水平和能力。

参考文献

[1] Robert S，John B，Kendra D. ORION executive steering committee[C]. Ocean Observatories Initiative Science Plan，Washington，2005：102.

[2] Hardy K. Hadal landers：The DEEPSEA CHALLENGE ocean trench free vehicles[C]. IEEE/MTS Oceans Conference 2014，San Diego，2014：1-10.

[3] 刘勇健，李彰明，张丽娟，等. 未来新能源可燃冰的成因与环境岩土问题分析[J]. 广东工业大学学报，2010，27（3）：83-87.

[4] 阳宁，夏建新. 国际海底资源开发技术及其发展趋势[J]. 矿冶工程，2000，20（1）：1-4.

[5] 刘开周，祝普强，赵洋，等. 载人潜水器“蛟龙”号的控制系统研究[J]. 科学通报，2013，58（S2）：40-48.

[6] Cowles T，Delaney J，Orcutt J，et al. The ocean observatories initiative：Sustained ocean observations across a range of spatial scales[J]. Marine Technology Society Journal，2010，44：54-64.

[7] Chan T，Liu C C. Fault location for the NEPTUNE power system[J]. Power System，2007，22（2）：522-531.

[8] Schneider K，Liu C C，McGinnis T，et al. Real-time control and protection of the NEPTUNE power system[C]. IEEE/MTS Oceans Conference 2002，Biloxi，2002，3：1799-1805.

[9] Favali P，Beranzoli L. Seafloor observatory science：A review[J]. Annals of Geophysics，2006，49（2）：515-516.

[10] Howe B M，Chan T，EI-Sharkawi M，et al. Power system for the MARS ocean cabled observatory[C]. Proceedings of the Scientific Submarine Cable 2006 Conference，Dublin，2006：7-10.

[11] Kasahara J，Kawaguchi K，Iwase R，et al. Installation of the multi-disciplinary VENUS observatory at the Ryukyu Trench using Guam-Okinawa geophysical submarine cable[J]. Annals of Geophysics，2006，49（2）：595-606.

[12] Priede I G，Person R，Favali P. European seafloor observatory network[J]. Sea Technology，2004，46（10）：45-49.

[13] Schmidt H. AREA：Adaptive Rapid Environmental Assessment[M]. Berlin：Springer International Publishing AG，2002：587-594.

[14] Detrick R. Earth structure and Dynamics of the Oceanic Lithosphere[R]. OOI Report，2003.

[15] Fiorelli E，Leonard N E，Bhatta P，et al. Multi-AUV control and adaptive sampling in Monterey Bay[J]. IEEE Journal of Oceanic Engineering，2004，31（4）：935-948.

[16] Naomi E L，Derek P，Francois L，et al. Collective motion，sensor networks，and ocean sampling[J]. Proceedings of the IEEE，2007，（95）：48-74.

[17] Bachmayer R，Leonard N E，Graver J，et al. Underwater gliders：Recent developments and future applications[C]. IEEE International Symposium on Underwater Technology（UT’04），Taipei，2004：195-200.

[18] Testor P. EGO：Towards a global glider infrastructure for the benefit of marine research and operational oceanography[C]. EGU General Assembly 2013，Vienne，2013：1407.

[19] 陈奇. 基于光电复合缆的深海摄像系统技术方案探讨与开发[J]. 海洋技术，2013，32（4）：89-92.

[20] 闵强利，田荣艳，田应元，等. 单点系留潜标观测装置：CN103466044B[P]. 2014-04-09.

[21] 阳宁，陈光国. 深海矿产资源开采技术的现状与发展趋势[J]. 凿岩机械气动工具，2010，（1）：12-18.

2 深海探测传感器

传感器是深海探测装备感知外界环境的有效装置，包括深海探测装备自主航行需要的导航定位传感器和科学探测传感器。深海探测装备通过导航定位传感器感知自身的位置、航向、速度、角度等，用于提高运动控制精度、远程声/无线通信。科学探测传感器包括海底生物富集装置、深海光谱仪、ADCP、原位探测传感器、保真取样仪器等，根据科学探测需求进行设计。

2.1 深海探测传感器简介

深海探测传感器从功能上讲，包括导航定位传感器和科学探测传感器。导航定位传感器用于深海探测装备的运动控制、布放/回收等，提供深海探测装备的位置、速度、姿态、加速度/角加速度等。

深海科学探测指标主要包括温度、盐度、溶解氧、生物富集、声场、地质、化学原位观测等（图 2.1），探测数据量大、数据分辨率要求高、涉及学科广泛。科学探测传感器是根据科学需求设计的传感器。

(a) 生物监测

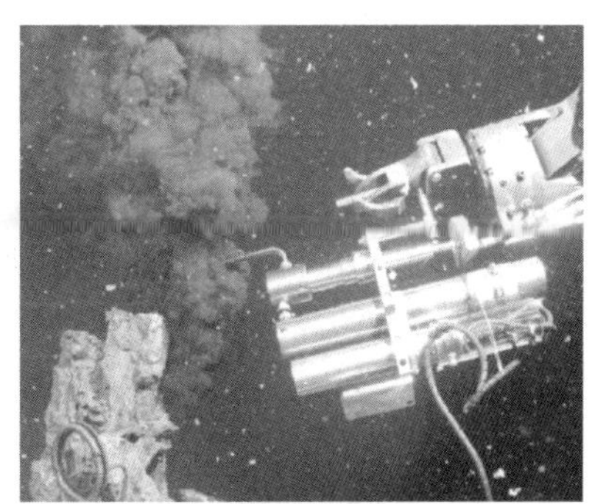

(b) 化学原位观测

图 2.1　深海科学探测

2.2 深海探测装备组合导航定位传感器

2.2.1 组合导航定位基本原理

组合导航系统为整个水下装备提供惯性导航定位、声学导航定位和光学视觉导航定位，用于让母船、深海探测装备获取和感知周边环境。整个组合导航系统的布置如图2.2所示，深海无人/遥控探测装备通过其中一种或多种传感器进行导航定位。这些导航装置布置在母船、潜水器和海底，并协同配合，共同完成导航任务。

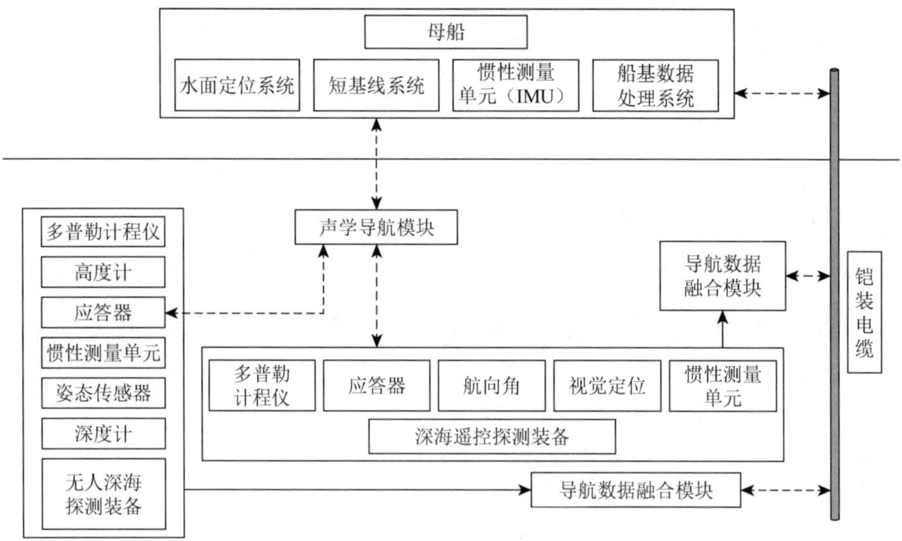

图 2.2 深海探测装备组合导航系统

母船上，通常配置水面定位系统、短基线（或长基线）系统、惯性测量单元和船基数据处理系统。水面定位系统用于提供初始位置信息和声学基阵坐标校准；惯性测量单元可提供360°全方位精确输出姿态和航向输出三轴加速度、三轴转速度，可用于恶劣天气下布放/回收过程中的升沉补偿测量传感器，可获取母船的加速度和转速度，母船配备动力定位装置。由于母船状态受海洋情况影响，母船的姿态信息也要测量，用于修正扰动，提高短基线系统的定位精度。

深海探测装备作为水下可遥控/自主航行的水下无人平台、海底观测系统，可根据需要配备多普勒计程仪、姿态传感器、深度计、惯性测量单元。多普勒计程仪提供深海探测装备的前向速度和侧向速度；姿态传感器用于测量深海探测装备的艏向角和艏向角速度；深度计用于测量深海探测装备的深度信息；惯性测量单元用于提供深海探测装备的绝对位置信息。

母船和探测装备可以采用光电复合缆、声学导航装置进行通信。采用声通信时，声学导航装置在母船上布置三个及以上水听器矩阵，在深海探测装备上布置应答器，航行时通过发送定时脉冲声波，利用脉冲声波到达各水听器的传播时间可以算出深海探测装备相对于母船的位置。短基线系统有三种工作模式：同步信标方式、非同步信标方式和应答器方式。短基线系统较为机动、灵活，跟踪范围比长基线系统的范围要小，当跟踪目标在水面附近航行时，定位误差很大。短基线系统的安装较为困难，需要做很多校准工作。

2.2.2 导航定位传感器

导航定位传感器包括声学传感器（多普勒计程仪、船载 GPS、短基线系统、长基线系统）、惯性传感器、航向/姿态传感器、光学导航定位装置、深度计、高度计等，以及用于摄像照相、海底地形绘制等的典型仪器。以下对这些传感器进行简要介绍。

1. 多普勒计程仪

Navigator 声学多普勒计程仪如图 2.3 所示，该多普勒计程仪内部有压力传感器，可以获得深度信息；还集成了陀螺仪获得深潜器姿态信息；自带导航软件系统。多普勒计程仪根据多普勒效应利用发射至海底的多束声学狭窄波束，测量载体的对地速度、平均速度的精度很高，其缺点是需要外部的航向和垂直基准信息，定位误差随时间积累。

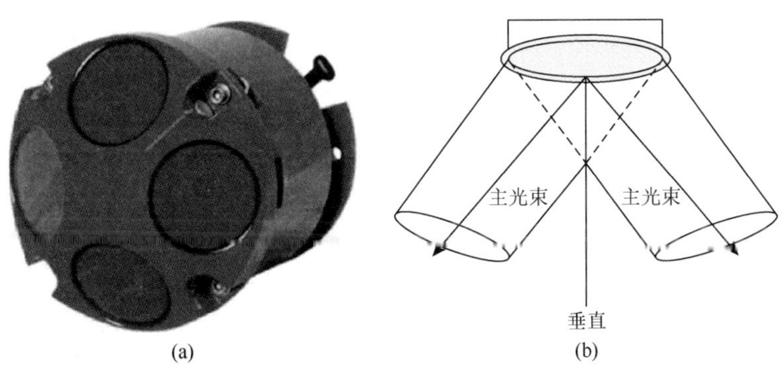

图 2.3 Navigator 声学多普勒计程仪[1]

2. 航向/姿态传感器

航向定义为载体 x 轴与地磁北极的夹角。最常用的航向测量设备为磁通门电子罗盘，如 PNI 公司的 TCM 系列电子罗盘。低成本的姿态传感器，如 Xsens 公司的惯性测量单元，如图 2.4 所示，可提供角度、角速度、角加速度信息。现有的可供选择的传感器主要包括 TCM2.5 电子罗盘、惯性测量单元 MTI，以及 Teledyne RDI 公司的 WHN1200 型多普勒计程仪。它们均可以提供航向、姿态信息，将三种传感器进行对比，显然 TCM2.5 电子罗盘具备更高的精度，如表 2.1 所示，但由于其安装受到载体电磁环境的影响比较严重，其数据准确性及稳定性较差。

(a) 惯性测量单元

(b) TCM2.5电路

图 2.4　惯性测量单元及 TCM2.5 电子罗盘[2]

表 2.1　各传感器的角度不确定性指标

传感器	航向不确定性（σ_θ）
TCM2.5 电子罗盘	0.8°RMS
惯性测量单元 MTI	静态精度：＜1°RMS。动态精度：2°RMS
WHN1200 型多普勒计程仪	标准偏差：2°；在较好条件下（磁倾角＜58°、磁感应强度 0.5Gs、$1Gs = 10^{-4}T$），标准偏差可达 1°

注：RMS 是 root mean square 的缩写。RMS 值实际就是有效值，就是一组统计数据的平方的平均值的平方根。

荷兰 Xsens 系列九轴惯性测量单元的产品分为两个系列：MTI 10 系列和 MTI 100 系列。MTI 10 系列是 Xsens 入门级模型，具有较好的准确性和一个有限范围的输入输出选项。MTI 100 系列是革命性的微机电系统（micro electro mechanical system，MEMS）惯性测量单元，它的方向和位置传感器模块可以提供前所未有的精度和广泛的 I/O 接口。所有的惯性测量单元都有一个强大的多元处理器，能够以极短延迟处理横滚、俯仰和偏航角，并输出校准过的 3D 线性加速度、转速（陀螺）度、地球磁场和大气压力（MTI 100 系列）等数据。MTI-G-700 的全球定位系统（global positioning system，GPS）/惯性导航系统（inertial navigation system，INS）还提供 3D 位置和 3D 速度。惯性测量单元接口可以直接提供多种不同格式的输出。

3. 惯性传感器

典型的惯性传感器为 Octans 3000 系列，由 Photonetic 公司生产，专门应用于深水（大于 3000m）区域，由一个小的捷联惯性测量单元组成，如表 2.2 所示，它包括三个加速度计、三个光纤陀螺和一个实时计算机，输出数据采用 NMEA 0183 标准，耗电很少，Octans 3000 如图 2.5 所示。惯导是一种不依赖外部信息的自主式导航系统，除了能提供载体的位置和速度，它还能给出航向和姿态角，数据更新率高，短期精度和稳定性好。Octans 3000 不仅可以作为光纤陀螺罗盘使用，还可以作为运动参考单元（motion reference unit，MRU）使用。

表 2.2　Octans 3000 系列技术指标

参数	数据
动态精度	±0.2°纬度割线
重复率	±0.025°纬度割线
分辨率	0.01°
纬度范围	无限制
量程	无限制（–180°～180°）
跟踪速度	最大 500°/s

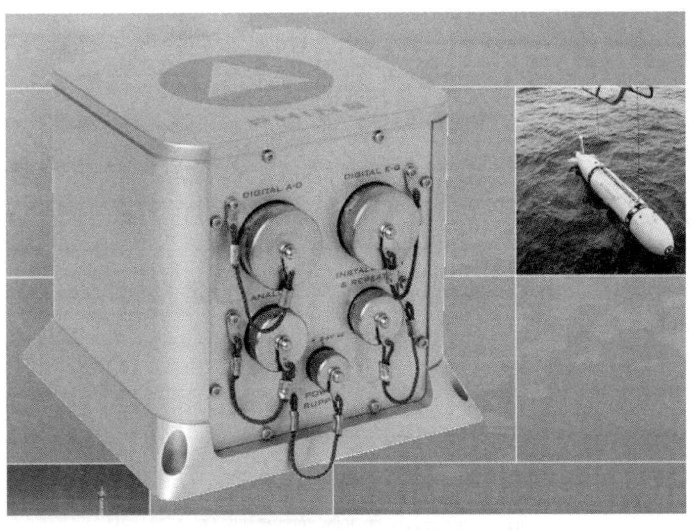

图 2.5　Octans 3000[2, 3]

4. 船载 GPS

GPS 是由美国军方研制的用于全球范围内精确定位、导航、测速的全天候星基无线电导航定位系统，它也可作为一种公共时间基准。GPS 的优点是具有全球性、全天候的高精度三维导航、定位和精密授时功能，缺点是数据输出频率低，精度受约束，深海探测装备开发人员可根据实际情况配备船载 GPS 接收机。

5. 短基线声学定位系统：法国 IXSEA 公司的 Posidonia 6000

工作深度可达 6000m 的超短基线系统（Posidonia 6000）为长程超短基线高精度水下定位系统，为深拖、遥控水下机器人（ROV）、水下浮体和各种水下取样设备提供高精度位置数据，如图 2.6 所示，其技术指标如表 2.3 所示。

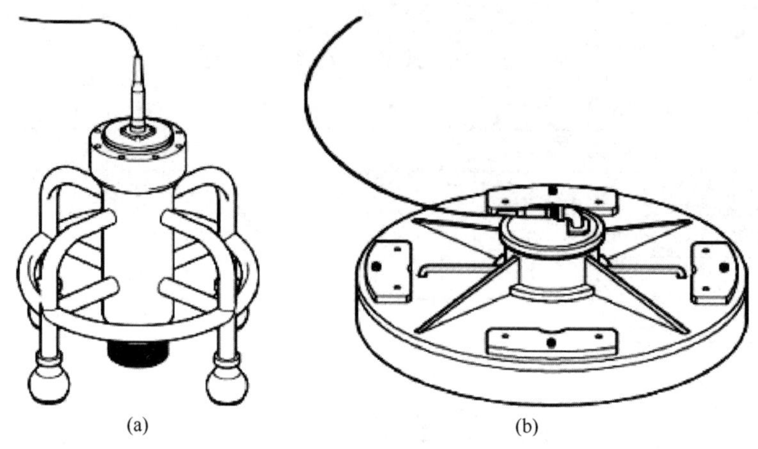

(a) (b)

图 2.6 Posidonia 6000

表 2.3 Posidonia 6000 技术指标[2]

参数	数据
工作深度	50～6000m
阵列中心频率	16kHz
定位精度	0.3%
重复定位精度	±3m
覆盖区域	船下±30°的锥体部分
MRU 精度	≤0.15°

6. 短基线声学定位系统：IXSEA 公司的 RAMSES 6000

RAMSES 6000 是一个中频声学导航系统（图 2.7），既可以单独作为长基线声学定位系统使用，又可以作为外部传感器配合惯性导航系统或者超短基线（ultra short baseline，USBL）定位系统使用。RAMSES 6000 技术指标如表 2.4 所示。

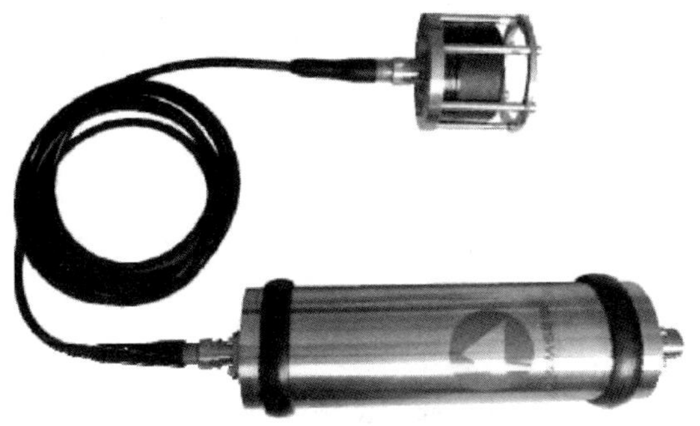

图 2.7 RAMSES 6000[2]

表 2.4 RAMSES 6000 技术指标

参数	数据
工作范围	＞8000m（取决于环境条件）
重复定位需要的最短时间	1s
重复定位需要的最长时间	25s
距离精度	＜15cm（100μs）
位置精度	10cm
传感器频率	7.5～18Hz

7. 深度计：8BT 7000-I 深度计

8BT 7000-I 深度计是一个高精度深度传感器，采用完善的接口电路可获得分辨率和精度非常高的数据，数据可以在线发送、存储或给出原始数据。8BT 7000-I 技术指标如表 2.5 所示。

表 2.5 8BT 7000-I 技术指标[4]（单位：hPa）

参数	数据
量程	620～1100
分辨率	高于 0.001
精度	高于±0.08
稳定性	高于 0.1

1hPa = 100Pa。

8. 高度计

高度计用来测量与海底的距离，特别是在浅海试时，需要及时获取水下浮体与海底的距离。典型的高度计有 Tritech 系列 PA200/PA500 的高精度高度计（图 2.8），提供 RS232 和 RS485 接口，两者的主要区别是工作频率不同（表 2.6）。

图 2.8　PA200/PA500[4]

表 2.6　PA200/PA500 技术指标[4]

参数	数据	
	PA200	PA500
工作频率	200kHz	500kHz
波束宽	20°	6°
工作量程	1～100m 0.5～50m	0.25～50m 0.1～10m
标准电源	24V/12V	24V/12V
数字分辨率	1mm	1mm
模拟分辨率	测量范围的 0.025%	测量范围的 0.025%
数据通信	串行 RS232 或串行 RS485	串行 RS232 或串行 RS485
输出模式	自由运行/同步/TRITECH SCU-3 网络	自由运行/同步/TRITECH SCU-3 网络
输出格式	ASCII，9600，1，8，N，1	ASCII，9600，1，8，N，1
深度	700m（含聚甲醛树脂外壳，铝合金后盖）、4000m（含铝合金外壳）	

9. 光学导航定位装置

典型的光学导航定位装置为加拿大 Point Grey 公司的 Bumblebee2 双目立体摄像机，如图 2.9 所示，其基本指标如表 2.7 所示。利用其软件开发工具包（software development kit，SDK）提供的函数，可读取双目立体摄像机的出厂参数。

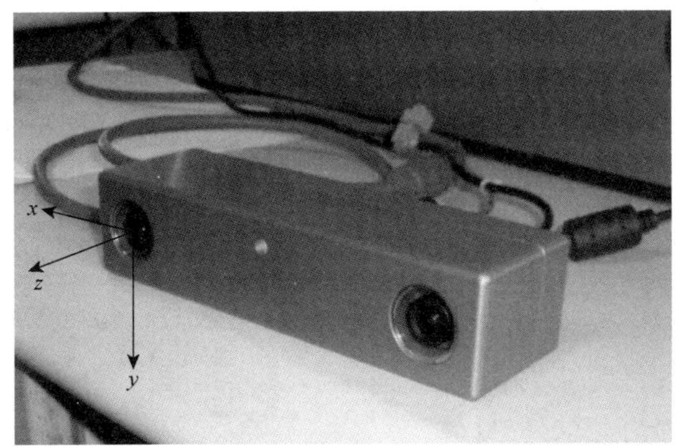

图 2.9 Bumblebee2 双目立体摄像机[5]

表 2.7 Bumblebee2 双目立体摄像机基本指标[5]

参数	数据
型号	BB2-03S2M，黑白摄像机
镜头焦距	3.8mm
水平视场	66°
帧频率	48FPS*
基线	120mm
靶面尺寸、类型	索尼 1/3in**电荷耦合器件

* 1FPS = 0.304m/s；** 1in = 2.54cm。

2.3 科学探测传感器

科学探测传感器是在科学探索、保真采样、原位探测/观测等过程中用到的传感器，主要包括摄像机、照相机、温盐深传感器、溶解氧传感器、ADCP、生物捕捉装置、海底原位探测传感器。

（1）摄像机：一种常用的水下光学观测设备，通过影像记录可以很直观地反映水下环境动态信息，多装备于水下机器人，用于水下勘探任务。摄像机的视觉信息还可被水下作业型机器人作为反馈信息进行目标的精确定位，实现复杂的水下作业任务。随着摄像机技术的不断发展，涌现出了低照度摄像机、高清摄像机等一系列高端水下影像记录设备，如 OE14-502 型摄像机，如图 2.10 所示。

（2）照相机（图 2.11）：一种水下静态影像记录设备，相比于摄像机，照相机容易获得更高的图像分辨率，可以得到更为精细的数据信息（通常将闪光灯和照相机做成一体，或单独配备闪光灯），常用于海底地质、海洋生物、海底沉积物、海底多金属结核以及块状硫化物等资源调查。国际上较为著名的深海照相机制造公司有美国的 Deepsea 公司、挪威的 Kongsburg 公司和日本的 Hitachi 公司等。

图 2.10　OE14-502 型摄像机

图 2.11　OE11-442 闪光灯和 OE14-408 照相机

（3）温盐深传感器：温盐深传感器是一种用来测量海水温度、盐度和深度信息的传感器，对海洋科考具有重要意义，温盐深传感器可根据这三个基本的物理参数得到其他海洋数据（如声速等），并且可用于海水物理化学性质、水层结构和水团运动状况等研究。温盐深传感器产品种类非常多，美国的 Sea-Bird 公司、英国的 Valeport 公司、德国的 SST 公司、加拿大的 RBR 公司等都有系列化产品。

（4）溶解氧传感器（图 2.12）：用来测量溶解在水中的氧的含量（含氧量）。含氧量是用来研究水自净能力和水质评价的一个指标。在深海中，溶解氧的测量还可以用来研究海域内生物的活动情况。

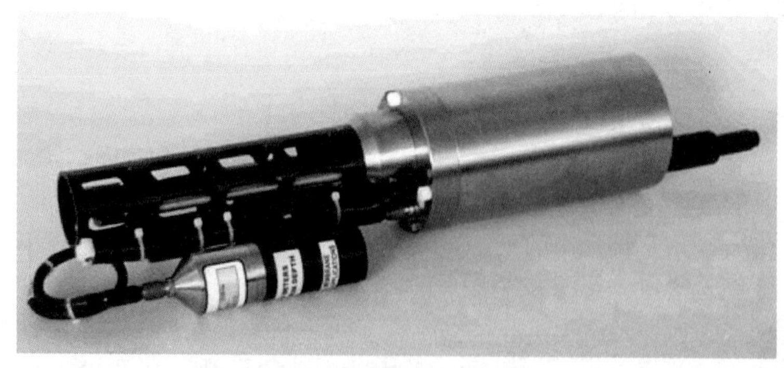

图 2.12　溶解氧传感器

（5）ADCP：ADCP 是一种利用多普勒效应进行流速测量的设备，能够直接测出断面的流速剖面，具有不扰动流场、测验历时短、测速范围大等特点，广泛应用于海洋的流场结构调查、流速和流量测验等。

（6）生物捕捉装置：一种海洋生物采样设备。生物捕捉装置的种类很多，根据用途可分为浮游生物捕捉装置、底栖生物捕捉装置、微生物捕捉装置等；根据采样方式可以分为拖网式生物捕捉装置、泵吸式生物捕捉装置和诱捕式生物捕捉装置等。

（7）海底原位探测传感器：包括原位化学传感器、水下质谱仪、水下色谱仪和水下光谱仪等设备。

2.4 本章小结

本章简要介绍了深海探测传感器，将传感器分为导航定位传感器和科学探测传感器。在介绍组合导航定位的工作方式的基础上，对声学传感器、姿态/航向传感器等相关参数进行了介绍。结合深海科学探测的需求，介绍了摄像机、照相机、温盐深传感器等科学探测仪器。

参 考 文 献

[1] 邢志伟，张禹，封锡盛. 基于超短基线/多普勒的水下机器人位置估计[J]. 机器人，2003，3（1）：231-235.

[2] 杨文林，张竺英，张艾群. 水下机器人主动升沉补偿装置半物理仿真实验研究[J]. 东北大学学报，2008，29（S2）：241-244.

[3] Kinsey J C，Whitcomb L L. Preliminary field experience with the DVLNAV integrated navigation system for manned and unmanned submersibles[J]. Control Engineering Practice，2004，12（12）：1541-1549.

[4] 冀大雄，刘健，陈孝桢，等. 基于 LBL 声信标的 AUV 快速精确定位[J]. 声学技术，2009，28（4）：476-479.

[5] Gong P L，Zhang Q F，Zhang A Q. Target locating research based on stereo vision for underwater vehicle-manipulator system[C]. Robotics，Telematics and Applications，Beijing，2009.

3 深海海底固定观测技术

深海海底固定观测作为对关键区域长期观测的有效方式，其技术包括海底观测系统、接驳盒技术、着陆器技术、锚系潜标观测应用技术。针对海底生物、地质、水体、声学的观测需求，深海海底固定观测网以海底数据/能源传送光缆、水下接驳盒为枢纽进行构建，通过主、次接驳盒将多种海底科学仪器/设备、锚系潜标连接起来，实现海底原位的长期、连续、实时的观测。

海底观测系统及水下接驳盒可为锚系潜标、水下观测设备提供能源。通过在海底敷设光缆，可扩大海底观测范围，并按观测需求在特定位置搭载观测仪器。通过锚系潜标可观测海水水体，将锚系潜标通过水下插拔的方式接入海底观测系统，可实现能源持续的供给、信息传输。着陆器作为机动的观测方式，与海底观测、锚系潜标形成优势互补。

3.1 海底固定观测的研究现状

3.1.1 海底观测网

海底观测网（图 3.1）可分为海底观测站、海底观测链、海底观测系统，它们可分别应用在不同的场合。海底观测站包括观测仪器、通信设备、能源供给设备、数据采集设备，可独立在海底工作。海底观测链实现了远距离通信功能，可结合锚系潜标、浮标，通过波浪能供电，但受到能源和信息实时传输的限制。海底观测系统通过岸基站进行高压供电，利用接驳盒实现能源管理、分配，并完成高带宽数据的实时传输。接驳盒上设计观测设备插座模块，实现各种仪器设备与接驳盒灵活对接。这种观测系统具有持续时间长、实时性好、观测区域大的优点。

将多个观测仪器在水下进行连接，实现对各种观测仪器的能源和信息集中控制与管理的技术，称为水下接驳盒技术，包括信息传输与管理技术、电能传输与管理技术和机电集成技术。

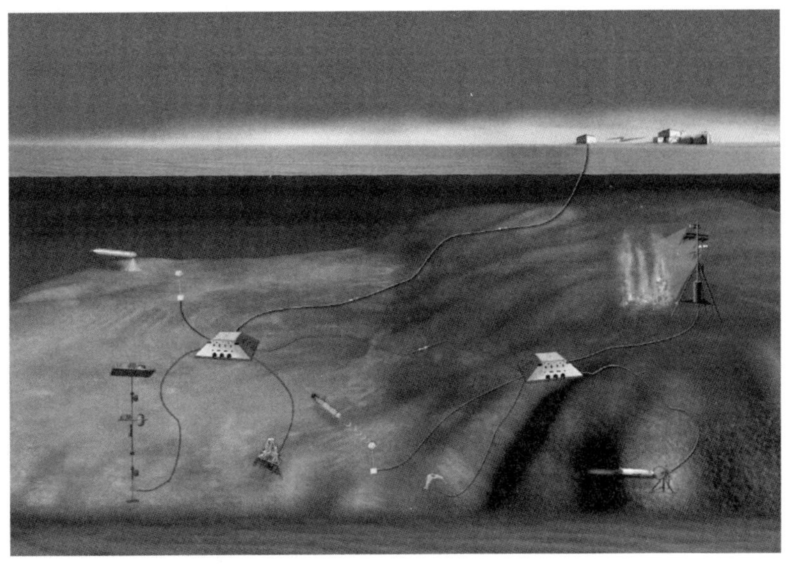

图 3.1 海底观测网[1]

20 世纪 90 年代，美国建设了 LEO-15、海底观测系统[2-5]，用于实现海洋生态学长期实时观测、原位实时海底火山观测，这是最早的海缆连接的海底观测系统。美国 LEO-15 海底观测系统由美国伍兹霍尔海洋研究所设计，由罗格斯大学建设，包括距离新泽西州罗格斯岸基站 8.1km 的水下节点 *A* 和 9.6km 的水下节点 *B*，传输功率 8kW，采用 1650V 的三相交流电供电。在数据传输上，采用 1000Base-LH 光纤以太网进行双向波分复用高速通信，采用水下摄像机等仪器采集温度、盐度、浊度和水流信息。1998 年建成的美国 H2O 海底观测系统，位于夏威夷州和加利福尼亚州之间（北纬 28°、西经 142°）5000m 深的海底，主要用于海底地震观测。H2O 海底观测系统由 AT&T 公司将岸基站与接驳盒相连[6]，通过接驳盒连接海底地震仪等仪器进行科学研究。H2O 海底观测系统包括海底观测传感器和声学传感器（acoustic sensor package，ASP）两部分，分别由地震仪、水听器、控制器和通信设备构成。

美国、加拿大联合起来，在西太平洋胡安·德富卡板块建设了全球第一个区域型的海底观测网——NEPTUNE[2]，如图 3.2 所示，监测区域面积为 50 万 km^2，布置了约 3000km 的海底光电复合缆，每隔 100km 布置一个接驳盒，实现数千海底观测设备联网。NEPTUNE 系统在接驳盒和海底观测设备之间没有采用观测设备插座模块技术，使得该系统的接驳盒无法实现标准化，不利于海底观测系统的扩充、维护。该系统主干网络为 2～10kV 高压直流电，在接驳盒处变换为 240V、48V 两种标准低压直流电。在数据通信上，岸基通过中继器和主干光纤网，将传输速率为 1Gbit/s 的光信号传输到接驳盒，在接驳盒处进一步转换为 10/100Base-TX

的网络信号，该系统通过光中继器来延长光纤通信的距离。NEPTUNE-Canada 观测系统的主干网由 800km 海底光缆构成，可传输 10kV/60kW 的能源和 10Gbit/s 的数据量，该系统于 2009 年开始正式运行。结合美国 NEPTUNE 技术，2004 年英国、法国、德国等也发起了建设欧洲海底观测网（ESONET）的计划，针对从北冰洋到黑海不同海域的科学研究，在大西洋与地中海精选 10 个海区设立海底观测系统。

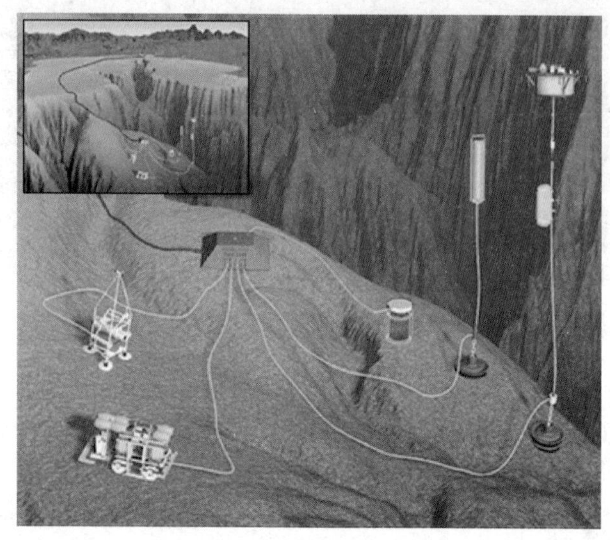

图 3.2　NEPTUNE 海底观测网

美国蒙特利湾海洋研究所建立了 MARS 海洋观测系统[7, 8]，其接驳盒（图 3.3）

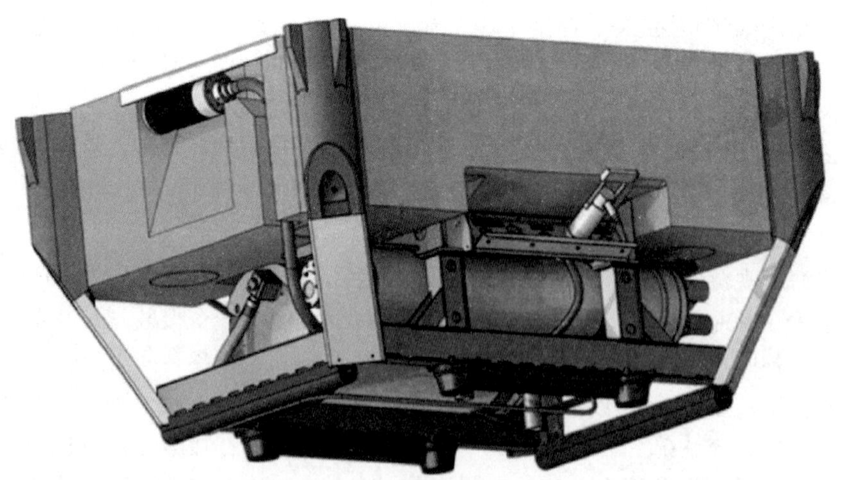

图 3.3　MARS 海洋观测接驳盒

位于蒙特利湾西北约 25km、水深 891m 的 Smooth 海脊，用 52km 的光电复合缆与岸基站相连。接驳盒包括两个钛合金材料的耐压腔体，分别实现高压转换和通信控制功能。高压转换腔将主干缆传来的 10kV 的高压直流电转换为 375V 和 48V 的低压直流电，通信控制腔内部的控制设备实现岸基站的控制指令信息、海底观测数据的上传/下载，通信速率为 100Mbit/s。

MARS 接驳盒包括 4 个子系统，分别是高压电能转换子系统、低压电能转换子系统、通信模块和电缆终端连接器。高压电能转换子系统将 10kVDC 转换为 400VDC；低压电能转换子系统将 400VDC 转换为 48VDC 供科学仪器使用；通信模块完成光信号到电信号 RS232、RS485、快速以太网 10/100Base-TX 的转换电缆终端连接器是硫化的金属连接头，将接驳盒与海底光电复合缆连接，同时通过光纤、供电芯线传输信号，供给能源。

美国建成的其他观测系统包括夏威夷-2 海底观测网络、Hobo 海底热源观测站、NeMo 海底观测链、新泽西大陆架观测系统（NJSOS）等，它们被用于生态、物理、气候等各种科学方面的长期研究，取得了巨大科学成果。欧洲的西班牙高级科学研究委员会和加泰罗尼亚理工大学基于相关技术[7]，建立了 OBSEA 观测系统，每相隔 4km 布置一个水下接驳盒，实现水下温盐、摄像头数据的采集。

美国的 OOI 海洋立体观测系统[8]整合水下接驳盒、自主水下机器人（AUV）、锚系潜标和 AUV 对接平台，实现基于接驳盒的孤立观测点，并通过多个孤立观测点进行组网，实现区域的立体观测，如图 3.4 所示。

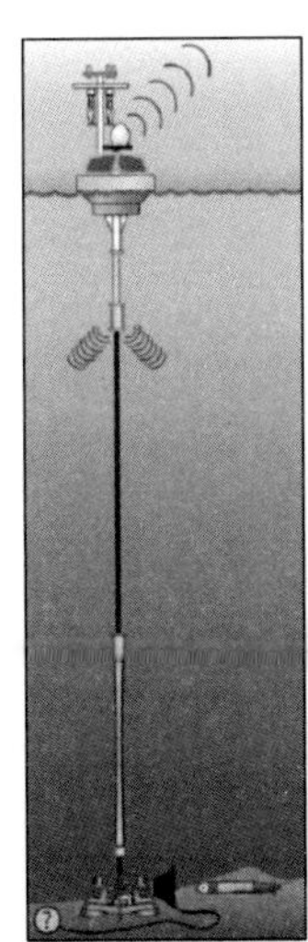

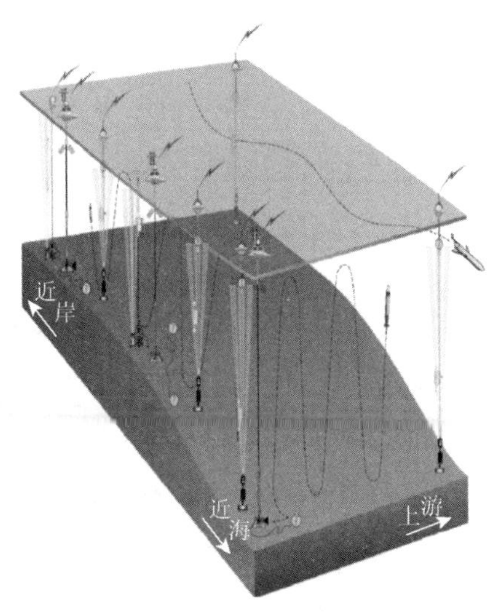

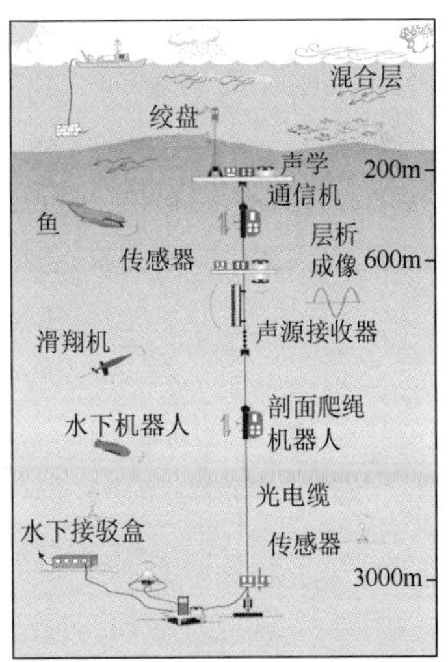

图 3.4　OOI 海洋立体观测系统

AREA 系统[9]由东京大学建于 2003 年，包含 66 个间隔约为 50km 的接驳盒，用于构建海洋学、地球物理学、地震海啸、海底资源开采、海洋工程等试验应用平台，如图 3.5 所示。日本地震和海啸的海底观测系统由日本海洋科学技术中心（JAMSTEC）于 2006 年开始建设，由 20 个间隔为 15～20km 的水下接驳盒组成，搭载海底地震仪和压力传感器，主干网功率为 3kW，每个接驳盒输入功率为 500W，接驳盒与岸基之间数据传输速率为 600Mbit/s。

图 3.5　AREA 系统构成示意图

中国浙江大学从 2007 年开始进行通用性海底观测系统及接驳盒技术研究，设计了 ZERO 接驳盒[10]，并成功研制了直流 2kV 与 10kV 供电的主接驳盒样机和 375V 供电的次接驳盒样机，于 2010 年 9 月在中国东海进行了 10kV 海底观测系统的浅海海试，并于 2011 年 4～10 月在蒙特利湾进行了次接驳盒与美国 MARS 观测网联网对接试运行，均取得了成功，如图 3.6 所示。

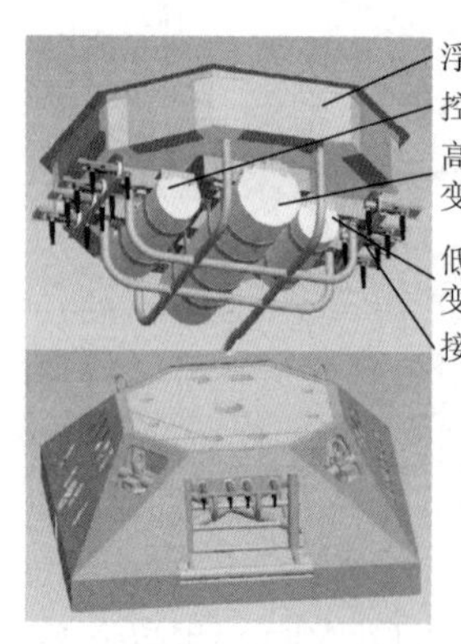

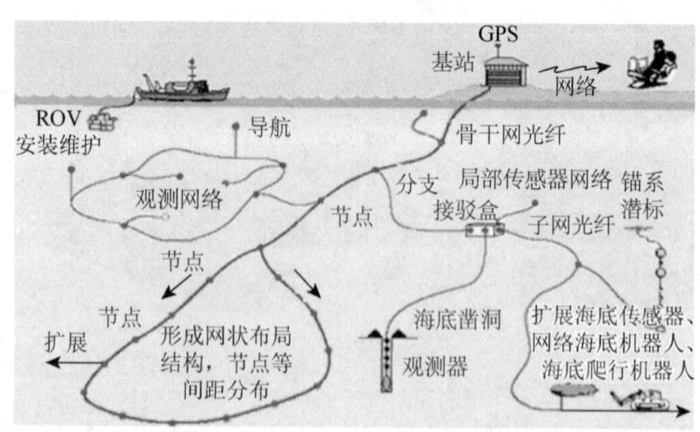

图 3.6　浙江大学 ZERO 接驳盒及海底观测系统示意图

3.1.2 深海着陆器研究现状

深海着陆器技术始于 20 世纪 70 年代，是随着深海科学研究与深海资源勘探的发展而出现的一种新型勘探技术。这一概念的提出源自于科学家对海底环境的考察需求，因其结构简单，不需要水面母船的支持，显著降低了科学研究的成本，很快在相关领域得到广泛应用。

美国伍兹霍尔海洋研究所是较早从事坐底式深海勘探系统（又称深海着陆器）研发的科研单位之一，于 1974 年成功研制世界上第一台着陆器 FVR，并于次年投入使用。FVR 主体是一个铝材的开放式框架，如图 3.7 所示，搭载的科学设备包括含氧量检测单元、照相机及可采集水样和沉积物的多个活塞注射器式采样器。声学释放器通过接收不同的声学信号可完成释放含氧量监测单元和抛载两个动作。安装在框架上部的浮力装置可为 FVR 提供上升的浮力，在回收过程中，通过顶部安装的发射器和频闪灯进行定位。FVR 的主要技术参数如表 3.1 所示。

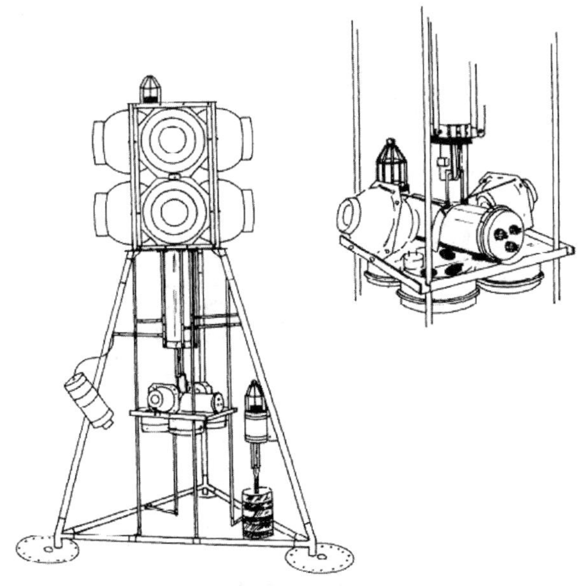

图 3.7 第一台着陆器 FVR

表 3.1 FVR 主要技术参数

参数	数据
外形尺寸/m	高：3.4 三脚架最大边长：2.2
重量/kg	水中重量（不含压载和浮力装置）：164
	压载重量：136

续表

参数	数据
重量/kg	浮力装置：–250
最大工作深度/m	5200
速度/(m/min)	下潜：35
	上浮：52
连续工作时间/天	1～5

美国斯克里普斯海洋学研究所开展过很多有关着陆器的研究工作，为海洋学研究提供了很多宝贵数据。基于 FVR 的研究基础，斯克里普斯海洋学研究所后续研制出了 FVGR-1、FVGR-2 等 FVGR［图 3.8（a）］系列着陆器，它们与 FVR 最大的区别在于取样器不同。该研究所 1977 年研发的用于海底锰结核资源调查的 MANOP 着陆器，如图 3.8（b）所示。

(a) FVGR

(b) MANOP

图 3.8　FVGR 和 MANOP 着陆器

英国阿伯丁大学海洋实验室对着陆器技术研究具有较高的水平。20 世纪 70 年代至今，已研制多台着陆器，主要应用在海洋生物学领域，其中使用较为广泛的有 ROBIO、Sprint 等，如图 3.9 所示。

英国阿伯丁大学与日本东京大学于 2006 年联合开展了一项 HADEEP 研究计划[11]，该计划通过研制海斗深渊着陆器勘探系统，开展海斗深海科学的相关研究，尤其是深海生物学的研究。在该计划的支持下，日本和英国先后研发了两种型号的着陆器——Hadal Lander A 和 Hadal Lander B（图 3.10），设计作业水深为 12 000m，曾在马里亚纳海沟下潜到万米的深海，拍摄了很多珍贵的视频和图片资料，并利用生物捕捉器捕获到了一些新的生物品种，为深海科学研究做出了很大贡献。Hadal Lander 主要技术参数如表 3.2 所示。

(a) ROBIO

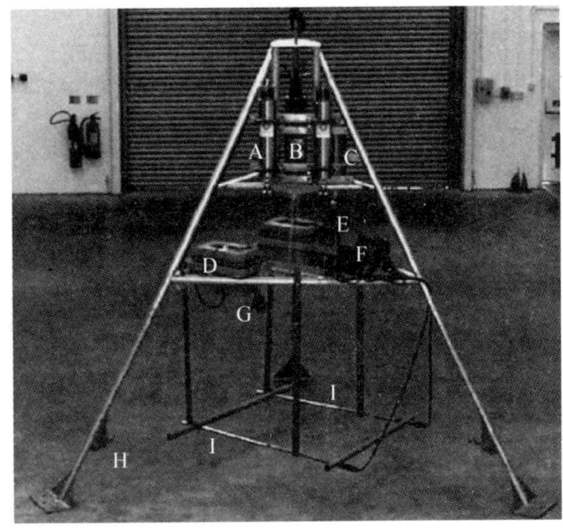

(b) Sprint

图 3.9　英国阿伯丁大学研制的着陆器

图 3.10　Hadal Lander B

表 3.2　Hadal Lander 主要技术参数

参数		数据	
		Hadal Lander A	Hadal Lander B
最大作业深度/m		12 000	12 000
运载系统	声学释放器	Oceano 2500-Ti UD（×2）	Oceano 2500-Ti UD（×2）

续表

参数		数据	
		Hadal Lander A	Hadal Lander B
运载系统	浮力装置	可提供 247kg 浮力	可提供 171kg 浮力
	重量/kg	本体水中重量：180	本体水中重量：110
		负载水中重量：135	负载水中重量：135
	速度/(m/min)	下潜：45.6	下潜：33.6
		上浮：54.2	上浮：34.0
科学负载子系统	光学探测设备（摄像机/照相机）	摄像机：Hadal-Cam	照相机：Kongsberg OE14-208
		容量：120min	容量：2000 张
		每 5min 拍摄 1min	照相机：每 1min 拍摄 1 张
	电池	12V 铅酸电池	24V 铅酸电池
	温盐深传感器	SBE19plus V2	SBE19plus V2
		采样周期 10s	采样周期 10s
		分辨率：0.4mg/L 盐度，1×10^{-4}℃温度，0.002%深度	分辨率：0.4mg/L 盐度，1×10^{-4}℃温度，0.002%深度
	水样采集器	2-L Niskin Bottle	2-L Niskin Bottle
	生物捕捉器	ϕ30cm×40cm（×1） ϕ10cm×30cm（×2）	无
		诱饵：鲭鱼、金枪鱼各 1kg	诱饵：鲭鱼、金枪鱼各 1kg

开展深海着陆器技术的研究，可以为我国深海近海底科学研究提供一种新型、有效的勘探技术手段。通过机动布放深海着陆器，搭载多种探测传感器，可以增强深海着陆器的综合功能。深海着陆器的研制和推广应用将对深海科学研究起到积极促进作用，特别是对深海海沟及近海底的科学研究将起到重要的推动作用。

3.2　深海固定观测系统构建

深海固定观测系统的构建可分为两类：①基于海底光电复合缆组建的海底观测网系统，因为光电复合缆成本高、敷设难度大，整个网络不易搬迁；②基于接驳盒、锚系潜标观测链、着陆器、波浪发电装置、空基浮空气球构建的新一代海底观测系统，通过卫星实现通信，通过波浪能实现供电，并经由接驳盒实现海底观测仪器、锚系潜标的能源供给，从而形成独立观测节点，如图 3.11 所示。这种新型观测方式中，接驳盒之间相互独立，不需要考虑海底光电复合缆布放、岸基建设、接驳盒之间互联的问题，成本低、布放/回收方便，可根据需求搬迁到其他观测区域，通过锚系潜标观测链无线组网实现观测网中多固定节点的信息组网，可满足海底大范围、长时间观测需求。

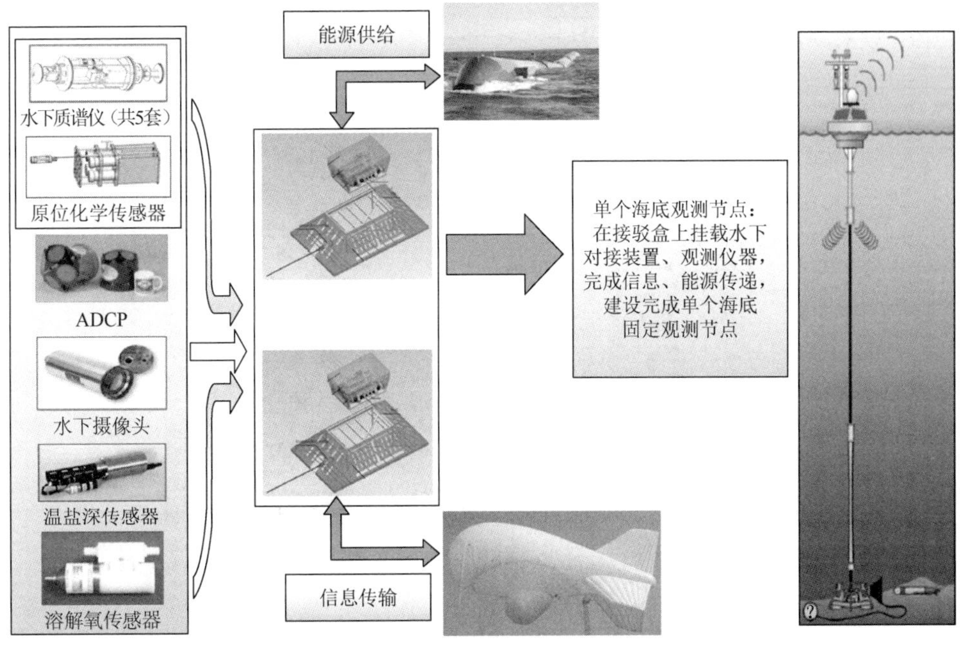

图 3.11　基于接驳盒、波浪发电装置的独立海底观测节点

针对数年的海底观测，这种基于多独立节点无线组网的观测方式（图 3.12）

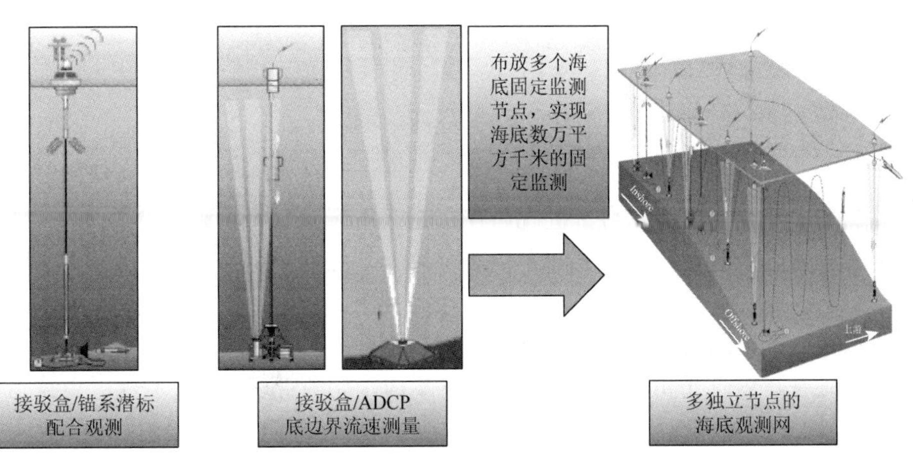

图 3.12　多独立节点无线组网构成海底观测网

亦具有可迁移性，但是，针对数月的机动布放/观测依旧难以实现迁移。这里采用着陆器实现海底数月的机动布放/观测（图 3.13），通过搭载水下质谱仪、原位化学传感器、ADCP、水下摄像头、温盐深传感器、溶解氧传感器等进行海底观测。

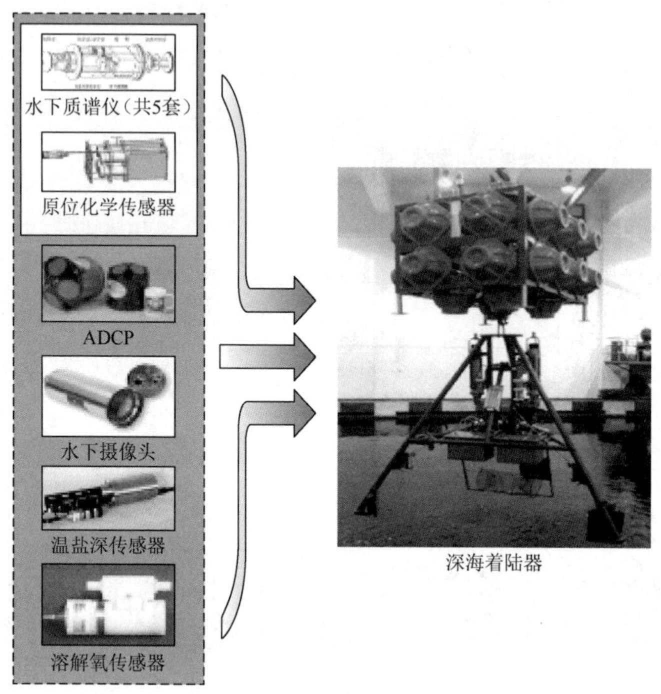

图 3.13　海底机动布放/观测

3.3　深海着陆器技术

3.3.1　深海着陆器原理和组成

7000m 级深海着陆器综合勘探系统借助水下压载进行上浮和下潜。在下潜过程中，重力大于浮力，深海着陆器下潜至海底，然后抛载；在海底坐底观测数月后，再一次抛载，实现上浮，可通过水声控制抛载时间，或按预规划设计抛载时间。抛载后在水面通过铱星发送自身位置，然后科研人员通过科考船回收。

深海着陆器研究涵盖深海着陆器系统集成、能源管理、动态监测、系统布放/回收等关键技术，通过水池试验、压力试验和功能指标试验验证着陆器各项技术指标和功能指标，是否具备深海勘探应用条件。围绕研制、系统集成与指标测试，深海着陆器技术的研究涵盖以下几个方面。

1. 深海着陆器系统总体技术研究

深海着陆器系统由运载子系统、中央管理子系统、常载设备及科学负载子系统构成。

运载子系统主体为框架式结构，可搭载用于海底勘探的科学负载，实现系统的投递与回收；中央管理子系统由系统控制计算机、能源供给分系统等组成，用于系统能源供给、系统管理及与科学负载的信息交互等；常载设备包括声学释放器、水面定位与通信设备；科学负载子系统由多个科学探测仪器、取样设备组成，用于完成深海生物信息、海底环境及生物样品获取等勘探与数据收集使命，在科学负载子系统中，以光学观测系统为主体，其他科学探测设备可根据勘探任务进行删减或增添。常载设备与运载子系统、中央管理子系统构成深海着陆器系统的基本框架。

通过系统总体实现方案研究，优化各子系统的结构布置；分析科学负载子系统与中央管理子系统的接口、信息交互技术；充分考虑系统勘探功能的可扩展性、功能模块的可更换性，预留科学探测仪器、设备的安装空间与通信、能源接口。系统的安全抛载技术研究，除了实现声学抛载的高可靠性，还需解决系统状态异常、能源异常等情况下的抛载上浮策略问题。

2. 深海勘探技术研究

深海勘探技术研究立足深海近海底生物、环境等科学研究需求，深入研究以光学观测为主要手段，同时具备水文测量、声学探测、生物取样等多种勘探功能的深海近海底多学科综合勘探技术，选用的设备有水下摄像机和照相机、温盐深传感器以及 ADCP 等。深海生物采集技术、生物捕捉器的研制为海底生物捕获、微生物富集采集提供了条件。

3. 多传感器系统智能化动态监测技术

科学负载多传感器系统的智能化动态监测技术可根据环境信息、时间分段在线优化多传感器采样设置，包括传感器的数据采集、存储、休眠管理与激活控制。

4. 能源管理与优化技术

系统能源的实时分配与动态管理技术的关键在于基于系统能耗最小的原则，合理分配各能耗单元的能源供给，实时动态调整管理策略。

5. 深海着陆器系统样机研制与集成

在深海着陆器系统总体方案与单元技术工作的基础上，开展系统样机的研制与集成，实现总体集成。

6. 深海着陆器系统样机试验研究

开展深海着陆器系统承压舱体、单元部件及整机系统的7000m压力试验，通过水池试验验证深海着陆器系统的功能指标，通过海上试验验证系统综合性能，最终实现深海着陆器的深海综合调查应用。

3.3.2 深海着陆器设计指标和要求

深海着陆器设计的主要指标如下。

（1）工作深度：3000m。

（2）下潜/上浮速度：30～40m/min。

（3）持续工作时间：30天。

（4）光学观测（厂家提供）。

（5）摄像机影像记录时间不少于50h。

（6）照相机拍摄并存储10MB像素照片不少于2000张。

深海着陆器需要完成水文参数测量，具体要求如下。

1. 温盐深传感器

温度测量范围：–5～+35℃。测量精度：0.002℃。
电导率测量范围：0～9S/m。测量精度：0.0003S/m。
深度测量范围：0～3500m。测量精度：水深的2%。

2. 溶解氧传感器

测量范围：最大为水面含氧饱和度的120%。
测量精度：含氧饱和度的2%。

3. 浊度计

测量范围：0～750FTU。

4. 声学探测

ADCP测量距离：12～165m。测量范围：–5～+5m/s。测量精度：0.5cm/s。

3.3.3 总体设计及系统优化

深海着陆器总体设计路线如图3.14所示，结合科学需求搭载相关仪器，根据技术指标确定总体方案设计，攻克各项关键技术，最后结合室内打压试验、整机近海测试及海上综合性能试验，提供稳定可靠的深海着陆器设备，服务于深海科考应用。

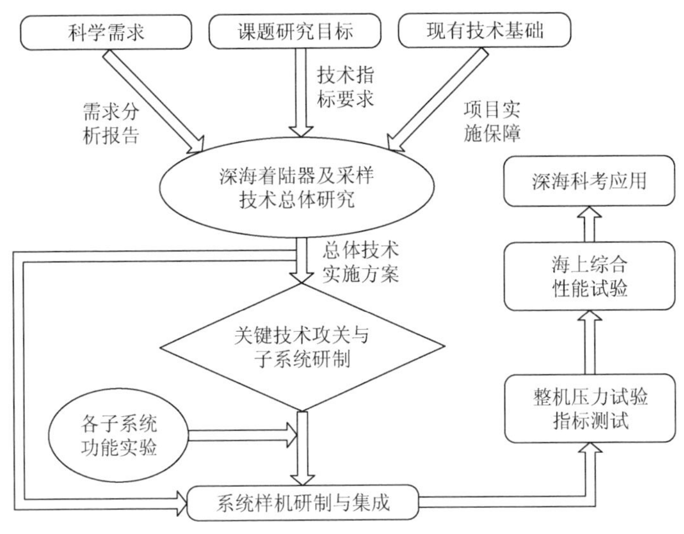

图 3.14　深海着陆器总体设计路线

1. 系统总体构成与布局

深海着陆器系统平台将采用开放式框架结构模式，便于各种仪器、设备及传感器的安装和将来探测能力的扩展，外形示意图如图 3.15 所示，主要部件关系框图如图 3.16 所示。

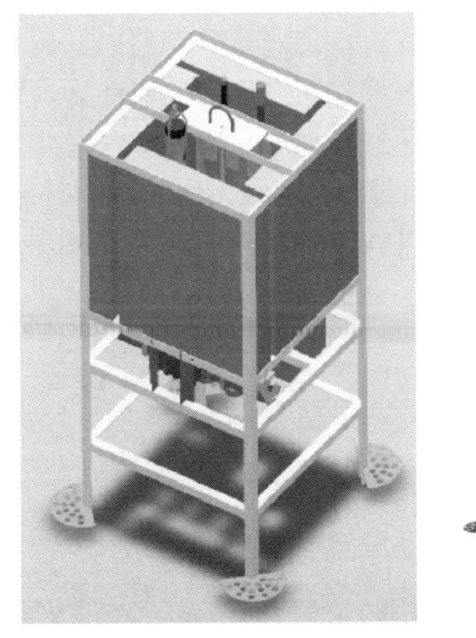

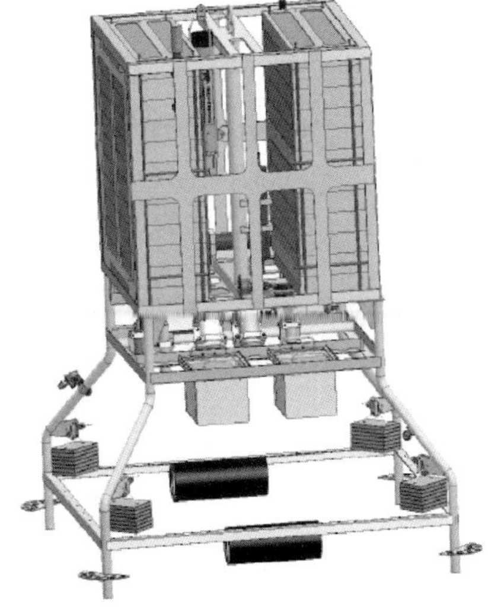

图 3.15　深海着陆器外形示意图

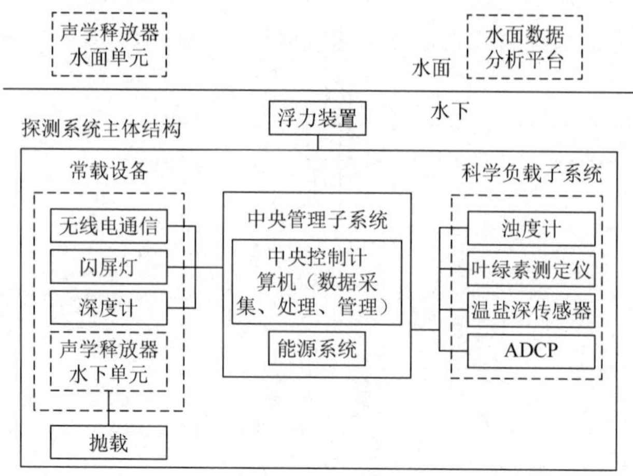

图 3.16　深海着陆器系统主要部件关系框图

深海着陆器系统由支持母船运送至勘探作业地点后，将其吊放至预定海面，脱钩释放，平台依靠自身重力自主下潜到海底。当完成勘探作业任务后，由声学释放器水面单元发出回收信号，平台上的声学释放器水下单元受触发抛掉压载物，系统变为正浮力，系统自主上浮到水面。

2. 运载子系统

（1）深海着陆器系统平台框架、密封舱的实现。综合考虑系统平台的质量、强度及防腐等因素，系统平台框架采用铝合金型材、板件焊接或通过螺栓固定而成，表面进行阳极氧化处理并安装牺牲阳极块以减缓腐蚀速度，框架主要用于固定、连接各种仪器设备。

（2）浮力装置与压载设计。将深海着陆器勘探系统平台按重量单元划分为浮力装置、系统平台（除浮力装置和压载）和压载三部分。浮力装置可提供的数据如下：浮力为 B，系统平台重量为 G，压载重量为 T，系统平台总体下潜负浮力为 $T+G-B$，抛载上浮正浮力为 $B-G$。假设勘探系统平台上浮、下潜阻力和速度相同，则有

$$T+G-B=B-G \tag{3.1}$$

即

$$T=2B-2G \tag{3.2}$$

勘探平台上浮、下潜速度阻力 D 与截面积 S 和速度 v 有如下关系：

$$D=CSv^2$$

式中，C 为阻力系数。可根据平台下潜、上浮速度指标对阻力进行估算，而上浮下潜平衡后该阻力与平台下潜负浮力或上浮正浮力相等，因此由系统平台（除浮力装置和压载）集成后的重量即可估算浮力装置提供的浮力和压载重量，即

$$B = D + G \tag{3.3}$$

3. 中央管理子系统

中央管理子系统是勘探系统的核心，能源系统为整个平台的设备提供动力，中央控制计算机负责接收各传感器的信息，管理各仪器设备运行，并对科学负载运行进行动态调整与规划。勘探系统平台具备四大科学勘探功能，分别为光学观测、水文测量、声学探测和生物取样，如图 3.17 所示。深海着陆器系统水下平台控制管理软件负责实现以上功能以及模式控制，并对能源系统进行优化管理。

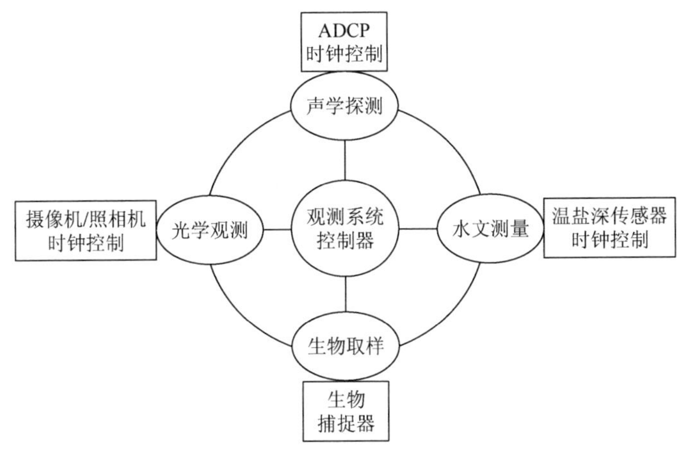

图 3.17　观测系统控制器对各观测功能管理模式概念图

光学观测采用水下摄像机、照相机两种设备；水文测量仪器为温盐深传感器，用于记录海底温度、导电率和深度信息；声学探测采用 ADCP，用于记录深海近海底海流速度信息；生物取样采用生物捕捉器，生物捕捉器主要是在渔网中放置诱饵，引诱海底生物并捕获至渔网中。

深海着陆器系统需自带能源（电池）维持各能耗仪器设备的正常工作，为确定电池的类型和容量，首先要对系统的整体功耗进行估算。系统搭载的功耗仪器设备（自带能源的设备除外）主要有中央控制计算机、摄像机、照相机、温盐深传感器、溶解氧传感器、浊度计、ADCP、深度计、高度计、电子罗盘和声学应答器等。深度计、高度计、电子罗盘和声学应答器只在系统下潜和上浮过程中打开，其能耗可以忽略。测量仪器的搭载如表 3.3 所示。

表 3.3　深海着陆器控制系统对测量仪器的管理功能

对应设备所属部件	对应设备	功能	备注
能源	电池组	状态检测、综合管理	—
常载设备	无线电通信设备	开启、发送获取数据	—
	频闪灯	开启	—
	摄像机	开启/关闭	同步操作记录影像数据
	照相机	开启/关闭	—
科学负载子系统	温盐深传感器	开启/关闭	—
	ADCP	开启/关闭	—
	生物捕捉器	诱捕	诱饵为食物或光
	其他	—	预留接口

4. 常载设备

常载设备是深海着陆器系统所必需的设备，主要包括无线电通信设备和频闪灯等。

无线电通信设备在系统浮出水面后对其进行准确定位。频闪灯作为一种视觉引导设备，在水面能见度较低、光线很弱时或夜间发出固定频率的亮光，能给工作人员提供直接的方位信息，确保系统顺利回收。

5. 科学负载子系统

深海着陆器系统集光学观测、水文测量、声学探测、生物取样功能于一体，可以实现深海近海底环境调查、深海资源勘探、深海生物样品采集等科学研究，能够为深海前沿科学研究提供宝贵的数据信息，而这些信息均来源于系统搭载的测量仪器和观测设备，即科学负载子系统。

受到系统能源、结构空间、系统总重等因素制约，科学负载子系统不可能囊括所有的海洋测量仪器和观测设备，因此科学负载子系统的选择以满足当前的科学研究需求为前提，逐渐增加更多的勘探功能。目前，中国在深海领域的研究仍处于探索阶段，所掌握的知识十分有限，对深海环境、资源的掌握情况还亟待提高。基于此，本书提出了可实现光学观测、水文测量、声学探测、生物取样这四大勘探功能的多学科综合勘探系统，其中，光学观测功能为重中之重，其他功能从点到面逐渐丰富和完善。因此，深海着陆器综合勘探系统搭载摄像机、照相机、温盐深传感器、ADCP、生物捕捉器等科学负载。

3.3.4 深海着陆器试验

深海着陆器系统研制需经过设计、加工、装配、集成、调试及功能试验等阶段。从大的进展阶段划分，深海着陆器需要进行四个阶段的试验工作，分别为压力试验、水池功能指标试验、海上试验和深海综合调查应用。

海上试验是在深海着陆器应用于勘探前对其综合性能及海上环境适应性进行验证，采用由浅海至深海、坐底时间由短逐渐延长的顺序进行试验。深海着陆器系统自带能源、相对独立，布放、回收简便，对支持母船依赖性较弱，通过支持母船在选定海域进行布放、回收即可。

中国科学院深海科学与工程研究所现已完成多套深海着陆器（图 3.18）的研制与海上试验工作，最大试验深度达到 3743m。首套深海着陆器分别于 2014 年 9 月、11 月在中国南海海域开展了浅海及深海试验，试验流程及试验内容如图 3.19 所示，验证了声学抛载功能、卫星定位功能，控制系统实现了对设备及能源的管理（对深度计、电子罗盘、摄像机、照明灯、照相机、温盐深传感器、溶解氧传感器等的管理）。对首套深海着陆器的各项功能及性能指标进行综合测试，试验结果表明各项指标均达到了相关课题任务书的要求，同时取得了一系列具有科研价值的成果，包括深海生物的高清图片及视频数据、温盐深传感器及溶解氧传感器参数探测数据，并获取了中国南海深海海域的生物、海水及微生物样品，相关研究成果得到了科学家的高度认可。2015 年 6 月，研究团队完成了第二套 7000m 级深海着陆器的研制工作，并在南海海域开展了海试工作，分别从码头试验、浅海试验及深海试验三个阶段对深海着陆器的综合功能和性能技术指标进行了验证，如图 3.19 所示。重点针对深海着陆器的布放与回收、大深度液压补偿与密封、系统能源与自主控制、多学科综合探测等核心技术进行了实际验证，为深海着陆器全面应用于深海极端环境夯实了基础，同时，7000m 级深海着陆器可作为通用性

图 3.18　7000m 级深海着陆器

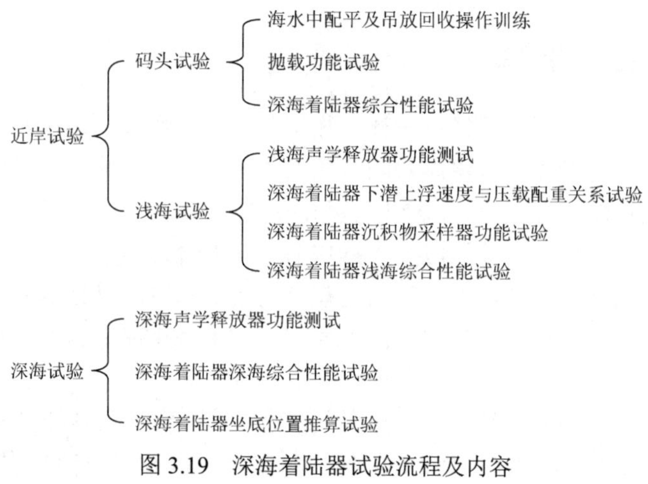

图 3.19　深海着陆器试验流程及内容

技术移植到其他大深度载体平台，为其他大深度装备的研发提供借鉴。此外，研究团队首次将基于视觉的运动目标检测技术应用到深海着陆器平台上，一定程度上提高了深海着陆器与环境的交互能力，推动了深海着陆器向智能化发展的研究进程。

试验获取了大量的照片、水文数据、声学数据，实现了对黑线银鲛、盲鳗的长期观测，并通过生物诱捕装置捕获了大王巨足虫，如图 3.20 所示。深海着陆器

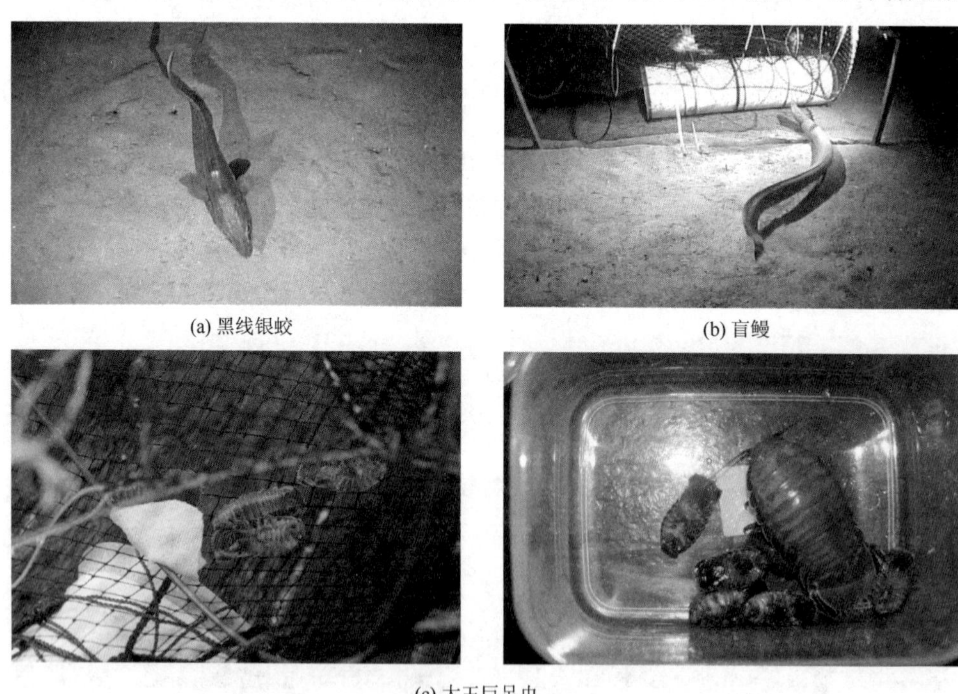

(a) 黑线银鲛　(b) 盲鳗

(c) 大王巨足虫

图 3.20　深海着陆器生物诱捕（1000m 水深）

的海试工作，验证了深海着陆器平台主要的功能和技术指标，取得了初步的科学成果；锻炼了科学与研发队伍；规范了海上作业规程及深海着陆器的操作流程；积累了海上作业及实际应用经验；为后续工作的开展与完善提供了思路。试验结果表明，两套深海着陆器具备了开展深海应用的技术条件，可满足深海探测的初步需求。

3.4 浮标基海底观测系统

3.4.1 浮标基观测系统总体设计

针对深远海立体观测的需求，基于 3m 直径浮标、接驳盒、光电复合缆搭建的一套浮标基海底观测系统（图 3.21），解决风机搭载、光电复合缆系留等关键技术问题，开展试运行。

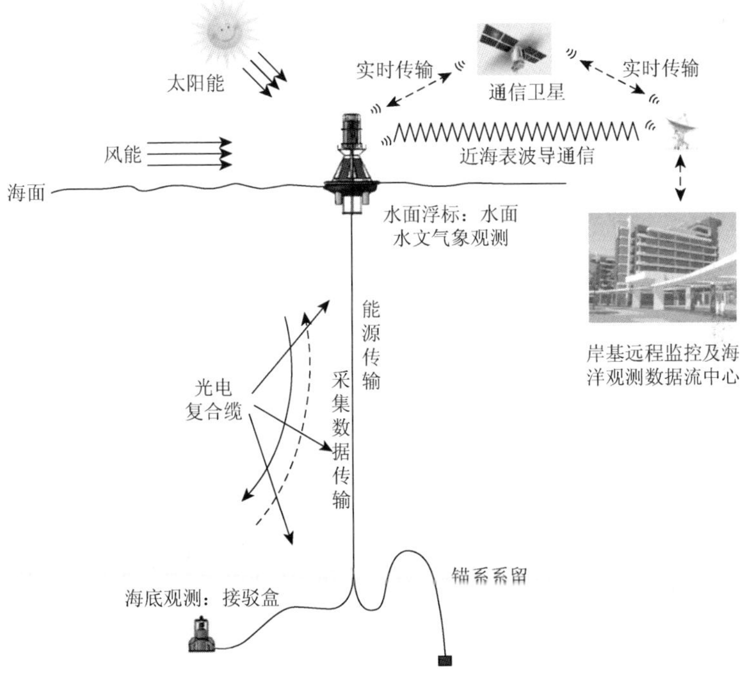

图 3.21　浮标基海底观测系统

研究内容如下：

（1）设计 3m 直径浮标、搭载风机；

（2）采用风光互补的供电方式实现能源供给；

（3）验证北斗、铱星的可靠性；

（4）浮标端搭载气象观测站、摄像头、TCM3，实现观测数据的实时传输；

（5）接驳盒端搭载云台、摄像机、灯、ADCP、温盐深传感器，实现摄录数据的实时传输；

（6）浮标与接驳盒通过光电复合缆连接起来，实现浮标、接驳盒、光电复合缆的系统集成与试验。

浮标基海底观测系统在每天的 2 时、5 时、8 时、11 时、14 时、17 时、20 时、23 时之前，完成持续 0.5h 的水面浮标端的观测及数据传输。海底摄录在 2 时、5 时、8 时、11 时开始摄录，每次摄录 0.5h，每天共 2h；海表摄像头白天工作，7～19 时进行摄录，摄录数据通过无线模块进行传输，实现近距离视频数据传输。

3.4.2 系统组成、能源与控制

1. 系统组成

浮标基海底观测系统包括以下三部分[12]（图 3.22）。

（1）3m 直径浮标：浮标结构、浮标控制。

（2）光电复合缆连接：光电复合缆、锚系。

（3）接驳盒：接驳盒结构、接驳盒能源分配与传输、接驳盒信息管理、接驳盒监控、海底观测仪器。

2. 系统能源分配

浮标作为该系统的能源供给部分，为所有接驳盒供电。浮标端由风机和 8 块太阳能板供电。浮标能源部分以风光互补控制器为核心，完成蓄电池充放电、接入市电、逆变升压至中压。

3. 系统控制

浮标端挂载铱星、北斗，搭载 6 要素气象站、TCM3 姿态仪、摄像头。能源由风机、太阳能板提供，风光互补控制器用于监测风机和太阳能板的状态，并进行各个端口的通断控制。接驳盒端连接水下摄像机、水下云台和水下灯，输入为中压电压，将摄录数据通过光电复合缆传到浮标端。

3.4.3 浮标设计

1. 浮标结构

浮标结构包括浮标仪器架和浮标标体。浮标标体直径 3m。浮标仪器架顶部面板放置观测仪器，中部放置风机，下部为太阳能板支架，如图 3.23 所示。

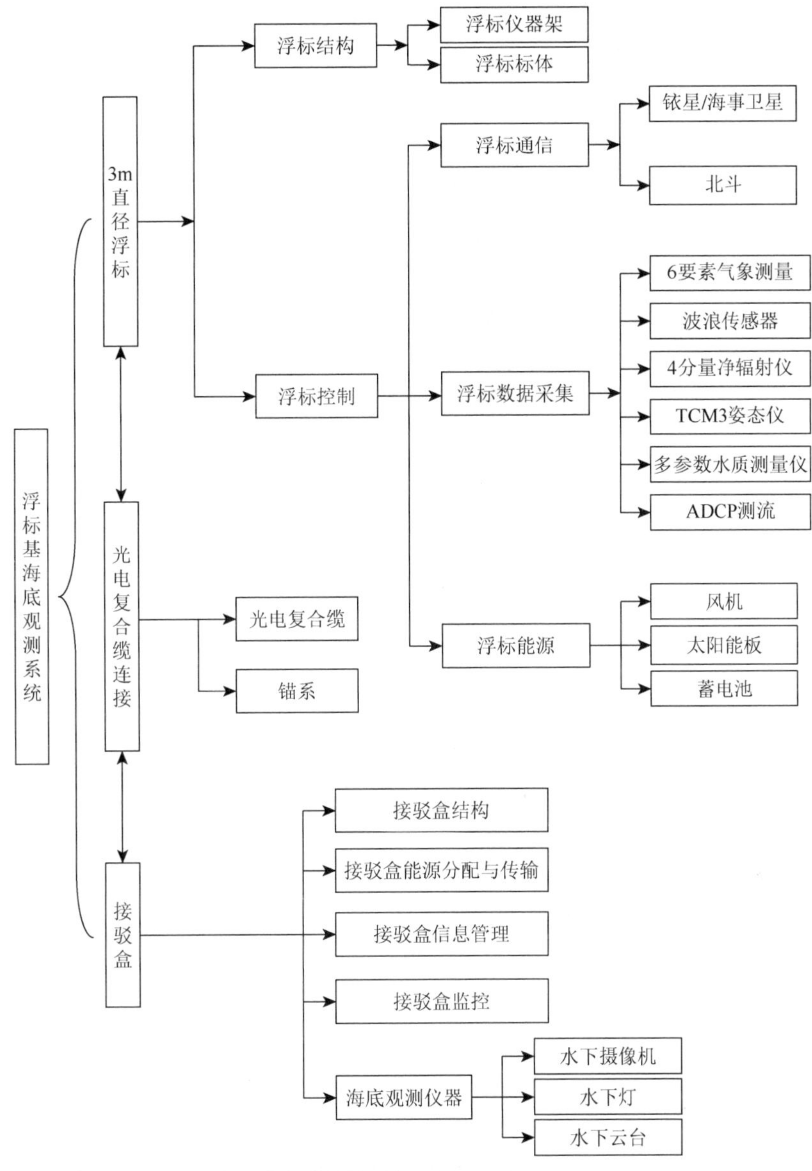

图 3.22　浮标基海底观测系统组成

2. 浮标数据采集

系统搭载的传感器包括海表水文观测和海底水文观测的仪器，参考《大型海洋环境监测浮标》（HY/T 142—2011）行业标准中要求的浮标能够提供的测量参数和指标。结合上述观测要求，选取相关仪器进行气象观测、海表水体水质观测、海底观测。表 3.4 列出了典型观测仪器的参数。

图 3.23　浮标整体结构、风机及太阳能板搭载

表 3.4　《大型海洋环境监测浮标》（HY/T 142—2011）测量参数

序号	测量参数	测量范围	测量精度
1	风速/(m/s)	0～60	V≤20m/s：±1。V≥20m/s：±V×5%
2	风向/(°)	0～360	±10
3	气温/℃	–40～50	±0.3
4	气压/hPa	800～1100	±0.5
5	相对湿度/%	0～100	±5
6	表层水温/℃	–4～40	±0.2
7	表层盐度	8～36	±0.2
8	深度/m	0～200	2%FS
9	波高/m	0.5～25	±(0.3 + H×10%)
10	波周期/s	3～30	±0.5
11	波向/(°)	0～360	±10
12	方位/(°)	0～360	±0.5
13	流速/(m/s)	0～10	±1%
14	流向/(°)	0～360	±10
15	叶绿素/(μg/L)	0～400	±0.5
16	浊度/FTU	0～1000	±0.5

1）6 要素气象站

MetPakPro 是精密的便携式气象站，如图 3.24 所示，可以监测最基本的气象参数，带有四个输入接头，可与外部测量仪器连接。该便携式气象站包含风速风向传感器、气压传感器、温度和湿度探头。外部接线盒允许连接最多四个附加传感器：一个 Pt100 温度传感器、一个接点闭合雨量计和两个模拟传感器。使用坚固的 U 形螺栓安装夹紧装置，适合连接到直径 25～55mm 的任何垂直安装上。

图 3.24 MetPakPro 气象站

MetPakII 采用超声波技术测量风速和风向，精度更高，可靠性更好；使用工业级别的探头测量温度和湿度，置于辐射防护罩内；大气压在通气盒内测量。MetPakII 采用数字输出，可配置成 RS232、RS422 或 RS485 串口输出。

2）TCM2.5 电子罗盘

TCM2.5 电子罗盘用于获取浮标的三个姿态角，主要技术参数如表 3.5 所示。结合波浪传感器，测算海流的流速流向。选用 TCM2.5 电子罗盘测量浮标的姿态，如图 2.4 所示。

表 3.5 TCM2.5 电子罗盘主要技术参数

技术类别		技术参数
航向	范围	0～360°
	精度	0.3°（＜70°），0.5°（＞70°）
	分辨率	0.1°
	重复性	0.05°
倾斜角	范围	−90°～90°
	精度	0.2°
	分辨率	0.05°
	重复性	0.03°
横滚角	范围	−180°～180°
	精度	0.2°（＜70°），0.5°（＜80°），1°（＜86°）
	分辨率	0.05°
	重复性	0.03°
物理特性	尺寸	3.5cm×4.3cm×1.3cm
	重量	0.03kg

续表

技术类别		技术参数
物理特性	电源	3.6～5VDC，0.02W
	工作温度	–40～85℃
	存储温度	–40～125℃
	通信协议	RS232

3）水面摄像头

水面摄像头选用海康威视监控摄像头，50m 红外夜视室外防水，400 万像素 i5/POE，压缩输出码率为 8kbit/s～8Mbit/s，功耗 7.5W，供电电压 12VDC，支持 TCP/IP 协议。浮标端无线通信机用于建立无线通信链路，为接驳盒的视频数据传输提供基础，为实现近距离大数据传输验证提供条件。

浮标数据采集根据一定的时序控制主机及各类传感器的加断电，采集及处理各类传感器的信号，采集的实时数据及时存储于存储器中，将处理后的数据通过通信传输系统发送到用户的接收站，将原始数据保存到存储器中，并随时响应浮标检测仪的各类检测应答信号。采集方式满足《海滨观测规范》（GB/T 14914—2006）的要求，并符合国家海洋局数据传输系统要求。

浮标需在连续 15 天的阴雨天气条件下正常工作，每天至少采集数据 8 次，在每天的 2 时、5 时、8 时、11 时、14 时、17 时、20 时、23 时之前，完成持续 30min 的观测，风速风向的测量、处理、传输需在 30min 内完成，并需满足如下要求：

（1）完成每天的 8 次采集；

（2）航标灯处于工作状态；

（3）根据工作时序和工作参数，对所有设备进行加断电控制；

（4）采样结束后，将处理后的数据存储、编码并传输到岸基；

（5）自动或根据远程控制指令执行其他操作。

根据上述原则估算浮标观测信息的数据量和观测的功耗，实际每天需要提供的电量为 12VDC/15.14A·h。

3. 浮标通信

浮标通信部分包括铱星、北斗。铱星和北斗用于传输气象站、TCM3 姿态仪的观测数据，其通信方式及速率如表 3.6 所示。

表 3.6 浮标通信方式及速率

传感器	通信范围	型号	速率	作用
铱星	全球	A3LA-RG	1.2kbit/s	观测数据、位置信息传输
北斗	中国	TS8512	100bit/min	观测数据、位置信息传输

1）铱星

铱星的主要特点是不受通信距离和地理位置限制，但是通信费用高，数据传输速率低。铱星系统在全球范围内提供双向、实时的数据通信。选用 A3LA-RG 模块，其性能指标如表 3.7 所示，包括一个铱星 A3LA 收发器，功能与 9522B 相同，但体积比 9522B 约小 60%，重量比 9522B 轻 50%；有算法监控网络状态，防止硬件锁定；可以标准格式或 AES-256 位加密格式传输数据；支持拨号、短信、数据交换和语音业务；铱星传输速率为 1.2kbit/s。

表 3.7 铱星 A3LA-RG 模块主要性能指标

性能参数	指标
频率范围	1616～1626.5MHz
传输速率	1.2kbit/s
数据接口	RS232
工作电压	4～5.4V
发送时典型功率	420mA@5V
待机功率	175mA@5V
尺寸	102mm×61mm×24mm
重量	201g

2）北斗

选用北斗船载一体机 TS8512，如图 3.25 所示。TS8512 内部集成 RDSS 模块、RNSS B1/GPS L1 模块、天线等，该产品集成度高、功耗低，可完整实现 RDSS 定位、短报文通信功能，并且实时接收 RNSS B1/GPS L1 卫星导航信号。TS8512 体积小巧、功耗低，连接简单、操作方便，非常适用于船舰导航、位置上报及短报文通信等大规模应用，指标如表 3.8 所示。

结合上述各通信模块的功能、通信时间分析通信系统的总功耗。系统工作时，铱星、北斗用于气象水文数据的传输端口，实际每天需要提供的电量为 12VDC/23.4A·h。

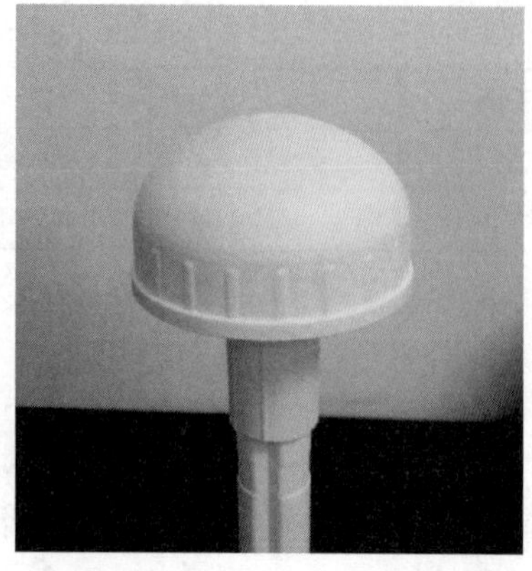

图 3.25　北斗船载一体机 TS8512

表 3.8　北斗通信接口端子定义

序号	端口名	描述
1	RS232_GND	接地
2	VCC	电源接口，输入电压范围 12～28V
3	GND	地
4	RS232_TX	串口通信接口（接收数据）
5	RS232_RX	串口通信接口（发送数据）

4. 浮标主控单元

浮标主控单元设计开发时需要遵循一定的设计原则，浮标主控单元包括浮标主控单元硬件、浮标主控单元软件、岸基站软件。设计原则如下。

（1）稳定可靠。

（2）体积小、低功耗。

（3）实用性较强、操作界面友好。

（4）维护方便和扩展性好。浮标主控单元设计的灵活扩展，使系统能够扩大化，便于更新换代。硬件上的可扩展性，包括存储容量的扩展、接口扩展、增加功能等，软件上则包括易维护和易升级等。

选用嵌入式板卡设计水面控制单元，这样给整个系统设计带来了很大便利，使设计周期大大缩短。浮标的水面控制单元是一个独立的控制系统，包括处理器、数据采集装置、电源、通信装置、电池兼容装置等，其主要作用如下。

（1）与水面控制系统进行数据交互。

（2）管理各种传感器，即采集数据、记录、打包、上传。

（3）根据水面控制系统指令进行浮标控制。

5. 浮标能源

光伏发电将太阳能通过光伏电池直接转化为直流电进行蓄电，利用光伏效应实现能量变换。太阳能板基本由半导体材料组成，由于光伏电池是非线性元件，输出功率受温度和光照影响较大。

风电机组包括风机和发电机，风机将风能转化为机械能，然后利用发电机将机械能转化为电能。风机包括垂直轴风机和水平轴风机两类，考虑受力的均衡性，选用垂直轴风机。风机输出功率的表达式如下：

$$p=\frac{1}{2}C_p(\lambda,\beta)\rho Av^3$$

式中，$C_p(\lambda,\beta)$为风能利用系数，理论最大值为0.593；λ为叶尖速比；β为桨距角；ρ为空气密度；A为风轮扫掠面积；v为风速。计算风电机组发电机输出的电功率，将风机的输出功率乘以传动装置的机械效率和发电机的机械效率即可。因此，风力发电机功率和额定功率与风速的立方是正相关关系。

浮标能源采用风光互补的发电方式，风能、太阳能具有不稳定性，并且风能能量不可持续供给，太阳能每天供给能源约为8h。从能源消耗和补充的角度讲，风机和太阳能的瞬时功率应满足用电设备的用电要求。从蓄电池的角度讲，按照相关规范要求，传统太阳能板供电方式需满足至少 15 天无太阳情况下仍可以供电。但海上一般不会出现持续 15 天无风的状态，因此在能源核算中，假定 2～3 天无风的状态进行核算。系统功耗包括浮标通信、数据采集、摄录、逆变降压、浮标控制器、接驳盒控制器、海底摄录等部分。

经估算，共计约 80W 可满足系统需求。根据冗余设计的思想，选择 24 块蓄电池进行蓄电，选用风机和太阳能板进行供电。太阳能板共计 8 块，风机一台，额定功率 200W。风光互补和蓄电池充放电控制器将风能和光能优化配置，提供12VDC、24VDC 供电接口，实现对蓄电池充放电和外部负载供电。在风光能源高于浮标观测仪器负载情况下，利用风能和太阳能为蓄电池充电；蓄电池在风光能源低于浮标观测仪器负载情况下，为外接负载供电。风光互补及蓄电池充放电控制器外壳采用铝合金全密封式散热器，内部实体封装，采用自然冷却结构，使控制器具有防震、防潮、防霉菌、防腐蚀等优点。

6. 接驳盒

接驳盒固定在框架式的栅格上，如图 3.26 所示。在栅格上固定水下摄像机、水下云台和水下灯等其他仪器模块，将各仪器通过接插件连接到接驳盒上。接驳盒的控制器及变压模块封装到一个大的耐压舱里，选用钛合金作为耐压壳体材料。耐压舱通过水密接插件挂载科学仪器，并预留多个扩展插槽。接驳盒和光电复合缆通过光电分离器进行连接。接驳盒指标如下。

（1）重量：＜300kg（空气中），配有压载块。

（2）功率：输入功率 200W，输出功率 150W。

（3）仪器搭载：水下云台、水下灯、水下摄像机。

（4）串行口传送速率（与仪器连接端）：0～115.2kbit/s。

（5）输入接口：光纤接插件、3 芯接插件。

1）接驳盒结构设计

首先考虑接驳盒整体结构设计，包括外壳材料的选择、整体形状和局部结构的设计等，在设计时要充分考虑密封、耐压、防腐、散热的问题。接驳盒机械结构设计需要确定耐压壳体筒身壁厚 δ_e、端盖厚度 σ_p 。计算过程中使用的直径、长度比系数 A 通过查表确定。接驳盒固定支架采用 304 矩管材料焊接，如图 3.26 所示。

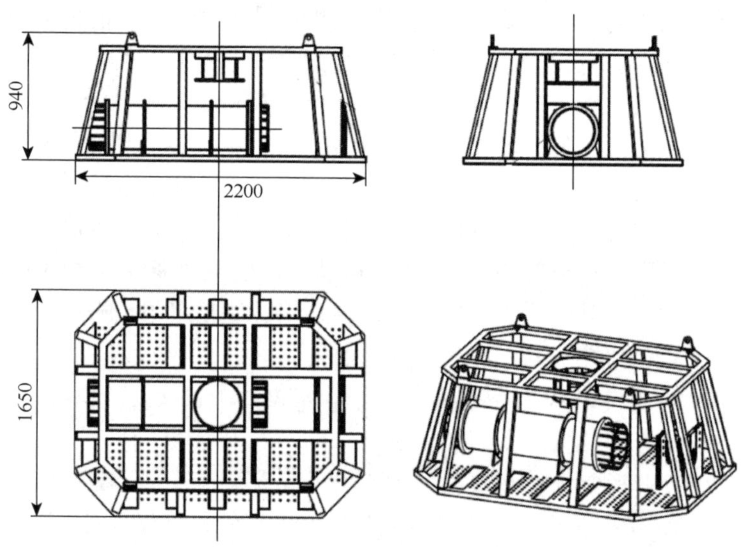

图 3.26　接驳盒支架

单位：mm

接驳盒接插件接口：考虑到需要对各种测试仪器装备预留接口，通过评估，使用通用串行仪器接口作为标准。接驳盒上的通用串行仪器接口采用了美国 SubConn 公司生产的 MCBH8F 型 8pin 穿舱水密接插件。

2）接驳盒电气设计

接驳盒电气设计使用模块化的设计思路，如图 3.27 所示。设计通用能源供应、变压、分配电路和通用信号通信。外部中压被送至耐压腔体中进行转换和分配，并提供 48V、24V 和 12V 的直流输出，供观测仪器选择使用。接驳盒内部为工业

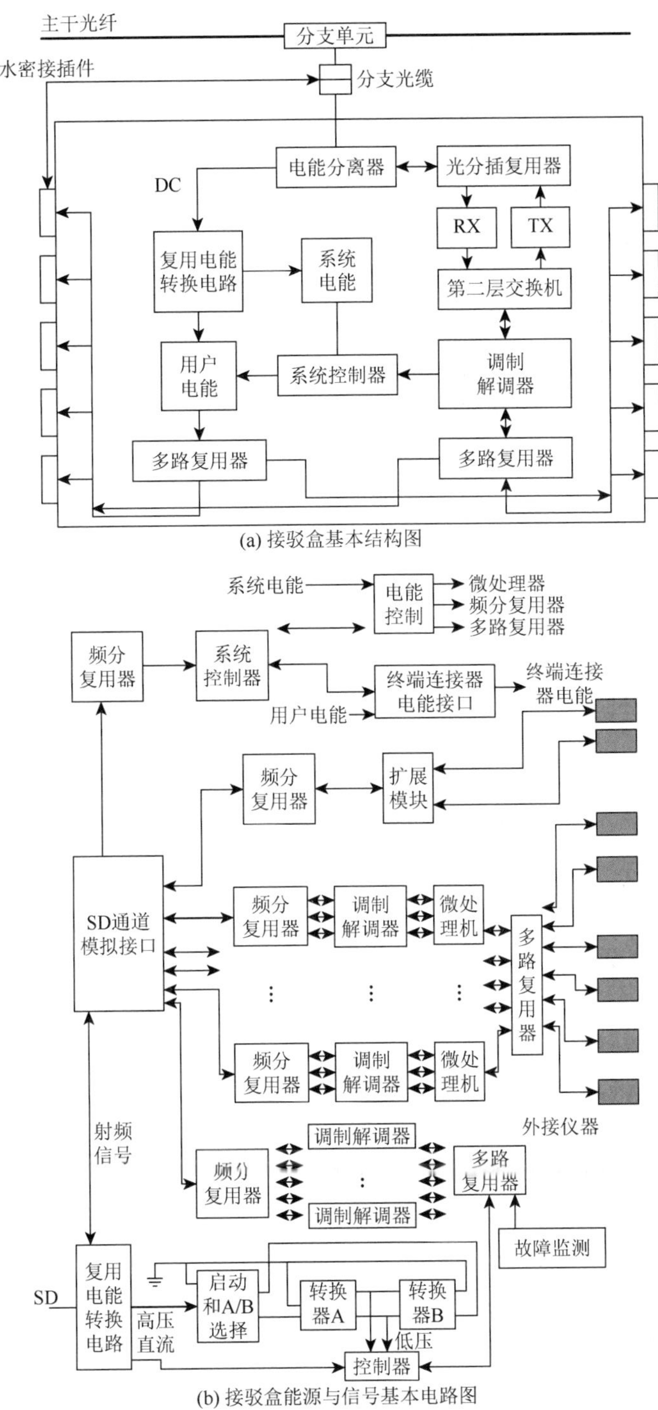

(a) 接驳盒基本结构图

(b) 接驳盒能源与信号基本电路图

图 3.27　接驳盒能源及信号传输图

以太网总线，并通过光端机将以太网总线数据转换为光信号，实现海底观测网观测仪器的联网和高速数据传送，接入仪器与远程控制中心可实现“透明”的连接，信号被送至多路复用器，通过串口网桥模块，实现双向通信。

3）海底观测仪器搭载

接驳盒上搭载水下摄像机、水下云台、水下灯。通过水下摄像机和水下灯进行拍摄，并通过光电复合缆传输到浮标端，浮标端通过无线通信传输到岸基。调试视频数据传输链路，保证光电复合缆、无线通信的可靠性。

（1）水下摄像机：C600HD。

彩色高清变焦，6000m 工作水深，分辨率 1080i HD；光学变焦 30 倍，数字变焦 10 倍；电压 10～36 VDC；TI 外壳。性能指标如表 3.9 所示。

表 3.9　C600HD 水下摄像机

性能参数	指标
分辨率	1080i HD
变焦	光学变焦 30 倍，数字变焦 10 倍
工作水深	6000m
尺寸	91mm×256mm
重量	空气中 3kg，水中 1.4kg
控制口	RS232
电压	10～36VDC
电流	700mA

（2）水下灯：L300。

LED 灯，直流 7500 流明，80W；聚光 30°开交、散光 80°开交可选，连接器顶部安装、侧面安装可选；6000m 工作水深，亮度可调节。L300 共计两只，性能指标如表 3.10 所示。

表 3.10　L300 水下灯

性能参数	指标
外形尺寸	127mm×66mm×84mm
工作水深	6000m
重量	水中 0.7kg
功率	80W，3.3A
电压	24VDC

（3）水下云台：P20。

电动云台，6000m 工作水深；负载 9kg；最大转动扭矩 13.5N·m；转动速度 20°/s；控制输入口 RS485，性能指标如表 3.11 所示。

表 3.11　P20 水下云台

性能参数	指标
工作水深	6000m
电压	24VDC
电流	0.5A
重量	空气中 9kg
最大转动扭矩	13.5N·m
数据接口	RS485
转动速度	20°/s

在接驳盒上，水下灯的功率比较大，实际每天需要提供的电量为 24VDC/15.73A·h。

3.4.4　浮标锚系

浮标锚系包括锚链锚系和光电复合缆锚系两部分。锚链锚系可结合布放海域、浮标储备浮力的实际情况进行设计。光电复合缆锚系主要由承重接头、光电复合缆组成，如图 3.28 所示。

1. 锚链锚系

600～6000m 海域或更深海域，锚系系统均采用飘带形软结构系统。这种锚系方式上段采用锚链与浮标连接，中间采用尼龙绳和聚丙烯绳连接，为防止尼龙绳和聚丙烯绳与海底摩擦而发生破断，需要使尼龙绳和聚丙烯绳与下段锚链接头处离开海底一段距离，通常接头提高 6～24m，系留索深长比为 1∶1.25。

浮标自重 4988kg，储备浮力为 3.5t。

尼龙绳长 500m，直径 40mm。

聚丙烯绳长 850m，直径 40mm。

浮球浮力 25kg，共 10 个。

水平链直径 28mm，长 30m，共 1 组。

自重锚 2.5t，共 1 个；抓力锚 500kg，共 1 个。

锌块用于防腐，共计 10 块，每块 5kg。

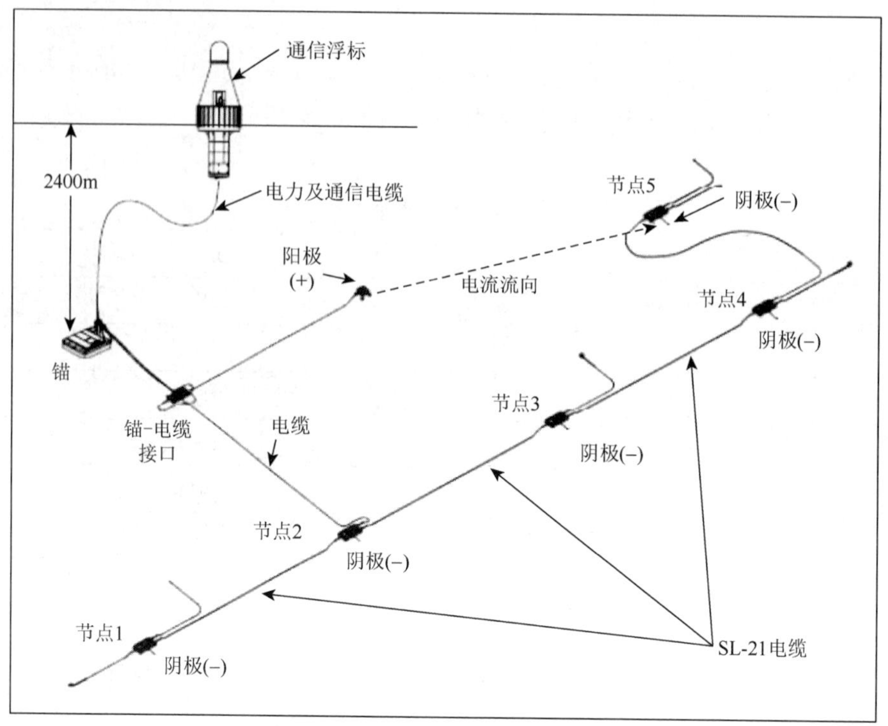

图 3.28　光电复合缆锚系参考示意图

5m 直径浮标，基于柴油机为海底观测提供能量[7, 12, 13]

具体锚系配置如下：标体下端通过末端卸扣连接一节有挡锚链，末端卸扣与标体末端连接处套一圈钢丝芯缆套；锚链下部连接转环；然后依次串联 8m 长环链、组合式钢丝缆绳、尼龙编制缆绳、长环链、聚丙烯三股绳，聚丙烯三股绳上悬挂浮球 6 个；聚丙烯三股绳末端通过卸扣、转环连接 3 环长环链；最后用 3 个末端卸扣连接重力锚、长环链；长环链通过末端卸扣与大抓力锚连接。

2. 光电复合缆锚系

光电复合缆基本要求如下：光电复合缆选用低模量的尼龙纤维和聚酯纤维制作。各部分结构如图 3.29(a)所示：①中心部分是尼龙层，采用尼龙编织（或聚酯纤维编织）；②尼龙外护套层选用 HYTREL 热塑聚酯弹性共聚物；③尼龙外护套层外部为光电芯，选用 Hi-Wire#18 AGW 线制，多模光纤 4 芯；④光电芯层除光电芯以外，采用 HYTREL 材料挤压光芯和电芯；⑤最外层选用聚酯材料进行编制，为防鱼咬聚氨酯外套，将不锈钢编制在聚乙烯护套里。

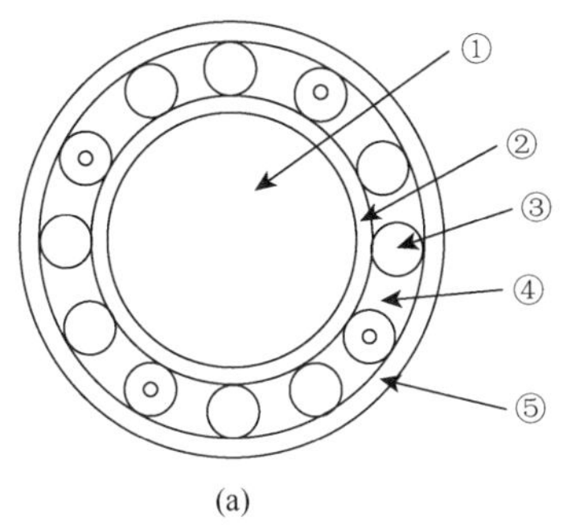

(a)

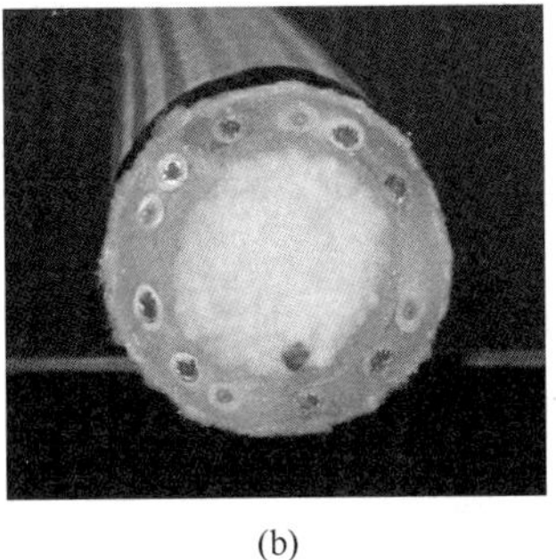
(b)

图 3.29 光电复合缆截面图[7]

3.4.5 近岸试验

结合项目现阶段的研发进度和状态，项目组在系统调试期间单独采购了 3 光 3 电的 350m 铠装光电复合缆，用于近海的布放、调试，见图 3.30。调试阶段主要以海底摄录、海表摄录、气象观测、光电复合缆和无线近距离传输为目的，并

(a) 水池调试

(b) 近岸调试

(c) 浮标布放

(d) 接驳盒布放

图 3.30 浮标基海洋观测系统布放

重点测试整套系统的布放/回收技术。总体来说，海试包括布放/回收、岸基远程监控和测试两部分，主要为技术性试验，项目组在 2017 年开展了近岸布放，共计 15 天。整个布放过程如下。

（1）整套设备在码头吊放，在码头岸边安装浮标体、标架，并将光电复合缆连接在浮标尾椎上。

（2）在预定布放位置，母船下锚。锚定后，多下 50m 锚链，这样船会漂到下游，以便布放浮标。

（3）布放浮标。浮标布放完以后，布放 80m 的浮标锚链。

（4）母船收锚链 50m，船开动到上游，这个时候开始布接驳盒。

渔试的岸基监控部分如图 3.31(a)所示，主要包括水面、水下视频的测试，并通过视频录制软件对海表、海底视频进行录制。海表信息监控包括：风速、风向、气温、气压、漏点；浮标姿态、GPS 信息；太阳能电流、电压；风机的电流、电压；风光互补控制器两路输入的电流、功率；海表摄像头摄录信息。接驳盒搭载的设备包括水下摄像机、水下云台、水下灯，可进行海底摄录。

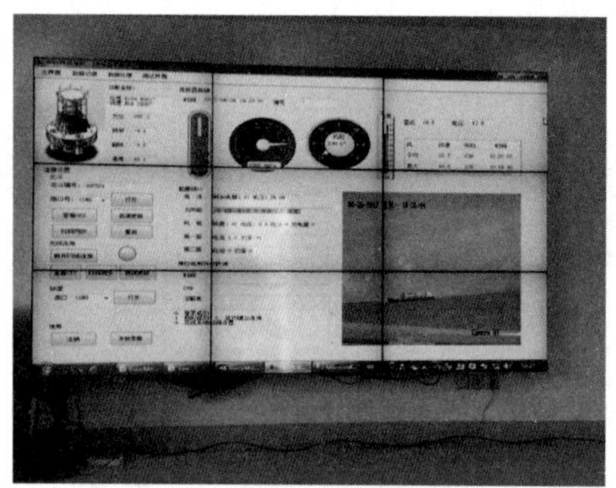

(a) 海表信息（岸基监控）

(b) 拖标航行

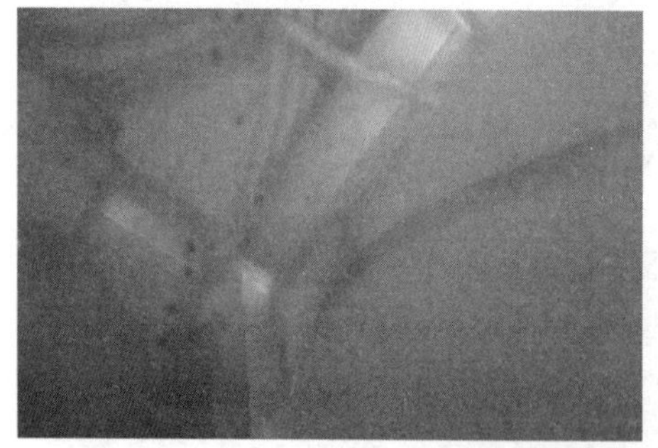

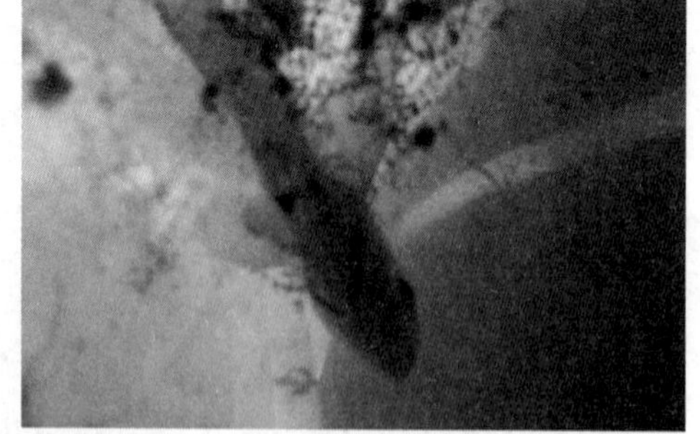

(c) 海底持续、实时视频信息截图

图 3.31　近岸试验掠影

获取连续海底、海表的实时视频并进行录制。接驳盒部分的功率比较大，因此接驳盒部分并不是常开状态，接驳盒的视频并未一直录制。整个试验阶段，无线通信设备状态良好，基本每天都对海底拍摄图片或进行短时间的视频录制，如图 3.31（c）所示。

3.5 本章小结

本章介绍了海底固定观测的研究现状，包括接驳盒及深海着陆器技术等；提出了新一代海底观测系统的构建方式，利用接驳盒、浮标发电装置、铱星及北斗通信建立独立观测节点，多节点通过无线组网实现覆盖观测，布放/回收、维护方便；对已研发的深海着陆器和浮标基海底观测系统的原理、组成、总体设计和试验进行了详细的介绍。

参 考 文 献

[1] 于伟经. 海底观测网接驳盒供电监控系统研究与设计[D]. 北京：中国科学院大学，2013.

[2] Person R，Beranzoli L，Berndt C，et al. The European deep sea observatories network of excellence ESONET[C]. Proceeding of OCEANS 2007 Europe，Vancouve，2007：1-6.

[3] Alt C V，Luca M P D，Glenn S M，et al. LEO-15：Monitoring and managing coastal resources[J]. Sea Technology，1997，38：105-109.

[4] Schneider K，Liu C C，Howe B. Topology error identification for the NEPTUNE power system[J]. IEEE Transaction On Power Systems，2005，20（3）：1224-1232.

[5] Ginnis T M. Shore Station：Ground Return Electrodes[Z]. Documents of NEPTUNE Project Power Group，2002.

[6] Butler R. The Hawaii-2 observatory：Observation of Nano earthquakes[J]. Seismological Research Letters，2003，74（3）：290-297.

[7] Chaffey M，Bird L，Erickson J，et al. MBARI's buoy based seafloor observatory design[C]. OCEANS'04 MTTS/IEEE，Kobe 2004，4：1975-1984.

[8] Howe B M，Chan T，El-Sharkawi M，et al. Power system for the MARS ocean cabled observatory[C]. Proceedings of the Scientific Submarine Cable 2006 Conference，Dublin，2006：7-10.

[9] Schmidt H. AREA：Adaptive Rapid Environmental Assessment[M]. Berlin：Springer International Publishing AG，2002：587-594.

[10] 陈燕虎. 基于树型拓扑的缆系海底观测网供电接驳关键技术研究[D]. 杭州：浙江大学，2012.

[11] Hardy K. Hadal landers：The DEEPSEA CHALLENGE ocean trench free vehicles[C]. OCEANS，San Diego，2013.

[12] 张少伟，辛永智，杨文才. 深远海可迁移浮标基——接驳盒海洋观测系统：CN106516051A[P]. 2017-03-22.

[13] Clark A M，Kocak D M，Martindale K，et al. Numerical modeling and hardware-in-the-loop simulation of undersea networks，ocean observatories and offshore communications backbones[C]. OCEANS 2009，Biloxi，2009：26-29.

4

水下滑翔机动力学建模与控制技术

传统的水下机器人依靠电能驱动螺旋桨、舵等以克服其受到的阻力，实现自身的运动。滑翔机是将水动力中的升力、净浮力作为驱动力，实现它的剖面锯齿滑翔和三维螺旋滑翔。另外，传统水下机器人在动力学建模中稳心高为恒定值；而滑翔机通过改变稳心高以改变其滑翔姿态。同时，随着滑翔深度加大，海水深度、盐度的变化严重影响其净浮力的大小。以上几点充分表明，滑翔机系统的动力学建模和传统水下机器人有很大的不同。典型的滑翔机如 Slocum 等，借助两个电池质量块在滑翔机壳体主对称面的长轴、短轴方向上移动，Leonard 和 Graver[1]给出了这类滑翔机的动力学模型。这种情况下，稳心高在一个矩形区域内移动，可以通过控制两个电池质量块的位置，使其三维螺旋滑翔的稳心高、俯仰角保持不变。Seawing 滑翔机由一个可移动和旋转的电池质量块来控制其转向，对于三维螺旋滑翔，稳心高、俯仰角会随电池转动发生相应的变化，滑翔机动力学的耦合在于电池的转动影响了俯仰角的变化。

滑翔机控制时间相对稳态滑翔时间较短，大部分时间处在稳定滑翔状态，典型运动有剖面锯齿滑翔和三维螺旋滑翔。通过对滑翔机稳态运动特性的分析，我们可以了解滑翔机的转弯半径，对多滑翔机的队形控制、转向操纵性具有指导意义；另外，滑翔机的速度分析有助于我们设定海洋观测的续航时间、分析海流影响等。

本章首先建立 Seawing 滑翔机动力学模型，并分析滑翔机的转向与驱动方式之间的耦合关系，给出水动力系数、附加质量的估算结果；其次，对比动力学仿真和实际海洋试验结果，结合试验数据和海洋密度的变化，设计净浮力的补偿方法；最后对滑翔机的稳态滑翔特性进行分析，并设计一种迭代方法用于反解滑翔机的控制参数[2]。

滑翔机垂直面运动轨迹是锯齿滑翔轨迹。在滑翔过程中的绝大部分时间，滑翔机均工作在稳定滑翔状态下，即在某固定俯仰角下运动，动质量块的位置和净浮力通常设定为常值。当滑翔机在垂直面进行观测采样或者动态地跟踪深海跃层的上下边界时，需要根据观测的海洋现象特性动态地改变观测的空间密度。对于海洋特性变化明显的区域，以较大的俯仰角滑翔，从而获得更致密的观测数据。

另外，海洋现象的变化剧烈程度随着深度的变大而逐渐变小，因此较深海域的观测密度要小，适当地随深度增大而增大俯仰角、滑翔速度，可以在同样的采样周期下降低观测密度，减小观测数据量，并降低采样过程的能耗。因此，本章设计基于线性二次最优调节器（LQR）以动态调整滑翔机速度和姿态角。

当滑翔机从下潜过程切换到上浮过程时，滑翔机的净浮力方向相反，动质量块从其平衡位置一侧移动到另一侧；考虑到滑翔机动力学系统的非线性，滑翔机的姿态与净浮力调整不协调，就可能造成升力和阻力的合力与净浮力方向相同，导致系统的不稳定。在实际潜浮切换过程中，通常是先调整净浮力为 0，即平衡状态，此时速度为 0；其次调整俯仰姿态由下潜变为上浮；最后调整净浮力，完成向上滑翔的过程。当滑翔机速度为 0 时，如果滑翔机遇到海流或其他外界扰动就容易被掀翻。特别地，锯齿滑翔和内波叠加后，可以通过比对滑翔机在静水中的轨迹和内波区域的轨迹，以获得内波的波速、波高等信息。针对这一潜浮切换过程控制问题，本章将其视为一个两点边值问题，基于哈密顿函数设计其切换控制策略。

4.1 水下滑翔机动力学建模与水动力分析

4.1.1 水下滑翔机动力学模型

Seawing 滑翔机[2]依靠浮力皮囊调节其净浮力，并通过内置动质量块移动和转动而改变其姿态，如图 4.1 所示。本节基于理论力学中的拉格朗日动力学方程建

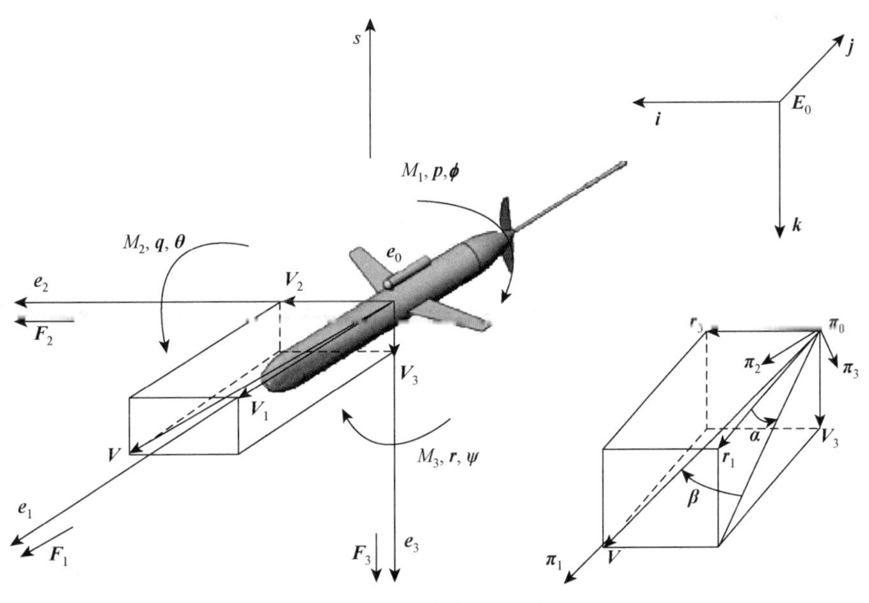

图 4.1　滑翔机坐标系

立其模型。为便于描述和后续研究，先给定其坐标系。研究滑翔机运动使用的坐标系为惯性坐标系、动坐标系和速度坐标系三种，惯性坐标系用来描述滑翔机的姿态，动坐标系用来描述其动力学模型，速度坐标系用来描述其水动力特性，具体定义如下。

惯性坐标系 $\boldsymbol{E}_0(\boldsymbol{i},\boldsymbol{j},\boldsymbol{k})$ 的坐标原点 $\boldsymbol{E}_0$ 位于空间某一点，$\boldsymbol{i}$、$\boldsymbol{j}$ 为北东坐标系的北向和东向，$\boldsymbol{k}$ 轴指向地心为正。动坐标系是固定于滑翔机浮心处的右手直角坐标系 $\boldsymbol{e}_0(\boldsymbol{e}_1,\boldsymbol{e}_2,\boldsymbol{e}_3)$。在本节中，坐标原点在滑翔机中纵剖面内、距离艏部 885mm 处。纵轴 $\boldsymbol{e}_1$ 平行于水下滑翔机主体基线，指向滑翔机艏部为正；横轴 $\boldsymbol{e}_2$ 平行于基线面，指向右舷为正；垂直轴 $\boldsymbol{e}_3$ 位于滑翔机主体中纵剖面内，指向滑翔机底部为正。滑翔机在动坐标系下的三个线速度分别为纵向速度 $\boldsymbol{V}_1$、横向速度 $\boldsymbol{V}_2$、垂向速度 $\boldsymbol{V}_3$；角速度 $\boldsymbol{\Omega}$ 在动坐标系上的三个分量分别为横滚角速度 $\boldsymbol{p}$、纵倾角速度 $\boldsymbol{q}$、转艏角速度 $\boldsymbol{r}$。滑翔机的运动姿态由动坐标系相对于惯性坐标系的夹角 $\boldsymbol{\phi}$、$\boldsymbol{\theta}$、$\boldsymbol{\psi}$ 来表示。$\boldsymbol{\phi}$ 为横倾角，右倾为正；$\boldsymbol{\theta}$ 为纵倾角，抬艏为正；$\boldsymbol{\psi}$ 为艏向角，右转为正，如图 4.2 所示。

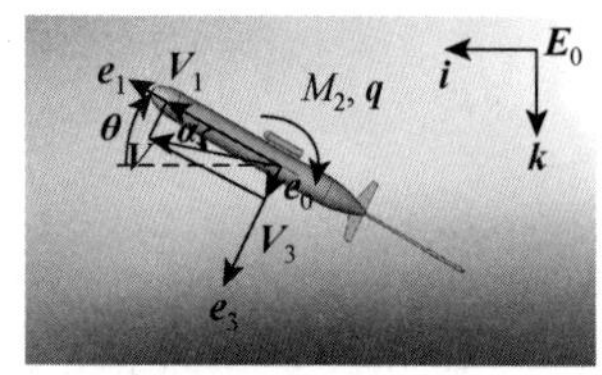

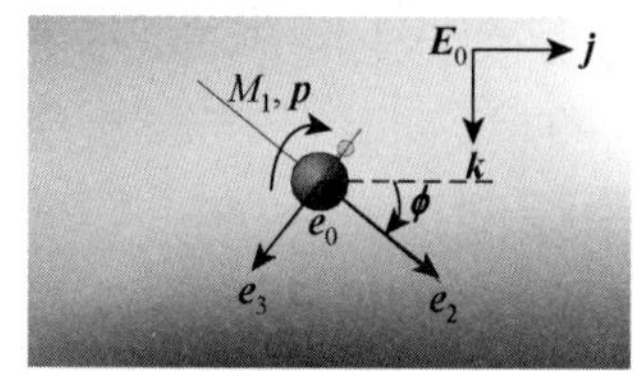

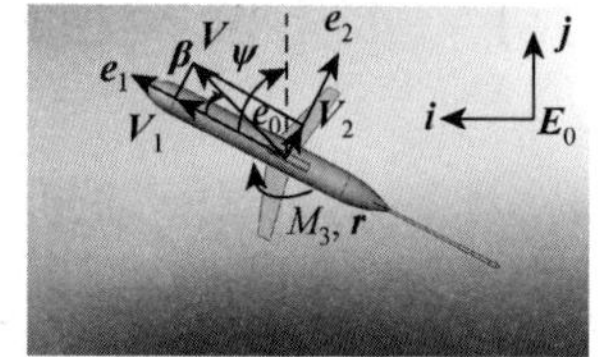

图 4.2　滑翔机姿态角

速度坐标系与攻角和漂角有关。在动坐标系下，滑翔机的速度向量为$[V_1\quad V_2\quad V_3]^{\mathrm{T}}$。攻角 $\boldsymbol{\alpha}$ 定义为从向量 $([0\quad 0\quad 0]^{\mathrm{T}} \rightarrow [V_1\quad 0\quad V_3]^{\mathrm{T}})$ 旋转到 $([0\quad 0\quad 0]^{\mathrm{T}} \rightarrow [V_1\quad 0\quad 0]^{\mathrm{T}})$，即绕 $\boldsymbol{e}_2$ 轴为正向。漂角 $\boldsymbol{\beta}$ 定义为从向量 $([0\quad 0\quad 0]^{\mathrm{T}} \rightarrow [V_1\quad V_2\quad V_3]^{\mathrm{T}})$ 旋转到 $([0\quad 0\quad 0]^{\mathrm{T}} \rightarrow [V_1\quad 0\quad V_3]^{\mathrm{T}})$，当攻角为 0 时，漂角为绕 $\boldsymbol{k}$ 轴负向，如图 4.2 所示。先绕动坐标系的 $\boldsymbol{e}_1$ 轴旋转 $\boldsymbol{\alpha}$，再绕新坐标系的 $\boldsymbol{e}_3$ 轴旋转 $\boldsymbol{\beta}$ 得到的坐标系即速度坐标系 $\boldsymbol{\pi}_0(\boldsymbol{\pi}_1,\boldsymbol{\pi}_2,\boldsymbol{\pi}_3)$。

滑翔机姿态角和水动力在各个坐标系下的表示如图 4.1 所示，作用在滑翔机上的水动力矢量 $\boldsymbol{F}$ 在动坐标轴上的三个分量分别为纵向力 $\boldsymbol{F}_1$、侧向力 $\boldsymbol{F}_2$、垂向力 $\boldsymbol{F}_3$；作用力 $\boldsymbol{F}$ 对浮心的力矩矢量 $\boldsymbol{M}$ 在动坐标轴上的三个分量分别为横滚力矩 M_1、纵倾力矩 M_2、转艏力矩 M_3。水动力的大小和水动力力矩在速度坐标系下分别表示为升力 L、侧向力 SF 和阻力 D，以及三个力矩 M_{DL1}、M_{DL2}、M_{DL3}。

基于拉格朗日动力学方程建模的基本流程如下：首先将滑翔机的受力在惯性坐标系下进行描述；其次获取滑翔机系统的动能，将系统的动能先对速度求导，以获得动力学系统的动量；然后将动量对时间求导，以获取滑翔机系统在动坐标系下受到的合外力；最后通过坐标变换，将惯性坐标系下的受力导入动坐标系中，完成建模。

为后续讨论方便，先给出向量叉乘的特性，取向量 $\boldsymbol{x}=[x_1 \quad x_2 \quad x_3]^{\mathrm{T}}$ 对应的叉乘矩阵为

$$\hat{\boldsymbol{x}}=\begin{bmatrix} 0 & -x_3 & x_2 \\ x_3 & 0 & -x_1 \\ -x_2 & x_1 & 0 \end{bmatrix} \tag{4.1}$$

对于向量 $\boldsymbol{y}=[y_1 \quad y_2 \quad y_3]^{\mathrm{T}}$，向量叉乘有如下性质：

$$\hat{\boldsymbol{x}}\boldsymbol{y}=\boldsymbol{x}\times\boldsymbol{y} \tag{4.2}$$

滑翔机的坐标系和质量分布示意图如图 4.3 所示，其在惯性坐标系下位置和姿态角分别为 $\boldsymbol{b}=[\boldsymbol{x} \quad \boldsymbol{y} \quad \boldsymbol{z}]^{\mathrm{T}}$、$\boldsymbol{\theta}=[\phi \quad \theta \quad \psi]^{\mathrm{T}}$。滑翔机在动坐标系下的速度和角速度分别为 $\boldsymbol{V}=[\boldsymbol{V}_1 \quad \boldsymbol{V}_2 \quad \boldsymbol{V}_3]^{\mathrm{T}}$、$\boldsymbol{\Omega}=[\boldsymbol{p} \quad \boldsymbol{q} \quad \boldsymbol{r}]^{\mathrm{T}}$。滑翔机在动坐标系和惯性坐标系下的速度和角速度转换关系为

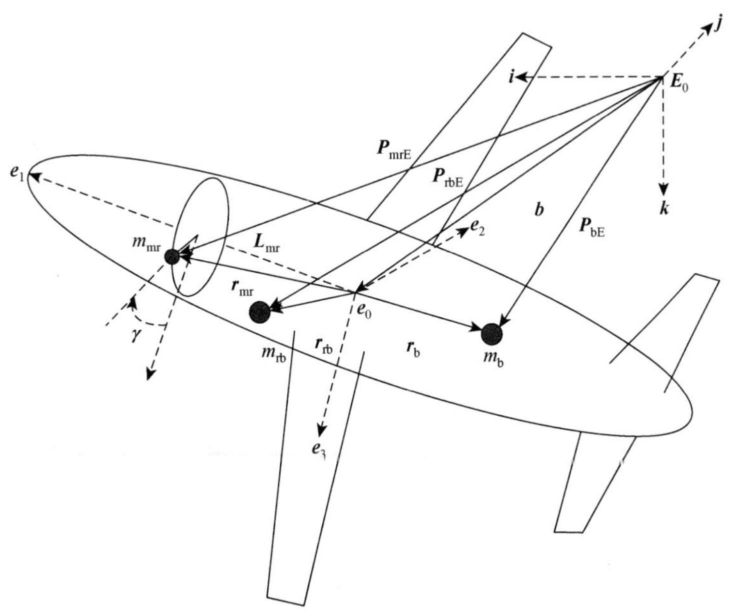

图 4.3　滑翔机坐标系和质量分布示意图

$$\boldsymbol{v}_{\mathrm{E}}=\dot{\boldsymbol{b}}=\boldsymbol{R}_{\mathrm{EB}}\boldsymbol{V} \tag{4.3}$$

$$\dot{\boldsymbol{\theta}}=\begin{bmatrix}1 & \sin\phi\tan\theta & \cos\phi\tan\theta\\ 0 & \cos\phi & -\sin\phi\\ 0 & \sin\phi\sec\theta & \cos\phi\sec\theta\end{bmatrix}\boldsymbol{\Omega} \tag{4.4}$$

式中

$$\boldsymbol{R}_{\mathrm{EB}}=\begin{bmatrix}\cos\theta\cos\psi & \sin\phi\sin\theta\cos\psi-\cos\phi\sin\psi & \cos\phi\sin\theta\cos\psi+\sin\phi\sin\psi\\ \cos\theta\sin\psi & \cos\phi\cos\psi+\sin\phi\sin\theta\sin\psi & -\sin\phi\cos\psi+\cos\phi\sin\theta\sin\psi\\ -\sin\theta & \sin\phi\cos\theta & \cos\phi\cos\theta\end{bmatrix}$$

滑翔机的质量主要由以下三部分组成：滑翔机壳体部分m_{rb}、可以移动和旋转的电池质量块m_{mr}、浮力调节质量块m_{b}。滑翔机的总质量为m_{t}，滑翔机的排水质量为m。取浮力调节质量块m_{b}的中心相对于动坐标系e的原点$\boldsymbol{e}_0$的偏移为r_{b}，m_{rb}的中心相对于$\boldsymbol{e}_0$的偏移为r_{rb}，m_{mr}的中心相对于$\boldsymbol{e}_0$的偏移为r_{mr}。下标rb、mr、b分别表示壳体质量块、可移动和回转的电池块、浮力皮囊。滑翔机的总质量表达式如下：

$$m_{\mathrm{t}}=m_{\mathrm{rb}}+m_{\mathrm{mr}}+m_{\mathrm{b}} \tag{4.5}$$

因此，滑翔机受到的重力和浮力的合力，即净浮力$\overline{m}g$为

$$\overline{m}g=m_{\mathrm{t}}g-mg \tag{4.6}$$

当$\overline{m}>0$时，滑翔机下沉；反之，上浮。实际上，滑翔机在运动过程中受到的外力有自身的重力、机翼力、电池质量块的控制力和浮力皮囊的浮力。机翼力包括水流对机翼的升力、阻力、侧向力以及由机翼的升力和阻力产生的力矩；电池质量块的控制力包括电池质量块的移动控制力和回转控制力矩；浮力皮囊通过浮力调节装置改变皮囊的体积，从而改变整个滑翔机受到的浮力。通常情况下，滑翔机处于稳定滑翔状态，滑翔机的上浮和下潜运动是由浮力皮囊的浮力的正负决定的。在皮囊浮力不变的情况下，上浮和下潜运动的推力由机翼水动力的升力项产生，这样阻力、升力、净浮力三者平衡。因此，在滑翔机工作的绝大部分时间，浮力皮囊和电池质量块处于不控制的状态。只有在滑翔机需要从上浮切换到下潜状态，或其他不同状态间切换的情况下，才需要控制浮力皮囊和电池质量块。在调节的过程中，浮力皮囊的位置是不变的，皮囊的外力和外力矩较小，只分析电池质量块运动受到的力和力矩。

定义在惯性坐标系下滑翔机系统和电池质量块动量与动量距向量为$\boldsymbol{\tau}^{\mathrm{T}}=[\boldsymbol{p}^{\mathrm{T}}\quad\boldsymbol{\pi}^{\mathrm{T}}\quad\boldsymbol{p}_{\mathrm{mr}}^{\mathrm{T}}\quad\boldsymbol{\pi}_{\mathrm{mr}}^{\mathrm{T}}]^{\mathrm{T}}$，滑翔机壳体和电池质量块的合外力与合外力矩在惯性坐标系下表达式如下：

$$\begin{cases} \dot{\boldsymbol{p}} = (m_{\mathrm{mr}} + m_{\mathrm{rb}} + m_{\mathrm{b}} - m)g\boldsymbol{k} + \sum_{i=1}^{I} \boldsymbol{f}_{\mathrm{ext}i} \\ \dot{\boldsymbol{\pi}} = \sum_{i=1}^{I} \boldsymbol{x}_i \times \boldsymbol{f}_{\mathrm{ext}i} + \boldsymbol{p}_{\mathrm{mrE}} \times m_{\mathrm{mr}} g\boldsymbol{k} + \boldsymbol{p}_{\mathrm{rbE}} \times m_{\mathrm{rb}} g\boldsymbol{k} + \boldsymbol{p}_{\mathrm{bE}} \times m_{\mathrm{b}} g\boldsymbol{k} + \sum_{j=1}^{J} \boldsymbol{\tau}_{\mathrm{ext}j} \\ \dot{\boldsymbol{p}}_{\mathrm{mr}} = m_{\mathrm{mr}} g\boldsymbol{k} + \sum_{k=1}^{K} \boldsymbol{f}_{\mathrm{int}\,k} \\ \dot{\boldsymbol{\pi}}_{\mathrm{mr}} = \sum_{k=1}^{K} \boldsymbol{y}_k \times \boldsymbol{f}_{\mathrm{int}\,k} + \boldsymbol{p}_{\mathrm{mrE}} \times m_{\mathrm{mr}} g\boldsymbol{k} + \sum_{s=1}^{S} \boldsymbol{\tau}_{\mathrm{int}\,s} \end{cases} \tag{4.7}$$

式中，$\boldsymbol{k} = [0\ \ 0\ \ 1]^{\mathrm{T}}$；$\boldsymbol{f}_{\mathrm{ext}i}$ 为滑翔机机翼的升力、阻力的合外力；$\boldsymbol{x}_i$ 为惯性坐标系下 $\boldsymbol{f}_{\mathrm{ext}i}$ 的施力点；$\boldsymbol{f}_{\mathrm{int}\,k}$、$\boldsymbol{\tau}_{\mathrm{int}\,s}$ 为滑翔机施加到可动质量块上的力和力矩；$\boldsymbol{y}_k$ 为惯性坐标系下 $\boldsymbol{f}_{\mathrm{int}\,k}$ 的施力点；$\boldsymbol{p}_{\mathrm{rbE}}$、$\boldsymbol{p}_{\mathrm{mrE}}$、$\boldsymbol{p}_{\mathrm{bE}}$ 分别为惯性坐标系下壳体质量块、电池质量块、浮力皮囊相对原点 $\boldsymbol{E}_0$ 的位置。

滑翔机及其机翼的受力模型都需要在动坐标系下进行讨论，因此将惯性坐标系下的广义力映射到动坐标系下来进行分析。为方便表达，将滑翔机在动坐标系的线动量和角动量取为 $\boldsymbol{P}$、$\boldsymbol{\Pi}$，可动电池质量块的线动量和角动量取为 $\boldsymbol{P}_{\mathrm{mr}}$、$\boldsymbol{\Pi}_{\mathrm{mr}}$。取动坐标系下系统的动量和动量距为 $\boldsymbol{\eta}^{\mathrm{T}} = [\boldsymbol{P}^{\mathrm{T}}\quad \boldsymbol{\Pi}^{\mathrm{T}}\quad \boldsymbol{P}_{\mathrm{mr}}^{\mathrm{T}}\quad \boldsymbol{\Pi}_{\mathrm{mr}}^{\mathrm{T}}]^{\mathrm{T}}$。动坐标系下，广义动量 $\boldsymbol{\eta}$ 和惯性坐标系下 $\boldsymbol{\tau}$ 的转换关系为

$$\begin{cases} \boldsymbol{p} = \boldsymbol{R}_{\mathrm{EB}} \boldsymbol{P} \\ \boldsymbol{\pi} = \boldsymbol{R}_{\mathrm{EB}} \boldsymbol{\Pi} + \boldsymbol{b} \times \boldsymbol{p} \\ \boldsymbol{p}_{\mathrm{mr}} = \boldsymbol{R}_{\mathrm{EB}} \boldsymbol{P}_{\mathrm{mr}} \\ \boldsymbol{\pi}_{\mathrm{mr}} = \boldsymbol{R}_{\mathrm{EB}} \boldsymbol{\Pi}_{\mathrm{mr}} + \boldsymbol{b} \times \boldsymbol{p}_{\mathrm{mr}} \end{cases} \tag{4.8}$$

对式（4.8）求导，可以得到广义力的映射关系：

$$\begin{cases} \dot{\boldsymbol{p}} = \boldsymbol{R}_{\mathrm{EB}} (\dot{\boldsymbol{P}} + \hat{\boldsymbol{\Omega}} \boldsymbol{P}) \\ \dot{\boldsymbol{\pi}} = \boldsymbol{R}_{\mathrm{EB}} (\dot{\boldsymbol{\Pi}} + \hat{\boldsymbol{\Omega}} \boldsymbol{P}) + \boldsymbol{R}_{\mathrm{EB}} \boldsymbol{V} \times \boldsymbol{p} + \boldsymbol{b} \times \dot{\boldsymbol{p}} \\ \dot{\boldsymbol{p}}_{\mathrm{mr}} = \boldsymbol{R}_{\mathrm{EB}} (\dot{\boldsymbol{P}}_{\mathrm{mr}} + \hat{\boldsymbol{\Omega}} \boldsymbol{P}_{\mathrm{mr}}) \\ \dot{\boldsymbol{\pi}}_{\mathrm{mr}} = \boldsymbol{R}_{\mathrm{EB}} (\dot{\boldsymbol{\Pi}}_{\mathrm{mr}} + \hat{\boldsymbol{\Omega}} \boldsymbol{P}_{\mathrm{mr}}) + \boldsymbol{R}_{\mathrm{EB}} \boldsymbol{V} \times \boldsymbol{p}_{\mathrm{mr}} + \boldsymbol{b} \times \dot{\boldsymbol{p}}_{\mathrm{mr}} \end{cases} \tag{4.9}$$

对式（4.9）求反解，并代入式（4.7），可以推导出动坐标系下的壳体和电池质量块受到的广义外力：

$$\begin{cases} \dot{\boldsymbol{P}} = \boldsymbol{P} \times \boldsymbol{\Omega} + \overline{m} g (\boldsymbol{R}_{\mathrm{EB}}^{\mathrm{T}} \boldsymbol{k}) + \boldsymbol{R}_{\mathrm{EB}}^{\mathrm{T}} \sum_{i=1}^{I} \boldsymbol{f}_{\mathrm{ext}i} \\ \dot{\boldsymbol{\Pi}} = \boldsymbol{\Pi} \times \boldsymbol{\Omega} + \boldsymbol{P} \times \boldsymbol{V} + (m_{\mathrm{mr}} \boldsymbol{r}_{\mathrm{mr}} + m_{\mathrm{rb}} \boldsymbol{r}_{\mathrm{rb}} + m_{\mathrm{b}} \boldsymbol{r}_{\mathrm{b}}) g \times (\boldsymbol{R}_{\mathrm{EB}}^{\mathrm{T}} \boldsymbol{k}) \\ \qquad + \boldsymbol{R}_{\mathrm{EB}}^{\mathrm{T}} \left[\sum_{i=1}^{I} (\boldsymbol{x}_i - \boldsymbol{b}) \times \boldsymbol{f}_{\mathrm{ext}i} \right] + \boldsymbol{R}_{\mathrm{EB}}^{\mathrm{T}} \sum_{j=1}^{J} \boldsymbol{\tau}_{\mathrm{ext}j} \end{cases}$$

$$
\begin{cases}
\dot{\boldsymbol{P}}_{\mathrm{mr}} = \boldsymbol{P}_{\mathrm{mr}} \times \boldsymbol{\Omega} + m_{\mathrm{mr}} g(\boldsymbol{R}_{\mathrm{EB}}^{\mathrm{T}} \boldsymbol{k}) + \boldsymbol{R}_{\mathrm{EB}}^{\mathrm{T}} \sum_{k=1}^{K} \boldsymbol{f}_{\mathrm{int}\,k} \\
\dot{\boldsymbol{\Pi}}_{\mathrm{mr}} = \boldsymbol{\Pi}_{\mathrm{mr}} \times \boldsymbol{\Omega} + \boldsymbol{P}_{\mathrm{mr}} \times \boldsymbol{V} + m_{\mathrm{mr}} g[\boldsymbol{R}_{\mathrm{EB}}^{\mathrm{T}} (\boldsymbol{P}_{\mathrm{mrE}} - \boldsymbol{b})] \times (\boldsymbol{R}_{\mathrm{EB}}^{\mathrm{T}} \boldsymbol{k}) \\
\quad + \boldsymbol{R}_{\mathrm{EB}}^{\mathrm{T}} \left[\sum_{k=1}^{K} (\boldsymbol{P}_{\mathrm{mrE}} - \boldsymbol{b}) \times \boldsymbol{f}_{\mathrm{int}\,k} \right] + \boldsymbol{R}_{\mathrm{EB}}^{\mathrm{T}} \sum_{s=1}^{S} \boldsymbol{\tau}_{\mathrm{ext}s} \\
\quad = \boldsymbol{\Pi}_{\mathrm{mr}} \times \boldsymbol{\Omega} + \boldsymbol{P}_{\mathrm{mr}} \times \boldsymbol{V} + m_{\mathrm{mr}} g \boldsymbol{r}_{\mathrm{mr}} \times (\boldsymbol{R}_{\mathrm{EB}}^{\mathrm{T}} \boldsymbol{k}) \\
\quad + \boldsymbol{R}_{\mathrm{EB}}^{\mathrm{T}} \left(\sum_{k=1}^{K} (\boldsymbol{P}_{\mathrm{mrE}} - \boldsymbol{b}) \times \boldsymbol{f}_{\mathrm{int}\,k} \right) + \boldsymbol{R}_{\mathrm{EB}}^{\mathrm{T}} \sum_{s=1}^{S} \boldsymbol{\tau}_{\mathrm{ext}s}
\end{cases}
\tag{4.10}
$$

对应浮力皮囊的质量变化关系为

$$
\dot{m}_{\mathrm{b}} = u_{\mathrm{b}} \tag{4.11}
$$

式（4.10）、式（4.11）为在动坐标系下滑翔机受到的广义力。由式（4.10）可知，广义力中包含重力项、机翼力、滑翔机壳体和电池质量块的相互作用力，以及广义动量与广义速度的交叉项。通常将含重力项的力和力矩整理出来，将受力表示为如下形式：

$$
\begin{cases}
\dot{\boldsymbol{P}} = \boldsymbol{P} \times \boldsymbol{\Omega} + \bar{m} g(\boldsymbol{R}_{\mathrm{EB}}^{\mathrm{T}} \boldsymbol{k}) + \boldsymbol{F} \\
\dot{\boldsymbol{\Pi}} = \boldsymbol{\Pi} \times \boldsymbol{\Omega} + \boldsymbol{P} \times \boldsymbol{V} + (m_{\mathrm{mr}} \boldsymbol{r}_{\mathrm{mr}} + m_{\mathrm{rb}} \boldsymbol{r}_{\mathrm{rb}} + m_{\mathrm{b}} \boldsymbol{r}_{\mathrm{b}}) g \times (\boldsymbol{R}_{\mathrm{EB}}^{\mathrm{T}} \boldsymbol{k}) + \boldsymbol{T} \\
\dot{\boldsymbol{P}}_{\mathrm{mr}} = \boldsymbol{U}_{\mathrm{Fmr}} \\
\dot{\boldsymbol{\Pi}}_{\mathrm{mr}} = \boldsymbol{U}_{\mathrm{Tmr}} \\
\dot{m}_{\mathrm{b}} = u_{\mathrm{b}}
\end{cases}
\tag{4.12}
$$

式中

$$
\begin{cases}
\boldsymbol{F} = \boldsymbol{R}_{\mathrm{EB}}^{\mathrm{T}} \sum_{i=1}^{I} \boldsymbol{f}_{\mathrm{ext}i} \\
\boldsymbol{T} = \boldsymbol{R}_{\mathrm{EB}}^{\mathrm{T}} \left[\sum_{i=1}^{I} (\boldsymbol{x}_i - \boldsymbol{b}) \times \boldsymbol{f}_{\mathrm{ext}i} \right] + \boldsymbol{R}_{\mathrm{EB}}^{\mathrm{T}} \sum_{j=1}^{J} \boldsymbol{\tau}_{\mathrm{ext}j} \\
\boldsymbol{U}_{\mathrm{Fmr}} = \boldsymbol{P}_{\mathrm{mr}} \times \boldsymbol{\Omega} + m_{\mathrm{mr}} g(\boldsymbol{R}_{\mathrm{EB}}^{\mathrm{T}} \boldsymbol{k}) + \boldsymbol{R}_{\mathrm{EB}}^{\mathrm{T}} \sum_{k=1}^{K} \boldsymbol{f}_{\mathrm{int}\,k} \\
\boldsymbol{U}_{\mathrm{Tmr}} = \boldsymbol{\Pi}_{\mathrm{mr}} \times \boldsymbol{\Omega} + \boldsymbol{P}_{\mathrm{mr}} \times \boldsymbol{V} + m_{\mathrm{mr}} g \boldsymbol{r}_{\mathrm{mr}} \times (\boldsymbol{R}_{\mathrm{EB}}^{\mathrm{T}} \boldsymbol{k}) \\
\quad + \boldsymbol{R}_{\mathrm{EB}}^{\mathrm{T}} \left[\sum_{k=1}^{K} (\boldsymbol{P}_{\mathrm{mrE}} - \boldsymbol{b}) \times \boldsymbol{f}_{\mathrm{int}\,k} \right] + \boldsymbol{R}_{\mathrm{EB}}^{\mathrm{T}} \sum_{s=1}^{S} \boldsymbol{\tau}_{\mathrm{ext}s}
\end{cases}
\tag{4.13}
$$

其中，$\boldsymbol{U}_{\mathrm{Fmr}}$、$\boldsymbol{U}_{\mathrm{Tmr}}$ 是滑翔机壳体施加到电池质量块的外力，主要包括对电池质量块的推力、使电池质量块回转的扭矩，以及壳体对电池质量块的支撑力及力矩，实际上对电池的可控力只有沿 $\boldsymbol{e}_1$ 的推力和绕 $\boldsymbol{e}_1$ 转动的扭矩。选取 $\boldsymbol{u}_{\mathrm{Fe1}}$、$\boldsymbol{u}_{\mathrm{Te1}}$ 为电池移动和回转的控制力：

$$\begin{cases}\boldsymbol{R}_{\mathrm{EB}}^{\mathrm{T}}\sum_{k=1}^{K}\boldsymbol{f}_{\mathrm{int}k}=\boldsymbol{e}_1\boldsymbol{u}_{\mathrm{Fe1}}\\ \boldsymbol{R}_{\mathrm{EB}}^{\mathrm{T}}\left[\sum_{k=1}^{K}(\boldsymbol{P}_{\mathrm{mrE}}-\boldsymbol{b})\times\boldsymbol{f}_{\mathrm{int}\,k}\right]+\boldsymbol{R}_{\mathrm{EB}}^{\mathrm{T}}\sum_{s=1}^{S}\boldsymbol{\tau}_{\mathrm{ext}s}=\boldsymbol{r}_{\mathrm{mr}}\times\boldsymbol{e}_1\boldsymbol{u}_{\mathrm{Fe1}}+\boldsymbol{e}_1\boldsymbol{u}_{\mathrm{Te1}}\end{cases}\tag{4.14}$$

代入式（4.13）可以得到控制力为

$$\begin{cases}\boldsymbol{u}_{\mathrm{Fe1}}=\boldsymbol{e}_1\cdot[\boldsymbol{U}_{\mathrm{Fmr}}-\boldsymbol{P}_{\mathrm{mr}}\times\boldsymbol{\Omega}-m_{\mathrm{mr}}g(\boldsymbol{R}_{\mathrm{EB}}^{\mathrm{T}}\boldsymbol{k})]\\ \boldsymbol{u}_{\mathrm{Te1}}=\boldsymbol{e}_1\cdot[\boldsymbol{U}_{\mathrm{Tmr}}-\boldsymbol{\Pi}_{\mathrm{mr}}\times\boldsymbol{\Omega}-\boldsymbol{P}_{\mathrm{mr}}\times\boldsymbol{V}-m_{\mathrm{mr}}g\boldsymbol{r}_{\mathrm{mr}}\times(\boldsymbol{R}_{\mathrm{EB}}^{\mathrm{T}}\boldsymbol{k})-\boldsymbol{r}_{\mathrm{mr}}\times\boldsymbol{e}_1u_{\mathrm{Fe1}}]\end{cases}\tag{4.15}$$

后续章节通过求取滑翔机系统的动能，来获得式（4.10）中动量矩和动量，具体方法是先求出滑翔机固定质量部分m_{rb}、电池质量块m_{mr}、浮力调节质量块m_{b}在动坐标系下的速度和角速度，得到滑翔机的总动能。由于浮心位置和各个质量块的位置不相同，滑翔机浮心处的速度和各个质量块的速度并不相同。将总动能用动坐标系下滑翔机浮心广义速度和广义角速度表示出来，这样滑翔机所有质量块的动能只和浮心处速度、角速度有关。滑翔机受到的水动力也可以用滑翔机速度、角速度和攻角、漂角表示。皮囊只是在下潜和上浮的初始阶段由油泵进行控制，控制时间相对于整个滑翔周期是非常小的。通过对动能求导，可以得到滑翔机系统整体的动量和动量矩。再将动量和动量矩对时间求导数，就可以获得合外力和合外力矩。动能项由电池质量块动能、壳体静质量块动能、浮力调节质量块动能、水流阻尼力四部分组成。

1. 电池质量块的动能计算

电池质量块m_{mr}可以沿$\boldsymbol{e}_1$移动和绕$\boldsymbol{e}_1$旋转。将电池质量块看作密度分布均匀的质量块，设电池质量块绕$\boldsymbol{e}_1$做旋转运动的回转半径为R_{mr}。电池质量块在稳定的情况下，与$\boldsymbol{e}_2$所成的角度为$\dfrac{\pi}{2}$，因此在电池旋转γ角后，m_{mr}与$\boldsymbol{e}_2$所成的角度为$\gamma+\dfrac{\pi}{2}$。取r_{mrx}为电池质量块m_{mr}距离$\boldsymbol{e}_0$点在$\boldsymbol{e}_1$轴的长度。可以得到电池质量块m_{mr}在动坐标系$\boldsymbol{e}$下的位置$\boldsymbol{r}_{\mathrm{mr}}$和角速度$\boldsymbol{\Omega}_{\mathrm{mr}}$为

$$\begin{cases}\boldsymbol{r}_{\mathrm{mr}}=r_{\mathrm{mr}x}\boldsymbol{e}_1+R_{\mathrm{mr}}\left[\cos\left(\gamma+\dfrac{\pi}{2}\right)\boldsymbol{e}_2+\sin\left(\gamma+\dfrac{\pi}{2}\right)\boldsymbol{e}_3\right]\\ \boldsymbol{\Omega}_{\mathrm{mr}}=\dot{\gamma}\boldsymbol{e}_1\end{cases}\tag{4.16}$$

对$\boldsymbol{r}_{\mathrm{mr}}$求导可以得到

$$\begin{aligned}\dot{\boldsymbol{r}}_{\mathrm{mr}}&=\dot{r}_{\mathrm{mr}x}\boldsymbol{e}_1+R_{\mathrm{mr}}\dot{\gamma}\left[-\sin\left(\gamma+\frac{\pi}{2}\right)\boldsymbol{e}_2+\cos\left(\gamma+\frac{\pi}{2}\right)\boldsymbol{e}_3\right]\\&=\dot{r}_{\mathrm{mr}x}\boldsymbol{e}_1-\hat{r}_{\mathrm{mr}}\boldsymbol{\Omega}_{\mathrm{mr}}=\dot{\boldsymbol{r}}_{\mathrm{mr}x}-\hat{\boldsymbol{r}}_{\mathrm{mr}}\boldsymbol{\Omega}_{\mathrm{mr}}\end{aligned}\tag{4.17}$$

式中

$$-\hat{\boldsymbol{r}}_{\text{mr}}\boldsymbol{\Omega}_{\text{mr}} = R_{\text{mr}}\dot{\gamma}\left[-\sin\left(\gamma+\frac{\pi}{2}\right)\boldsymbol{e}_2 + \cos\left(\gamma+\frac{\pi}{2}\right)\boldsymbol{e}_3\right]$$

通过式（4.17）可知，移动速度 $\dot{\boldsymbol{r}}_{\text{mr}}$ 由平移速度 $\dot{\boldsymbol{r}}_{\text{mr}x}$ 和转向角速度 $\boldsymbol{\Omega}_{\text{mr}}$ 合成。在动坐标系 $\boldsymbol{e}$ 下，电池质量块相对于原点 $\boldsymbol{E}_0$ 的绝对速度为 $\boldsymbol{V}_{\text{mrE}}$ 。速度在惯性坐标系下和动坐标系下的表达形式不同，但是所求解的动能是一样的，这两种速度表示法相差一个模为 1 的旋转矩阵。将 $\boldsymbol{V}_{\text{mrE}}$ 表示为

$$\dot{\boldsymbol{P}}_{\text{mrE}}=\boldsymbol{R}_{\text{EB}}\boldsymbol{V}_{\text{mrE}} \tag{4.18}$$

从图 4.3 可以看出，向量 $\boldsymbol{L}_{\text{mr}}$、$\boldsymbol{P}_{\text{mrE}}$、$\boldsymbol{b}$ 有如下关系：

$$\boldsymbol{L}_{\text{mr}} = \boldsymbol{P}_{\text{mrE}} - \boldsymbol{b} \tag{4.19}$$

式中，$\boldsymbol{L}_{\text{mr}}$ 为电池质量块 m_{mr} 在惯性坐标系下相对动坐标系原点 $\boldsymbol{e}_0$ 的位置。对式（4.19）求导有

$$\dot{\boldsymbol{L}}_{\text{mr}} = \dot{\boldsymbol{P}}_{\text{mrE}} - \dot{\boldsymbol{b}} = \dot{\boldsymbol{P}}_{\text{mrE}} - \boldsymbol{R}_{\text{EB}}\boldsymbol{v} \tag{4.20}$$

将 $\boldsymbol{L}_{\text{mr}}$ 映射到动坐标系下表示为

$$\boldsymbol{r}_{\text{mr}} = \boldsymbol{R}_{\text{EB}}^{\text{T}}\boldsymbol{L}_{\text{mr}} \tag{4.21}$$

对式（4.21）求导有

$$\begin{aligned}\dot{\boldsymbol{r}}_{\text{mr}} &= \dot{\boldsymbol{R}}_{\text{EB}}^{\text{T}}\boldsymbol{L}_{\text{mr}} + \boldsymbol{R}_{\text{EB}}^{\text{T}}(\dot{\boldsymbol{P}}_{\text{mrE}} - \dot{\boldsymbol{b}}) \\ &= \hat{\boldsymbol{r}}_{\text{mr}}\boldsymbol{\Omega} + \boldsymbol{V}_{\text{mrE}} - \boldsymbol{R}_{\text{EB}}^{\text{T}}\dot{\boldsymbol{b}} \\ &= \hat{\boldsymbol{r}}_{\text{mr}}\boldsymbol{\Omega} + \boldsymbol{V}_{\text{mrE}} - \boldsymbol{v}\end{aligned} \tag{4.22}$$

可以得到动质量块相对于动坐标系原点的速度为

$$\boldsymbol{V}_{\text{mrE}}=\boldsymbol{V} - \hat{\boldsymbol{r}}_{\text{mr}}\boldsymbol{\Omega} + \dot{\boldsymbol{r}}_{\text{mr}} \tag{4.23}$$

代入 $\dot{\boldsymbol{r}}_{\text{mr}}$ 后可得到

$$\begin{cases}\boldsymbol{V}_{\text{mrE}}=\boldsymbol{V} - \hat{\boldsymbol{r}}_{\text{mr}}\boldsymbol{\Omega} + \dot{\boldsymbol{r}}_{\text{mr}x} - \dot{\boldsymbol{r}}_{\text{mr}}\boldsymbol{\Omega}_{\text{mr}} \\ \boldsymbol{\Omega}_{\text{mrE}} = \boldsymbol{\Omega}_{\text{mr}} + \boldsymbol{\Omega}\end{cases} \tag{4.24}$$

为方便动能计算，将式（4.24）表示为

$$\begin{cases}\boldsymbol{V}_{\text{mrE}} = [\boldsymbol{I} \quad -\hat{\boldsymbol{r}}_{\text{mr}} \quad \boldsymbol{I} \quad -\hat{\boldsymbol{r}}_{\text{mr}}][\boldsymbol{V}^{\text{T}} \quad \boldsymbol{\Omega}^{\text{T}} \quad \dot{\boldsymbol{r}}_{\text{mr}x}^{\text{T}} \quad \boldsymbol{\Omega}_{\text{mr}}^{\text{T}}]^{\text{T}} \\ \boldsymbol{\Omega}_{\text{mrE}} = [0 \quad \boldsymbol{I} \quad 0 \quad \boldsymbol{I}][\boldsymbol{V}^{\text{T}} \quad \boldsymbol{\Omega}^{\text{T}} \quad \dot{\boldsymbol{r}}_{\text{mr}x}^{\text{T}} \quad \boldsymbol{\Omega}_{\text{mr}}^{\text{T}}]^{\text{T}}\end{cases} \tag{4.25}$$

将式（4.25）中的速度和角速度用于计算电池质量块的动能。$\boldsymbol{V}_{\text{mrE}}$、$\boldsymbol{\Omega}_{\text{mrE}}$ 为相对于动坐标系原点在动坐标系下的速度和角速度。在对电池质量块的转动惯量进行计算时，可以将动质量块近似看成一个不完整的偏心圆柱体，得到圆柱体绕 $\boldsymbol{e}_1$ 轴旋转的转动惯量为

$$\boldsymbol{I}_{\mathrm{mr}}(\gamma)=\boldsymbol{R}_{e1}^{\mathrm{T}}(\gamma)\boldsymbol{I}_{\mathrm{mr}}\boldsymbol{R}_{e1}(\gamma)$$

式中，$\boldsymbol{I}_{\mathrm{mr}}$ 为不完整圆柱体对圆心轴线的转动惯量，可以通过 SolidWorks 等软件计算。当电池质量块的旋转角度变化后，整个电池质量块相对于动坐标系 $\boldsymbol{e}_1$ 轴的转动惯量也是变化的。$\boldsymbol{R}_{e1}(\gamma)$ 为绕圆心轴线的旋转矩阵。

$$\boldsymbol{R}_{e1}=\begin{bmatrix}1 & 0 & 0\\ 0 & \cos\gamma & -\sin\gamma\\ 0 & \sin\gamma & \cos\gamma\end{bmatrix}$$

所以电池质量块的动能为

$$T_{\mathrm{mr}}=\frac{1}{2}m_{\mathrm{mr}}\boldsymbol{V}_{\mathrm{mrE}}^{2}+\frac{1}{2}\boldsymbol{I}_{\mathrm{mr}}(\gamma)\boldsymbol{\Omega}_{\mathrm{mrE}}^{2} \tag{4.26}$$

在动坐标系下取浮心和电池质量块的速度向量为 $\boldsymbol{v}=[\boldsymbol{V}\quad \boldsymbol{\Omega}\quad \dot{\boldsymbol{r}}_{\mathrm{mr}x}\quad \boldsymbol{\Omega}_{\mathrm{mr}}]^{\mathrm{T}}$，将动坐标系下系统动量表示为 $\boldsymbol{\eta}=[\boldsymbol{P}\quad \boldsymbol{\Pi}\quad \boldsymbol{P}_{\mathrm{mr}}\quad \boldsymbol{\Pi}_{\mathrm{mr}}]^{\mathrm{T}}$，可得到电池的动能为

$$\begin{aligned}T_{\mathrm{mr}}&=\frac{1}{2}m_{\mathrm{mr}}\boldsymbol{V}_{\mathrm{mrE}}^{2}+\frac{1}{2}\boldsymbol{I}_{\mathrm{mr}}(\gamma)\boldsymbol{\Omega}_{\mathrm{mrE}}^{2}\\ &=\frac{1}{2}\begin{bmatrix}\boldsymbol{V}\\ \boldsymbol{\Omega}\\ \dot{\boldsymbol{r}}_{\mathrm{mr}x}\\ \boldsymbol{\Omega}_{\mathrm{mr}}\end{bmatrix}\cdot\left(\boldsymbol{M}_{\mathrm{mrE}}\begin{bmatrix}\boldsymbol{V}\\ \boldsymbol{\Omega}\\ \dot{\boldsymbol{r}}_{\mathrm{mr}x}\\ \boldsymbol{\Omega}_{\mathrm{mr}}\end{bmatrix}\right)=\frac{1}{2}\boldsymbol{v}^{\mathrm{T}}\cdot\boldsymbol{M}_{\mathrm{mrE}}\boldsymbol{v}\end{aligned} \tag{4.27}$$

式中

$$\boldsymbol{M}_{\mathrm{mrE}}=\begin{bmatrix}m_{\mathrm{mr}}\boldsymbol{I} & -m_{\mathrm{mr}}\hat{\boldsymbol{r}}_{\mathrm{mr}} & m_{\mathrm{mr}}\boldsymbol{I} & -m_{\mathrm{mr}}\hat{\boldsymbol{r}}_{\mathrm{mr}}\\ m_{\mathrm{mr}}\hat{\boldsymbol{r}}_{\mathrm{mr}} & \boldsymbol{I}_{\mathrm{mr}}(\gamma)-m_{\mathrm{mr}}\hat{\boldsymbol{r}}_{\mathrm{mr}}\hat{\boldsymbol{r}}_{\mathrm{mr}} & m_{\mathrm{mr}}\hat{\boldsymbol{r}}_{\mathrm{mr}} & \boldsymbol{I}_{\mathrm{mr}}(\gamma)-m_{\mathrm{mr}}\hat{\boldsymbol{r}}_{\mathrm{mr}}\hat{\boldsymbol{r}}_{\mathrm{mr}}\\ m_{\mathrm{mr}}\boldsymbol{I} & -m_{\mathrm{mr}}\hat{\boldsymbol{r}}_{\mathrm{mr}} & m_{\mathrm{mr}}\boldsymbol{I} & -m_{\mathrm{mr}}\hat{\boldsymbol{r}}_{\mathrm{mr}}\\ m_{\mathrm{mr}}\hat{\boldsymbol{r}}_{\mathrm{mr}} & \boldsymbol{I}_{\mathrm{mr}}(\gamma)-m_{\mathrm{mr}}\hat{\boldsymbol{r}}_{\mathrm{mr}}\hat{\boldsymbol{r}}_{\mathrm{mr}} & m_{\mathrm{mr}}\hat{\boldsymbol{r}}_{\mathrm{mr}} & \boldsymbol{I}_{\mathrm{mr}}(\gamma)-m_{\mathrm{mr}}\hat{\boldsymbol{r}}_{\mathrm{mr}}\hat{\boldsymbol{r}}_{\mathrm{mr}}\end{bmatrix} \tag{4.28}$$

2. 壳体静质量块的动能计算

静质量块相对于动坐标原点有位置偏移 $\boldsymbol{r}_{\mathrm{rb}}$，在动坐标系 $\boldsymbol{e}$ 下，静质量块相对于原点 $\boldsymbol{E}_0$ 的速度 $\boldsymbol{V}_{\mathrm{rb}}$ 和 $\boldsymbol{\Omega}_{\mathrm{rb}}$ 可以表示为

$$\begin{cases}\boldsymbol{V}_{\mathrm{rbE}}=\boldsymbol{V}+\boldsymbol{\omega}\times\boldsymbol{r}_{\mathrm{rb}}=\boldsymbol{V}-\hat{\boldsymbol{r}}_{\mathrm{rb}}\boldsymbol{\Omega}=[\boldsymbol{I}\quad -\hat{\boldsymbol{r}}_{\mathrm{rb}}\quad \boldsymbol{0}\quad \boldsymbol{0}]\boldsymbol{v}\\ \boldsymbol{\Omega}_{\mathrm{rbE}}=\boldsymbol{\Omega}\end{cases} \tag{4.29}$$

静质量块的动能可表示为

$$T_{\mathrm{rb}}=\frac{1}{2}\boldsymbol{v}^{\mathrm{T}}\boldsymbol{M}_{\mathrm{rbE}}\boldsymbol{v} \tag{4.30}$$

式中

$$\boldsymbol{M}_{\mathrm{rbE}}=\begin{bmatrix} m_{\mathrm{rb}}\boldsymbol{I} & -m_{\mathrm{rb}}\hat{\boldsymbol{r}}_{\mathrm{rb}} & 0 & 0 \\ m_{\mathrm{rb}}\hat{\boldsymbol{r}}_{\mathrm{rb}} & \boldsymbol{I}_{\mathrm{rb}}-m_{\mathrm{rb}}\hat{\boldsymbol{r}}_{\mathrm{rb}}\hat{\boldsymbol{r}}_{\mathrm{rb}} & 0 & 0 \\ 0 & 0 & 0 & 0 \\ 0 & 0 & 0 & 0 \end{bmatrix}$$

3. 浮力调节质量块的动能计算

浮力调节质量块中心和滑翔机动坐标系原点的偏移量为$\boldsymbol{r}_{\mathrm{b}}$，浮力调节质量块的速度有如下形式：

$$\begin{cases} \boldsymbol{V}_{\mathrm{bE}}=\boldsymbol{V}-\hat{\boldsymbol{r}}_{\mathrm{b}}\boldsymbol{\Omega}=[\boldsymbol{I} \quad -\hat{\boldsymbol{r}}_{\mathrm{b}} \quad 0 \quad 0]\boldsymbol{v}^{\mathrm{T}} \\ \boldsymbol{\Omega}_{\mathrm{bE}}=\boldsymbol{\Omega} \end{cases} \tag{4.31}$$

浮力调节质量块的动能为

$$T_{\mathrm{b}}=\frac{1}{2}\boldsymbol{v}^{\mathrm{T}}\boldsymbol{M}_{\mathrm{bE}}\boldsymbol{v} \tag{4.32}$$

式中

$$\boldsymbol{M}_{\mathrm{bE}}=\begin{bmatrix} m_{\mathrm{b}}\boldsymbol{I} & -m_{\mathrm{b}}\hat{\boldsymbol{r}}_{\mathrm{b}} & 0 & 0 \\ m_{\mathrm{b}}\hat{\boldsymbol{r}}_{\mathrm{b}} & \boldsymbol{I}_{\mathrm{b}}-m_{\mathrm{b}}\hat{\boldsymbol{r}}_{\mathrm{b}}\hat{\boldsymbol{r}}_{\mathrm{b}} & 0 & 0 \\ 0 & 0 & 0 & 0 \\ 0 & 0 & 0 & 0 \end{bmatrix}$$

4. 水流阻尼力计算

滑翔机运动导致周围的水流动加速，对应水流动的能量为水流阻尼力，相应的动能为

$$T_{\mathrm{f}}=\frac{1}{2}\boldsymbol{v}^{\mathrm{T}}\boldsymbol{M}_{\mathrm{f}}\boldsymbol{v} \tag{4.33}$$

式中

$$\boldsymbol{M}_{\mathrm{f}}=\begin{bmatrix} m_{\mathrm{f}}\boldsymbol{I} & \boldsymbol{C}_{\mathrm{f}} & 0 & 0 \\ \boldsymbol{C}_{\mathrm{f}}^{\mathrm{T}} & \boldsymbol{I}_{\mathrm{f}} & 0 & 0 \\ 0 & 0 & 0 & 0 \\ 0 & 0 & 0 & 0 \end{bmatrix}$$

该项主要是由附加质量、附加转动惯量、耦合项等构成的。

联立式（4.27）、式（4.30）、式（4.32）、式（4.33）可以得到滑翔机总动能为滑翔机静质量块动能、电池质量块动能、浮力调节质量块动能和水流阻尼力之和，并将其表示为

$$T=\frac{1}{2}\boldsymbol{v}^{\mathrm{T}}\boldsymbol{M}_{\mathrm{mrE}}\boldsymbol{v}+\frac{1}{2}\boldsymbol{v}^{\mathrm{T}}\boldsymbol{M}_{\mathrm{rbE}}\boldsymbol{v}+\frac{1}{2}\boldsymbol{v}^{\mathrm{T}}\boldsymbol{M}_{\mathrm{bE}}\boldsymbol{v}+\frac{1}{2}\boldsymbol{v}^{\mathrm{T}}\boldsymbol{M}_{\mathrm{fE}}\boldsymbol{v}=\frac{1}{2}\boldsymbol{v}^{\mathrm{T}}\boldsymbol{M}\boldsymbol{v} \tag{4.34}$$

式中

$$\boldsymbol{M}=\begin{bmatrix} \boldsymbol{M}_{\mathrm{rb/mr/b}}+\boldsymbol{M}_{\mathrm{f}} & \boldsymbol{C}_{\mathrm{rb/mr/b}}+\boldsymbol{C}_{\mathrm{f}} & m_{\mathrm{mr}}\boldsymbol{I} & -m_{\mathrm{mr}}\hat{\boldsymbol{r}}_{\mathrm{mr}} \\ \boldsymbol{C}_{\mathrm{rb/mr/b}}^{\mathrm{T}}+\boldsymbol{C}_{\mathrm{f}}^{\mathrm{T}} & \boldsymbol{I}_{\mathrm{rb/mr/b}}+\boldsymbol{I}_{\mathrm{f}} & m_{\mathrm{mr}}\hat{\boldsymbol{r}}_{\mathrm{mr}} & \boldsymbol{I}_{\mathrm{mr}}(\gamma)-m_{\mathrm{mr}}\hat{\boldsymbol{r}}_{\mathrm{mr}}\hat{\boldsymbol{r}}_{\mathrm{mr}} \\ m_{\mathrm{mr}}\boldsymbol{I} & -m_{\mathrm{mr}}\hat{\boldsymbol{r}}_{\mathrm{mr}} & m_{\mathrm{mr}}\boldsymbol{I} & -m_{\mathrm{mr}}\hat{\boldsymbol{r}}_{\mathrm{mr}} \\ m_{\mathrm{mr}}\hat{\boldsymbol{r}}_{\mathrm{mr}} & \boldsymbol{I}_{\mathrm{mr}}(\gamma)-m_{\mathrm{mr}}\hat{\boldsymbol{r}}_{\mathrm{mr}}\hat{\boldsymbol{r}}_{\mathrm{mr}} & m_{\mathrm{mr}}\hat{\boldsymbol{r}}_{\mathrm{mr}} & \boldsymbol{I}_{\mathrm{mr}}(\gamma)-m_{\mathrm{mr}}\hat{\boldsymbol{r}}_{\mathrm{mr}}\hat{\boldsymbol{r}}_{\mathrm{mr}} \end{bmatrix}$$

其中

$$\boldsymbol{M}_{\mathrm{rb/mr/b}}=\boldsymbol{M}_{\mathrm{mrE}}+\boldsymbol{M}_{\mathrm{rbE}}+\boldsymbol{M}_{\mathrm{bE}}$$

$$\boldsymbol{C}_{\mathrm{rb/mr/b}}=-m_{\mathrm{rb}}\hat{\boldsymbol{r}}_{\mathrm{rb}}-m_{\mathrm{b}}\hat{\boldsymbol{r}}_{\mathrm{b}}-m_{\mathrm{mr}}\hat{\boldsymbol{r}}_{\mathrm{mr}}$$

$$\boldsymbol{I}_{\mathrm{rb/mr/b}}=\boldsymbol{I}_{\mathrm{b}}+\boldsymbol{I}_{\mathrm{rb}}+\boldsymbol{I}_{\mathrm{mr}}(\gamma)-m_{\mathrm{rb}}\hat{\boldsymbol{r}}_{\mathrm{rb}}\hat{\boldsymbol{r}}_{\mathrm{rb}}-m_{\mathrm{b}}\hat{\boldsymbol{r}}_{\mathrm{b}}\hat{\boldsymbol{r}}_{\mathrm{b}}-m_{\mathrm{mr}}\hat{\boldsymbol{r}}_{\mathrm{mr}}\hat{\boldsymbol{r}}_{\mathrm{mr}}$$

对 T 求相对于 $\boldsymbol{v}$ 的导数，可得到广义动量为

$$\boldsymbol{\eta}=\frac{\partial T}{\partial \boldsymbol{v}}=\boldsymbol{M}\boldsymbol{v} \tag{4.35}$$

再次将 $\boldsymbol{\eta}$ 对时间求导，可以得到动坐标系下滑翔机受到的合外力矩为

$$\dot{\boldsymbol{\eta}}=\dot{\boldsymbol{M}}\boldsymbol{v}+\boldsymbol{M}\dot{\boldsymbol{v}} \tag{4.36}$$

由式（4.36）可以得到动坐标系下滑翔机的加速度为

$$\dot{\boldsymbol{v}}=\boldsymbol{M}^{-1}(\dot{\boldsymbol{\eta}}-\dot{\boldsymbol{M}}\boldsymbol{v}) \tag{4.37}$$

式（4.37）中 $\boldsymbol{M}$ 的变化是由 γ、$\boldsymbol{r}_{\mathrm{mr}}$、$m_{\mathrm{b}}$ 的变化造成的。含 γ 的项表达式如下：

$$\dot{\boldsymbol{R}}_{e1}=\dot{\gamma}\begin{bmatrix} 0 & 0 & 0 \\ 0 & -\sin\gamma & -\cos\gamma \\ 0 & \cos\gamma & -\sin\gamma \end{bmatrix}$$

$$\dot{\boldsymbol{I}}_{\mathrm{mr}}(\gamma)=\dot{\boldsymbol{R}}_{e1}^{\mathrm{T}}(\gamma)\boldsymbol{I}_{\mathrm{mr}}\boldsymbol{R}_{e1}(\gamma)+\boldsymbol{R}_{e1}^{\mathrm{T}}(\gamma)\boldsymbol{I}_{\mathrm{mr}}\dot{\boldsymbol{R}}_{e1}(\gamma) \tag{4.38}$$

联立式（4.12）、式（4.38）可以得到滑翔机的动力学模型如下：

$$\dot{\boldsymbol{v}}=\begin{bmatrix} \dot{\boldsymbol{V}} \\ \dot{\boldsymbol{\Omega}} \\ \ddot{\boldsymbol{r}}_{\mathrm{mrx}} \\ \dot{\boldsymbol{\Omega}}_{\mathrm{mr}} \end{bmatrix}=\boldsymbol{M}^{-1}(\dot{\boldsymbol{\eta}}-\dot{\boldsymbol{M}}\boldsymbol{v})$$

$$=\boldsymbol{M}^{-1}\left(\begin{bmatrix} \boldsymbol{P}\times\boldsymbol{\Omega} \\ \boldsymbol{\Pi}\times\boldsymbol{\Omega}+\boldsymbol{P}\times\boldsymbol{V} \\ \boldsymbol{P}_{\mathrm{mr}}\times\boldsymbol{\Omega} \\ \boldsymbol{\Pi}_{\mathrm{mr}}\times\boldsymbol{\Omega}+\boldsymbol{P}_{\mathrm{mr}}\times\boldsymbol{V} \end{bmatrix}+\begin{bmatrix} \bar{m}g(\boldsymbol{R}_{\mathrm{EB}}^{\mathrm{T}}\boldsymbol{k}) \\ (m_{\mathrm{mr}}\boldsymbol{r}_{\mathrm{mr}}+m_{\mathrm{rb}}\boldsymbol{r}_{\mathrm{rb}}+m_{\mathrm{b}}\boldsymbol{r}_{\mathrm{b}})g\times(\boldsymbol{R}_{\mathrm{EB}}^{\mathrm{T}}\boldsymbol{k}) \\ m_{\mathrm{mr}}g(\boldsymbol{R}_{\mathrm{EB}}^{\mathrm{T}}\boldsymbol{k}) \\ m_{\mathrm{mr}}g\boldsymbol{r}_{\mathrm{mr}}\times(\boldsymbol{R}_{\mathrm{EB}}^{\mathrm{T}}\boldsymbol{k}) \end{bmatrix}+\begin{bmatrix} \boldsymbol{F} \\ \boldsymbol{T} \\ \boldsymbol{U}_{\mathrm{Fmr}} \\ \boldsymbol{U}_{\mathrm{Tmr}} \end{bmatrix}-\dot{\boldsymbol{M}}\boldsymbol{v}\right) \tag{4.39}$$

取

$$\begin{cases} \boldsymbol{U}_{\text{Fmr}} = \boldsymbol{P}_{\text{mr}} \times \boldsymbol{\Omega} + m_{\text{mr}} g(\boldsymbol{R}_{\text{EB}}^{\text{T}} \boldsymbol{k}) + \boldsymbol{u}_{\text{Fmr}} = \dot{\boldsymbol{P}}_{\text{mr}} \\ \boldsymbol{U}_{\text{Tmr}} = \boldsymbol{\Pi}_{\text{mr}} \times \boldsymbol{\Omega} + \boldsymbol{P}_{\text{mr}} \times \boldsymbol{V} + m_{\text{mr}} g \boldsymbol{r}_{\text{mr}} \times (\boldsymbol{R}_{\text{EB}}^{\text{T}} \boldsymbol{k}) + \boldsymbol{u}_{\text{Tmr}} = \dot{\boldsymbol{\Pi}}_{\text{mr}} \end{cases}$$

控制量为

$$\begin{cases} \dot{m}_{\text{b}} = u_{\text{b}} \\ \boldsymbol{u}_{\text{Fe1}} = \boldsymbol{e}_1 \cdot [\boldsymbol{U}_{\text{Fmr}} - \boldsymbol{P}_{\text{mr}} \times \boldsymbol{\Omega} + m_{\text{mr}} g(\boldsymbol{R}_{\text{EB}}^{\text{T}} \boldsymbol{k})] \\ \boldsymbol{u}_{\text{Te1}} = \boldsymbol{e}_1 \cdot [\boldsymbol{U}_{\text{Tmr}} - \boldsymbol{\Pi}_{\text{mr}} \times \boldsymbol{\Omega} + \boldsymbol{P}_{\text{mr}} \times \boldsymbol{V} + m_{\text{mr}} g \boldsymbol{r}_{\text{mr}} \times (\boldsymbol{R}_{\text{EB}}^{\text{T}} \boldsymbol{k})] \end{cases} \tag{4.40}$$

式（4.37）中 $\dot{\boldsymbol{M}}$ 的表达式为

$$\dot{\boldsymbol{M}} = \begin{bmatrix} \dot{m}_{\text{b}} \boldsymbol{I} & -\dot{m}_{\text{b}} \dot{\hat{\boldsymbol{r}}}_{\text{b}} - m_{\text{mr}} \dot{\hat{\boldsymbol{r}}}_{\text{mr}} & 0 & -m_{\text{mr}} \dot{\hat{\boldsymbol{r}}}_{\text{mr}} \\ \dot{m}_{\text{b}} \hat{\boldsymbol{r}}_{\text{b}} + m_{\text{mr}} \hat{\boldsymbol{r}}_{\text{mr}} & \dot{\boldsymbol{I}}_{\text{b}} - \dot{m}_{\text{b}} \hat{\boldsymbol{r}}_{\text{b}} \hat{\boldsymbol{r}}_{\text{b}} + \dot{\boldsymbol{I}}_{\text{mr}}(\gamma) - m_{\text{mr}} \dot{\hat{\boldsymbol{r}}}_{\text{mr}} \hat{\boldsymbol{r}}_{\text{mr}} - m_{\text{mr}} \hat{\boldsymbol{r}}_{\text{mr}} \dot{\hat{\boldsymbol{r}}}_{\text{mr}} & m_{\text{mr}} \dot{\hat{\boldsymbol{r}}}_{\text{mr}} & \dot{\boldsymbol{I}}_{\text{mr}}(\gamma) - m_{\text{mr}} \dot{\hat{\boldsymbol{r}}}_{\text{mr}} \hat{\boldsymbol{r}}_{\text{mr}} - m_{\text{mr}} \hat{\boldsymbol{r}}_{\text{mr}} \dot{\hat{\boldsymbol{r}}}_{\text{mr}} \\ 0 & -m_{\text{mr}} \dot{\hat{\boldsymbol{r}}}_{\text{mr}} & 0 & -m_{\text{mr}} \dot{\hat{\boldsymbol{r}}}_{\text{mr}} \\ m_{\text{mr}} \dot{\hat{\boldsymbol{r}}}_{\text{mr}} & \dot{\boldsymbol{I}}_{\text{mr}}(\gamma) - m_{\text{mr}} \dot{\hat{\boldsymbol{r}}}_{\text{mr}} \dot{\hat{\boldsymbol{r}}}_{\text{mr}} - m_{\text{mr}} \hat{\boldsymbol{r}}_{\text{mr}} \dot{\hat{\boldsymbol{r}}}_{\text{mr}} & m_{\text{mr}} \dot{\hat{\boldsymbol{r}}}_{\text{mr}} & \dot{\boldsymbol{I}}_{\text{mr}}(\gamma) - m_{\text{mr}} \dot{\hat{\boldsymbol{r}}}_{\text{mr}} \hat{\boldsymbol{r}}_{\text{mr}} - m_{\text{mr}} \hat{\boldsymbol{r}}_{\text{mr}} \dot{\hat{\boldsymbol{r}}}_{\text{mr}} \end{bmatrix}$$

滑翔机内可以被控制的量包括电池质量块的推力、电池质量块的回转扭矩以及净浮力。控制量如式（4.40）所示。$\boldsymbol{U}_{\text{Fmr}}$、$\boldsymbol{U}_{\text{Tmr}}$ 是电池质量块的线动量和角动量的变化率。

滑翔机水动力在速度坐标系下表示。$\boldsymbol{F}_{\text{hy}}$、$\boldsymbol{T}_{\text{hy}}$ 为滑翔机机翼在速度坐标系（图 4.4）中受到的升力、阻力及侧向力及其相应力矩：

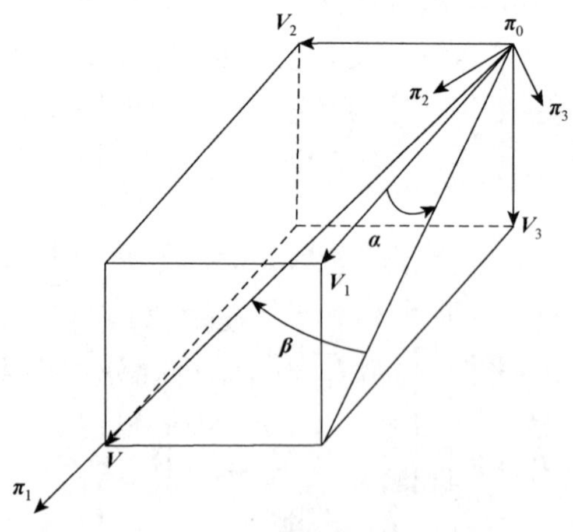

图 4.4　速度坐标系

$$\boldsymbol{F}_{\mathrm{hy}}=\begin{bmatrix}-D\\ \mathrm{SF}\\ -L\end{bmatrix},\quad \boldsymbol{M}_{\mathrm{hy}}=\begin{bmatrix}M_{\mathrm{DL1}}\\ M_{\mathrm{DL2}}\\ M_{\mathrm{DL3}}\end{bmatrix} \tag{4.41}$$

式中，L 为升力的大小；D 为阻力的大小；SF 为侧向力的大小；M_{DL1}、M_{DL2}、M_{DL3} 为绕速度坐标系各个轴的力矩。其表达式如下：

$$\begin{cases}D=(K_{D0}+K_{D}\alpha^{2})V^{2}\\ \mathrm{SF}=K_{\beta}\beta V^{2}\\ L=(K_{L0}+K_{L}\alpha)V^{2}\\ M_{\mathrm{DL1}}=(K_{\mathrm{MR}}\beta+K_{p}p)V^{2}\\ M_{\mathrm{DL2}}=(K_{\mathrm{M0}}+K_{\mathrm{M}}\alpha+K_{q}q)V^{2}\\ M_{\mathrm{DL3}}=(K_{\mathrm{MY}}\beta+K_{r}q)V^{2}\end{cases} \tag{4.42}$$

式（4.41）中的滑翔机水动力项是在动坐标系下表示的，因此需将速度坐标系下的水动力转换到动坐标系下表示。通过旋转矩阵 $\boldsymbol{R}_{\mathrm{BC}}(\alpha,\beta)$ 可将速度坐标系下滑翔机的受力转换到动坐标系下滑翔机的受力。

$$\begin{cases}\boldsymbol{F}=\boldsymbol{R}_{\mathrm{BC}}(\alpha,\beta)\boldsymbol{F}_{\mathrm{hy}}\\ \boldsymbol{T}=\boldsymbol{R}_{\mathrm{BC}}(\alpha,\beta)\boldsymbol{M}_{\mathrm{hy}}\end{cases} \tag{4.43}$$

旋转矩阵 $\boldsymbol{R}_{\mathrm{BC}}(\alpha,\beta)$ 可以通过图 4.4 中两坐标系之间的关系得到

$$\boldsymbol{R}_{\mathrm{BC}}(\alpha,\beta)=\boldsymbol{R}_{\alpha}^{\mathrm{T}}\boldsymbol{R}_{\beta}^{\mathrm{T}}=\begin{bmatrix}\cos\alpha\cos\beta & -\cos\alpha\sin\beta & -\sin\alpha\\ \sin\beta & \cos\beta & 0\\ \sin\alpha\cos\beta & -\sin\alpha\sin\beta & \cos\alpha\end{bmatrix}$$

最后给出式（4.39）中的水动力项，即可得到完整的滑翔机动力学模型。在动力学模型中，忽略电池质量块的移动过程和净浮力变化的过程，或将其假定为一个匀速变化的过程。这个过程相比于一个滑翔的周期而言是非常小的，所以可将动力学模型简化为

$$\dot{\boldsymbol{v}}=\begin{bmatrix}\dot{\boldsymbol{V}}\\ \dot{\boldsymbol{\Omega}}\end{bmatrix}=\boldsymbol{M}^{-1}\left(\begin{bmatrix}\boldsymbol{P}\times\boldsymbol{\Omega}\\ \boldsymbol{\Pi}\times\boldsymbol{\Omega}+\boldsymbol{P}\times\boldsymbol{V}\end{bmatrix}+\begin{bmatrix}\bar{m}g(\boldsymbol{R}_{\mathrm{EB}}^{\mathrm{T}}\boldsymbol{k})\\ (m_{\mathrm{mr}}\boldsymbol{r}_{\mathrm{mr}}+m_{\mathrm{rb}}\boldsymbol{r}_{\mathrm{rb}}+m_{\mathrm{b}}\boldsymbol{r}_{\mathrm{b}})g\times(\boldsymbol{R}_{\mathrm{EB}}^{\mathrm{T}}\boldsymbol{k})\end{bmatrix}+\begin{bmatrix}\boldsymbol{F}\\ \boldsymbol{T}\end{bmatrix}-\dot{\boldsymbol{M}}\boldsymbol{v}\right) \tag{4.44}$$

4.1.2 水动力系数与附加质量估计

滑翔机动力学建模是实现航行控制的理论基础，为构建完整的滑翔机动力学

模型，需获取它的水动力系数。本节基于高级流体力学分析软件（ANSYS CFX），开展数值模拟试验的研究。通过 CFX 仿真设计，合理选择工况参数，并采用最小二乘法对所得试验数据进行系统辨识，获得相对完整的滑翔机黏性水动力系数。

滑翔机稳态水动力参数的计算与拟合：水下机器人的黏性水动力与其运动速度相关，即 $\boldsymbol{F}_{\text{viscous}} = f(\boldsymbol{V}_1, \boldsymbol{V}_2, \boldsymbol{V}_3, \boldsymbol{p}, \boldsymbol{q}, \boldsymbol{r})$。在黏性水动力的泰勒展开式中，只与线速度 $\boldsymbol{V}_1$、$\boldsymbol{V}_2$、$\boldsymbol{V}_3$ 有关的水动力项为位置力，只与角速度 $\boldsymbol{p}$、$\boldsymbol{q}$、$\boldsymbol{r}$ 有关的水动力项为旋转力，其他项为耦合水动力项。位置力一般通过拖曳或者斜航试验获得，而旋转力以及耦合水动力则通过悬臂水池试验获得。本节采用计算流体力学方法去模拟这几种情况，通过建立适当的虚拟边界，在虚拟边界与滑翔机形成的空间区域内求解雷诺平均方程（RANS），求取滑翔机的受力并拟合其水动力系数。求解条件和雷诺数密切相关：

$$Re = \frac{\rho \boldsymbol{v} L}{\mu} \tag{4.45}$$

式中，Re 取温度为 20℃时所对应海水的状态；$\rho = 1025\text{kg}/\text{m}^3$，为流体的密度；$\boldsymbol{v}$ 为流体的速度；$L = 1.995\text{m}$，为流动特征尺度；μ 为流体动力黏性系数，$\mu / \rho = 1.0785 \times 10^{-6}\text{m}^2/\text{s}$。攻角 $\boldsymbol{\alpha}$ 变化情况下（零漂角下），滑翔机受到的升阻比与攻角的关系如图 4.5 所示，可知最优升阻比时，攻角为 7°。滑翔机速度与阻力的关系如图 4.6 所示，阻力近似与速度的平方成正比。

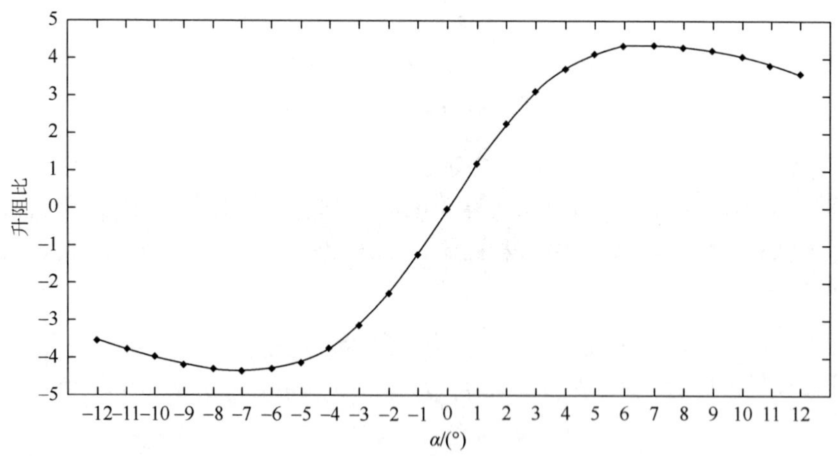

图 4.5　升阻比与攻角关系

在拟合水动力时，只考虑拟合表达式中各个量均在变化的情况下所对应的水动力计算结果。因此，对于拖曳试验得到的计算结果，可以拟合出升力、阻力、

侧向力和俯仰力矩，采用最小二乘法对水动力系数进行拟合。拟合曲线如图 4.7 所示，得到的系数为

$$K_{D0}=7.19\text{kg/m},\quad K_D=386.29\text{kg/(m}\cdot\text{rad)}^2$$
$$K_\beta=-116.65\text{kg/(m}\cdot\text{rad)}$$
$$K_{L0}=-0.36\text{kg/m},\quad K_L=440.99\text{kg/(m}\cdot\text{rad)}$$
$$K_{\text{MR}}=-58.27\text{kg/rad},\quad K_p=-19.83\text{kg}\cdot\text{s/rad}$$
$$K_{\text{M0}}=0.28\text{kg},\quad K_{\text{M}}=-65.84\text{kg/rad},\quad K_q=-205.64\text{kg}\cdot\text{s/rad}^2$$
$$K_{\text{MY}}=34.10\text{kg/rad},\quad K_r=-389.30\text{kg}\cdot\text{s/rad}^2$$

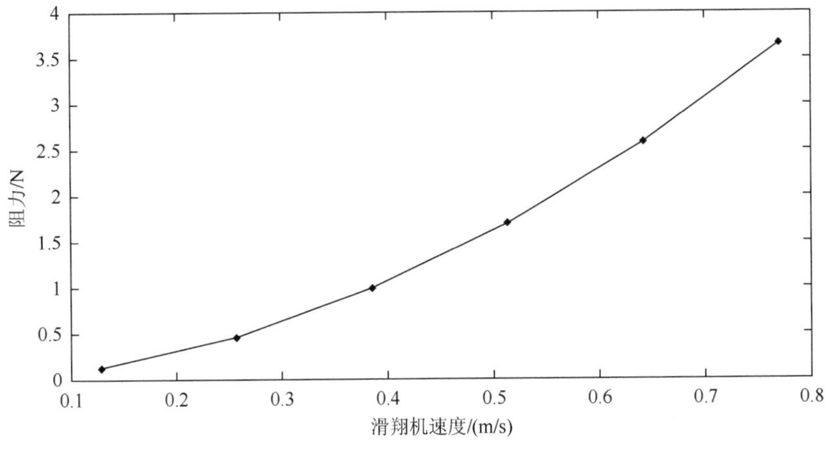

图 4.6　阻力与速度关系

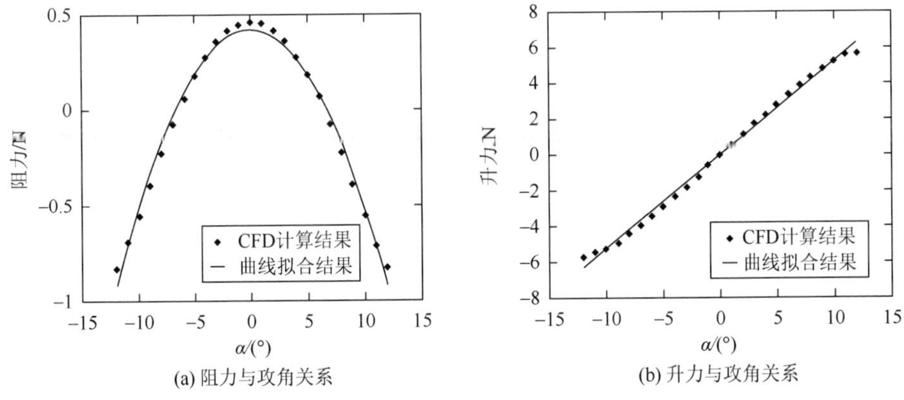

(a) 阻力与攻角关系　　(b) 升力与攻角关系

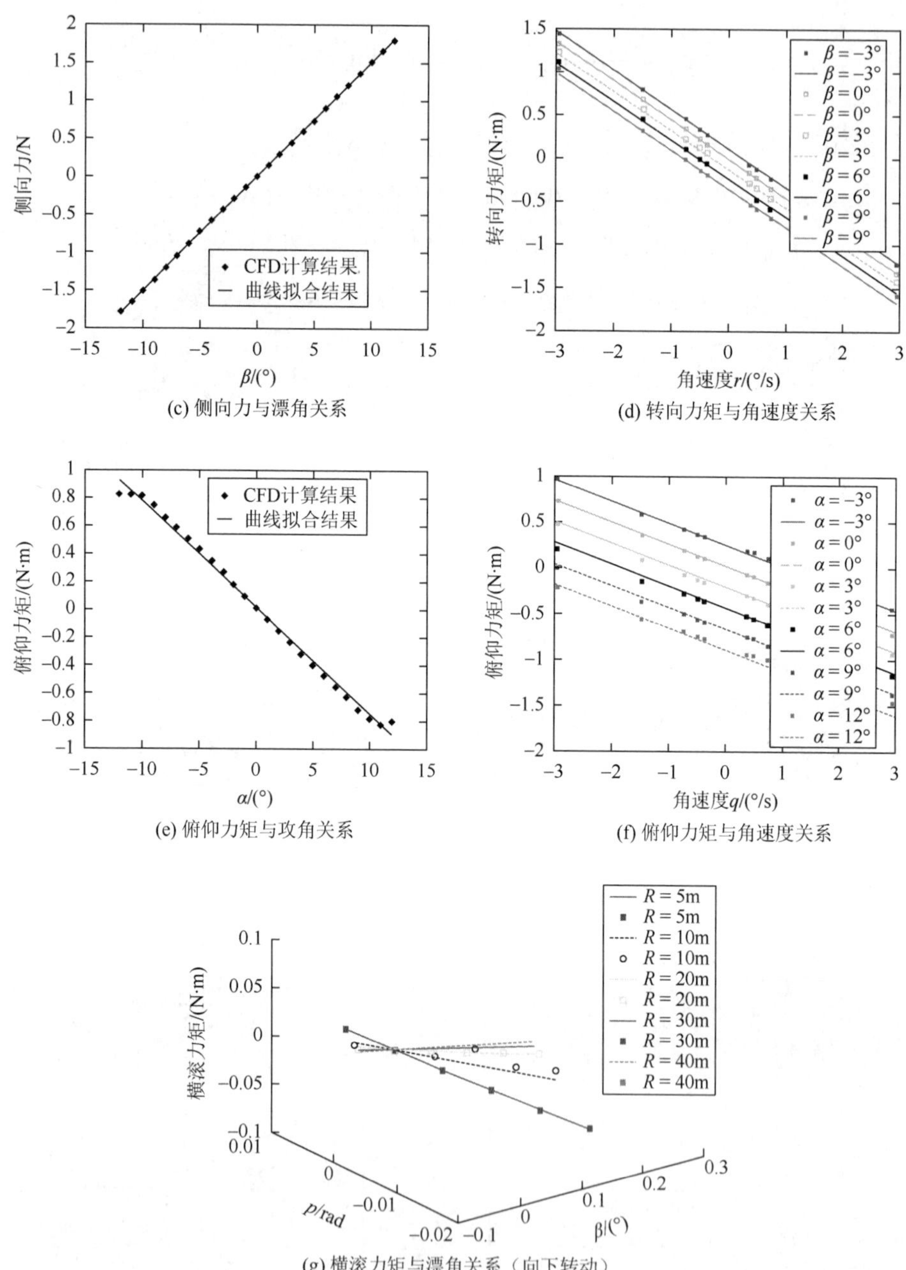

(c) 侧向力与漂角关系

(d) 转向力矩与角速度关系

(e) 俯仰力矩与攻角关系

(f) 俯仰力矩与角速度关系

(g) 横滚力矩与漂角关系（向下转动）

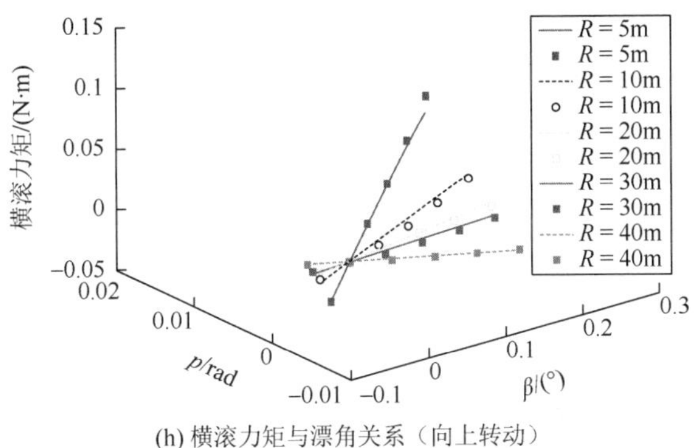

(h) 横滚力矩与漂角关系（向上转动）

图 4.7　滑翔机水动力系数拟合（见书后彩图）

通过数值试验结果拟合得到的是滑翔机的黏性力系数。惯性水动力系数与滑翔机操纵面主要参数（表 4.1）有关，可通过经验公式估算得到，本节对滑翔机惯性水动力系数中的附加质量、附加转动惯量进行估算。滑翔机的排水体积 $V_{\text{glider}} = 0.065\,825\text{m}^3$，载体长度 $L_{\text{length}} = 1.9\text{m}$，宽度和高度 $B_{\text{length}} = H_{\text{length}} = 0.22\text{m}$。表 4.1 中，$l$、$b$ 为机翼的尺寸，通常将机翼处理为矩形。l 为平板的展，即附体沿坐标 Y 向的宽度，或沿 Z 向的高度。b 为平板的弦，即附体沿坐标 X 向的长度。展弦比定义为

$$\lambda = \frac{l}{b} \tag{4.46}$$

x 为附体在滑翔机水动力中心的坐标值，取正或负。

表 4.1　操纵面主要参数

附体名称	S/m^2	l/m	b/m	x/m	λ
水平滑翔翼	0.136 160	0.6	0.150	−0.1	4
垂直稳定翼	0.035 804	0.25	0.090	−0.97	2.78

1. 主体加速度系数

$\dfrac{L_{\text{length}}}{B_{\text{length}}} = 8.64,\ \dfrac{H_{\text{length}}}{B_{\text{length}}} = 1$，查三轴椭球体附加质量系数图谱，可得附加质量系数。

$$K_{11} = 0.03,\quad (X'_{\dot{u}})_{\text{RO}} = -\frac{\pi}{3}\frac{B_1}{L}\frac{H_1}{L}k_{11} = -4.209\times 10^{-4}$$

$$K_{22} = 0.95,\quad (Y'_{\dot{v}})_{\text{RO}} = -\frac{\pi}{3}\frac{B_1}{L}\frac{H_1}{L}k_{22} = -1.33\times 10^{-2}$$

$$K_{33}=0.95,\ (Z'_{\dot{w}})_{RO}=-\frac{\pi}{3}\frac{B_1}{L}\frac{H_1}{L}k_{33}=-1.33\times10^{-2}$$

$$K_{55}=0.85,\ (M'_{\dot{q}})_{RO}=-\frac{\pi}{60}\frac{B_1}{L}\frac{H_1}{L}\left(1+\frac{B^2}{L^2}\right)k_{55}=-6.047\times10^{-4}$$

$$K_{66}=0.85,\ (N'_{\dot{r}})_{RO}=-\frac{\pi}{60}\frac{B_1}{L}\frac{H_1}{L}\left(1+\frac{H^2}{L^2}\right)k_{66}=-6.047\times10^{-4}$$

2. 附体加速度系数

表 4.2 中，n 为滑翔机附体数目，滑翔机两侧均有附体机翼，所以 n 取为 2。$\mu(\lambda)$ 为附体的附加质量项，可通过修正系数求出。

$$\mu(\lambda)=\frac{\lambda}{\sqrt{1+\lambda^2}}\left(1-0.425\frac{\lambda}{1+\lambda^2}\right) \tag{4.47}$$

$$(X'_{\dot{u}})_{FU}=0$$

$$(Y'_{\dot{v}})_{FU}=-\frac{\pi}{2L^3}n\mu(\lambda)lb^2=-7.544\times10^{-4},\ (Z'_{\dot{w}})_{FU}=-\frac{\pi}{2L^3}n\mu(\lambda)lb^2=-5.400\times10^{-3}$$

$$(Y'_{\dot{r}})_{FU}=-\frac{\pi}{2L^4}n\mu(\lambda)lb^2x=-3.851\times10^{-4},\ (Z'_{\dot{q}})_{FU}=\frac{\pi}{2L^4}n\mu(\lambda)lb^2x=-2.842\times10^{-4}$$

$$(M'_{\dot{q}})_{FU}=-\frac{\pi}{2L^5}n\mu(\lambda)lb^2x^2=-1.496\times10^{-5}$$

$$(N'_{\dot{r}})_{FU}=-\frac{\pi}{2L^5}n\mu(\lambda)lb^2x^2=-1.966\times10^{-4}$$

表 4.2　附体加速度系数估算参数表

参数名称	λ	$\mu(\lambda)$	l	b	n	$n\mu lb^2$	x
水平翼	4	0.873 1	0.6	0.15	2	0.023 58	−0.1
垂直翼	2.78	0.813 6	0.25	0.09	2	0.003 294	−0.97

3. 滑翔机全载体附加质量系数计算

将主体加速度系数与附体加速度系数相加，可得到附加质量无因次系数：

$X'_{\dot{u}}=-4.21\times10^{-4}$，$Y'_{\dot{v}}=-1.41\times10^{-2}$，$Z'_{\dot{w}}=-1.87\times10^{-2}$，$N'_{\dot{v}}=Y'_{\dot{r}}=-3.85\times10^{-4}$

$M'_{\dot{w}}=Z'_{\dot{q}}=-2.84\times10^{-4}$，$M'_{\dot{q}}=-6.1965\times10^{-4}$，$N'_{\dot{r}}=-8.013\times10^{-4}$

4.2　稳态滑翔特性分析

当滑翔机在水中处于静止状态时，滑翔机壳体质心的位置、浮力调节质量块的位置决定了电池质量块的初始平衡状态，即三者通过质量配置，构成一个稳心高为 5mm 的系统。滑翔机的滑翔半径是三维滑翔运动研究中非常值得关注的问题。并且滑翔机可以通过螺旋滑翔来绕开障碍物；通过三维稳态滑翔分析，研究各个控制参数变化对滑翔半径、速度水平分量的影响，对滑翔机的工作能力和路径规划、续航能力、操纵性有重要意义；滑翔速度的垂直分量，影响了观测采样的频率。对于剖面锯齿滑翔，当电池从平衡点移动时，需要分析滑翔机质量块配置、俯仰力矩、净浮力对剖面滑翔速度、俯仰角的影响。在实际应用中，滑翔机稳态滑翔过程相对于动态滑翔过程较长，因此稳态滑翔的图谱对于滑翔机前期的设计、滑翔机的规划有重要意义。本节主要基于滑翔机的动力学模型，分析稳态滑翔时滑翔机各个状态与控制量之间的关系。

4.2.1 垂直面稳态滑翔特性分析

滑翔机垂直面的受力分析如图 4.8 所示。在剖面锯齿滑翔过程中，电池质量块并不转动，因此在垂直面上具有 3 个自由度。当稳态滑翔时，净浮力和升力、阻力在垂直方向的分量相平衡，升力、阻力在水平方向的分量相平衡。这三个力构成一个三力平衡的系统。图 4.9 给出了上浮和下潜两个过程的受力图，在这两个过程中，净浮力的方向是相反的，同时升力的方向也是相反的，阻力一直背向滑翔机的头部，和滑翔的合速度方向是相反的。当剖面锯齿滑翔处在稳定状态时，滑翔机在各个方向均不旋转，即有 $\boldsymbol{\Omega}=\mathbf{0}$。忽略侧向速度，且重力和机翼方向垂直，即 $(\boldsymbol{R}_{\mathrm{EB}}^{\mathrm{T}}\boldsymbol{k})\boldsymbol{e}_2=\mathbf{0}$，有 $\beta=0,\phi=0$。将动力学模型化简，可以得到

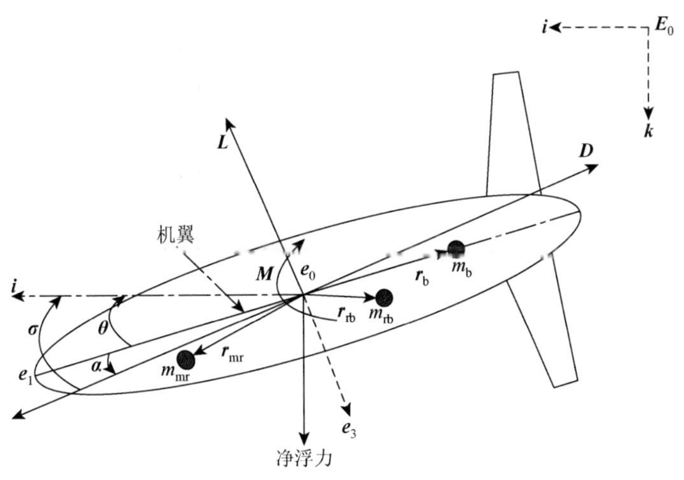

图 4.8 滑翔机垂直面的受力分析

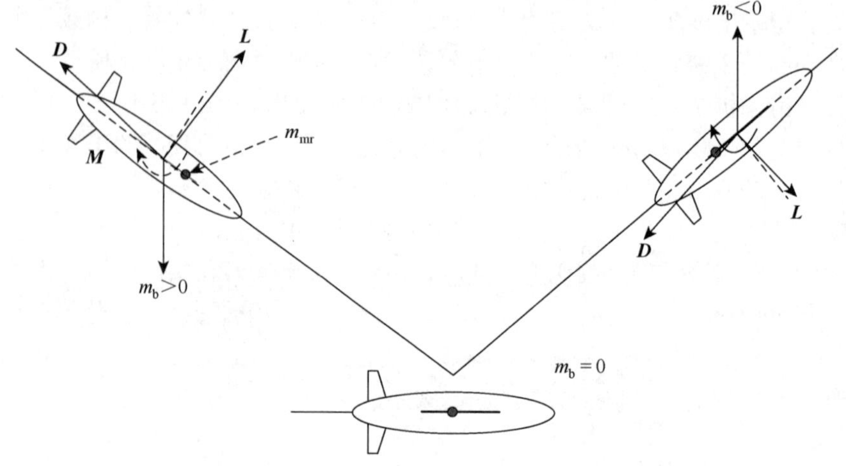

图 4.9　滑翔机垂直面上浮和下潜过程的受力图

$$\mathbf{0}=\bar{m}g(\boldsymbol{R}_{EB}^{T}\boldsymbol{k})+\begin{bmatrix}-D(\alpha)\cos\alpha+L(\alpha)\sin\alpha\\0\\-D(\alpha)\sin\alpha-L(\alpha)\cos\alpha\end{bmatrix}\tag{4.48}$$

$$\mathbf{0}=\boldsymbol{M}_{rb/mr/b/f}\boldsymbol{V}\times\boldsymbol{V}+(m_{mr}\boldsymbol{r}_{mr}+m_{rb}\boldsymbol{r}_{rb}+m_{b}\boldsymbol{r}_{b})\times(\boldsymbol{R}_{EB}^{T}\boldsymbol{k})+\begin{bmatrix}0\\M_{DL2}\\0\end{bmatrix}\tag{4.49}$$

垂直面的稳态分析是给出滑翔机稳定滑翔时攻角的范围，对于该范围内的每一个攻角，分析电池质量块的偏移量、浮力皮囊的净浮力、滑翔机的速度之间的关系。在滑翔机的攻角和俯仰角均为已知的情况下，分析式（4.48），代入 $\phi=0,\psi=0$，可得

$$\begin{bmatrix}0\\0\\\bar{m}g\end{bmatrix}=\begin{bmatrix}L(\alpha)\sin\sigma+D(\alpha)\cos\sigma\\0\\L(\alpha)\cos\sigma-D(\alpha)\sin\sigma\end{bmatrix}\tag{4.50}$$

式中，$\sigma=\theta-\alpha$，化简求解有

$$\begin{bmatrix}0\\0\\\bar{m}g\end{bmatrix}=\begin{bmatrix}\cos\sigma&0&\sin\sigma\\0&1&0\\-\sin\sigma&0&\cos\sigma\end{bmatrix}\begin{bmatrix}D(\alpha)\\0\\L(\alpha)\end{bmatrix}=\begin{bmatrix}\cos\sigma&0&\sin\sigma\\0&1&0\\-\sin\sigma&0&\cos\sigma\end{bmatrix}\begin{bmatrix}K_{D0}+K_{D}\alpha^{2}\\0\\K_{L0}+K_{L}\alpha\end{bmatrix}(V_{w1}^{2}+V_{w3}^{2})\tag{4.51}$$

假定 $\sigma\neq\dfrac{\pi}{2},V_{w1}^{2}+V_{w3}^{2}\neq0$，在 α 有解的情况下，对式（4.51）的第一行化简，可以获得 α 与 σ 的关系如下：

$$\alpha^2+\frac{K_L}{K_D}\alpha\tan\sigma+\frac{K_{D0}+K_{L0}\tan\sigma}{K_D}=0 \tag{4.52}$$

在α有解的情况下，可以求解σ的范围：

$$\left(\frac{K_L}{K_D}\tan\sigma\right)^2-\frac{4}{K_D}(K_{D0}+K_{L0}\tan\sigma)\geqslant 0 \tag{4.53}$$

相应σ的范围为

$$\begin{aligned}\sigma\in&\left(\arctan\left\{2\frac{K_D}{K_L}\left[\frac{K_{L0}}{K_L}+\sqrt{\left(\frac{K_{L0}}{K_L}\right)^2+\frac{K_{D0}}{K_D}}\right]\right\},\frac{\pi}{2}\right)\\&\cup\left(\frac{-\pi}{2},\arctan\left\{2\frac{K_D}{K_L}\left[\frac{K_{L0}}{K_L}-\sqrt{\left(\frac{K_{L0}}{K_L}\right)^2+\frac{K_{D0}}{K_D}}\right]\right\}\right)\end{aligned} \tag{4.54}$$

正号和负号分别代表向上滑翔和向下滑翔两种情况。向下滑翔，攻角为正；向上滑翔，攻角为负。对式（4.54）中的任意σ，可以求得相应的攻角为

$$\alpha=\frac{K_L\tan\sigma}{2K_D}\left[-1+\sqrt{1-4\frac{K_D}{K_L^2\tan\sigma}\left(\frac{K_{D0}}{\tan\sigma}+K_{L0}\right)}\right] \tag{4.55}$$

在α、σ已知的情况下，可根据$\theta=\sigma+\alpha$求得θ。将式（4.55）代入式（4.51），可以求出需要的净浮力为

$$m_{\mathrm{b}}=m-m_{\mathrm{rb}}-m_{\mathrm{mr}}+\frac{1}{g}[-\sin\sigma(K_{D0}+K_D\alpha^2)+\cos\sigma(K_{L0}+K_L\alpha)](V_{w1}^2+V_{w3}^2) \tag{4.56}$$

将式（4.51）第一行和第三行进行平方相加，可得滑翔机的合速度为

$$V_{\mathrm{eqr}}=\frac{\sqrt{|\bar{m}|g}}{[(K_{D0}+K_D\alpha_{\mathrm{eq}}^2)^2+(K_{L0}+K_L\alpha_{\mathrm{eq}})^2]^{\frac{1}{4}}} \tag{4.57}$$

选取满足式（4.54）的σ_{eq}，可以求出该稳定状态下的俯仰角、攻角与速度有如下关系：

$$\begin{cases}\theta_{\mathrm{eq}}=\arctan\left[\dfrac{L(\alpha_{\mathrm{eq}})\sin\alpha_{\mathrm{eq}}-D(\alpha_{\mathrm{eq}})\cos\alpha_{\mathrm{eq}}}{L(\alpha_{\mathrm{eq}})\cos\alpha_{\mathrm{eq}}+D(\alpha_{\mathrm{eq}})\sin\alpha_{\mathrm{eq}}}\right]\\ \alpha_{\mathrm{eq}}=-\dfrac{K_L}{2K_D}\tan\sigma_{\mathrm{eq}}+\sqrt{\left(\dfrac{K_L}{2K_D}\tan\sigma_{\mathrm{eq}}\right)^2-\dfrac{K_{D0}+K_{L0}\tan\sigma_{\mathrm{eq}}}{K_D}}\\ V_{\mathrm{eqr}}=\dfrac{\sqrt{|\bar{m}|g}}{[(K_{D0}+K_D\alpha_{\mathrm{eq}}^2)^2+(K_{L0}+K_L\alpha_{\mathrm{eq}})^2]^{\frac{1}{4}}}\end{cases} \tag{4.58}$$

展开式（4.49）中沿$\boldsymbol{e}_2$方向上受到的力矩，即在俯仰自由度上的力矩，可以

求得实际的电池质量块位置为

$$r_{\text{mr}x} = \frac{1}{m_{\text{mr}} g \cos\theta}[(m_{\text{t}3} - m_{\text{t}1})V_1V_3 + (K_{\text{M}0} + K_{\text{M}}\alpha)(V_1^2 + V_3^2) - m_{\text{b}} g r_{\text{b}x} \cos\theta - m_{\text{mr}} g r_{\text{mr}z} \sin\theta - m_{\text{rb}} g(r_{\text{rb}x} \cos\theta + r_{\text{rb}z} \sin\theta)] \tag{4.59}$$

由式（4.59）可知，电池质量块的初始平衡位置取决于壳体质量块、净浮力调节质量块的位置，这个时候滑翔机的速度为 0，所以不受俯仰力矩的影响。在滑翔过程中，电池的移动会影响滑翔机的速度和水动力中俯仰力矩项。

图 4.10 给出了当浮力$|\bar{m}|=0.15\text{kg}$时，滑翔机的攻角范围以及对应的俯仰角、航迹角的关系；同时给出了滑翔机在惯性坐标系下的水平速度V_x、垂直速度V_z与航迹角的关系。滑翔机的合速度随着σ的增加而增加；水平速度随着σ的增加，先增大后变小。实际中的攻角范围为 0°～8°。

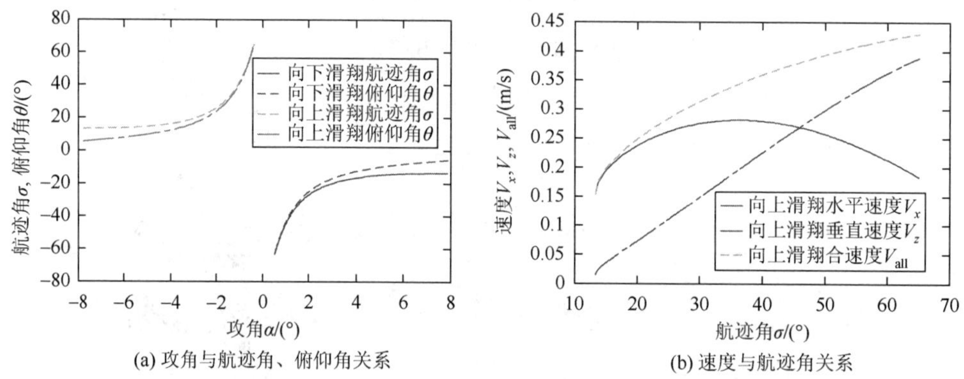

图 4.10　平衡滑翔状态时，攻角与航迹角、俯仰角，速度与航迹角关系（见书后彩图）

4.2.2　三维螺旋滑翔稳态特征分析

滑翔机通过转动偏心电池组块使机身产生横滚角ϕ，从而使升力产生水平方向的分量，最终实现滑翔机的偏航。滑翔机在稳态情况下的横滚和偏航之间的变化关系取决于滑翔机的水动力力矩特性，并受到滑翔机几何外形、水平滑翔翼位置和垂直稳定翼位置的影响。作用在滑翔机上的俯仰力矩取决于水平滑翔翼的大小及其相对于滑翔机水动力中心的位置，机翼的大小和位置直接影响滑翔机垂直面水动力中心的位置。水动力中心即为升力和阻力的作用点。当滑翔机的水动力中心在重心位置之前时，纵倾水动力力矩是不稳定力矩，当滑翔机的水动力中心在重心位置之后时，纵倾水动力力矩是稳定力矩。

图 4.11 中依靠一个电池质量块的转动使机身横滚，从而使升力产生水平分量，最终实现滑翔机的转向；图 4.12 中依靠两个电池质量块分别沿机翼方向和垂直于机翼方向的移动来实现机身的横滚，最终产生升力的分量来实现转向，最初的很

多文献均基于这种驱动模式建立动力学模型。对比图 4.11 和图 4.12，图 4.12 的设计方法对稳心高的改变提供了更多的便利。因为图 4.11 的设计中，电池质量块的转动尽管产生了升力的水平分量，但伴随的结果就是稳心高变小。这种情况下，系统的稳心高在一条线上移动，当电池质量块转动时，系统的稳心高会一直变化，并对俯仰角有影响，即俯仰和横滚是耦合的。针对由横滚引起的稳心高变小的问题，可以将电池质量块适当往平衡位置移动，从而减小对俯仰角变化的影响。而图 4.12 的驱动方式上，两个电池质量块均可以沿各自的方向移动，系统的稳心高在一个矩形区域内变化，这样可以在保持稳心高为常值的同时，使机身发生横滚，即俯仰和横滚不耦合。当然，如果滑翔机的转向采用舵驱动或泵喷驱动，那么操纵的灵活性就更强，耦合性也就更小，控制相对灵活，这里暂不讨论。

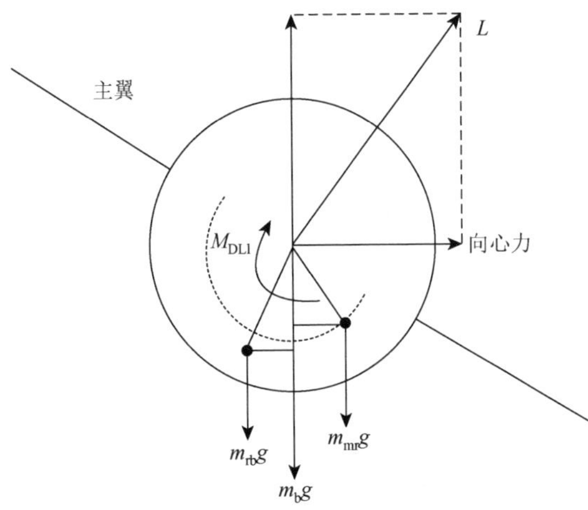

图 4.11　滑翔机回转运动采用一个电池质量块旋转

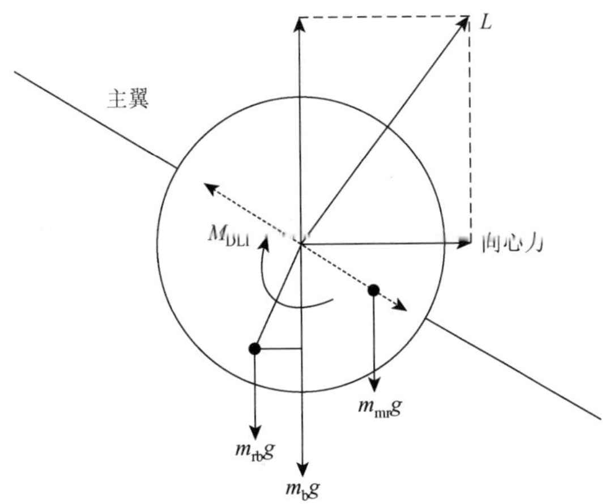

图 4.12　滑翔机回转运动采用两个电池质量块旋转

滑翔机的转向角速度和机翼的设计、位置的布置，以及内部电池质量块的转动方向有关。在上浮和下潜的过程中，如果电池质量块转动方向一定，在横滚力矩影响较小的情况下，滑翔机的横滚角和电池质量块转动方向相反；另外，在上浮和下潜的过程中，升力的方向是相反的，这个问题需要在研究中引起注意。因此，上浮、下潜的过程中，在电池质量块转动角度一定的情况下，向心力水平分量的方向是相反的，最终滑翔机偏航的方向是相反的。这种情况下，相对于一个周期的三维螺旋滑翔，如果前半周期下滑，后半周期上滑，保持电池质量块的旋转角度不变，最终会出现图 4.13 所示的情况，即保证一个滑翔周期的初始点和终止点不变的情况下，二维、三维之间相互切换。这种剖面锯齿滑翔与三维螺旋滑翔间的切换，可以通过运动控制切换实现，并达到绕开海底障碍物的目的。

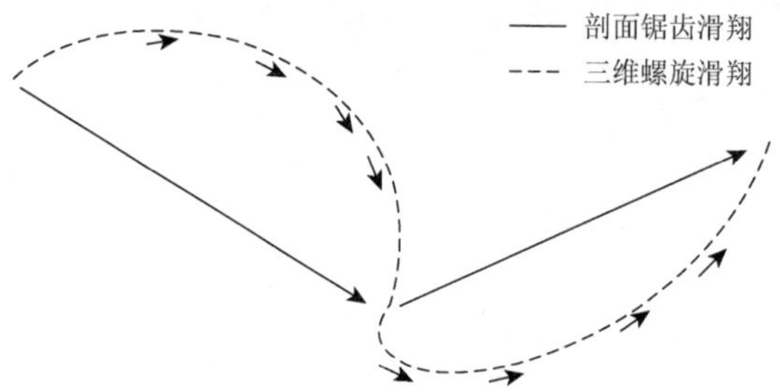

图 4.13　剖面锯齿滑翔和三维螺旋滑翔之间的切换

滑翔机的稳态动力学方程如下：

$$\begin{cases}\boldsymbol{P}\times\boldsymbol{\Omega}+\bar{m}g(\boldsymbol{R}_{\mathrm{EB}}^{\mathrm{T}}\boldsymbol{k})+\boldsymbol{F}=\boldsymbol{0}\\ \boldsymbol{\Pi}\times\boldsymbol{\Omega}+\boldsymbol{P}\times\boldsymbol{V}+(m_{\mathrm{mr}}\boldsymbol{r}_{\mathrm{mr}})g\times(\boldsymbol{R}_{\mathrm{EB}}^{\mathrm{T}}\boldsymbol{k})+\boldsymbol{T}=\boldsymbol{0}\end{cases} \tag{4.60}$$

由式（4.60）可知，滑翔机所受到的力和力矩除去重力与回转阻尼力矩外，其他各个力和力矩都是合速度$\boldsymbol{V}$的表达式，回转阻尼力矩的表达式是攻角、漂角的平方项。对于三维螺旋滑翔，本节分析了在给定的净浮力、固定的移动质量块位置、固定的移动质量块回转角度下系统各个状态的变化与控制量之间的关系。本节通过解出在不同的控制量情况下所对应的稳态滑翔状态，来分析各个控制参数对滑翔机稳定的三维螺旋滑翔运动的影响。当滑翔机在三维螺旋滑翔时，电池质量块的速度为 0，即有 $v_{\mathrm{mr}x}=\Omega_{\mathrm{mr}x}=0$，滑翔机速度$\boldsymbol{V}$和角速度$\boldsymbol{\Omega}$为常值，即有$\dot{\boldsymbol{V}}=\boldsymbol{0}$, $\dot{\boldsymbol{\Omega}}=\boldsymbol{0}$，攻角和漂角也是常值。同时，水动力项近似表示为攻角、漂角和合速度的函数，所以滑翔机受到的水动力和水动力力矩也是常数。由式（4.60）可知，除去 $\boldsymbol{R}_{\mathrm{EB}}^{\mathrm{T}}\boldsymbol{k}$ 项，其他所有的项都为常数。因为式（4.60）恒为 $\boldsymbol{0}$，所以 $\boldsymbol{R}_{\mathrm{EB}}^{\mathrm{T}}\boldsymbol{k}$ 为常数，有

$$\boldsymbol{R}_{\mathrm{EB}}^{\mathrm{T}}\boldsymbol{k}=\begin{bmatrix}-\sin\theta\\ \sin\phi\cos\theta\\ \cos\phi\cos\theta\end{bmatrix}$$

可知，滑翔机在三维运动中，俯仰角θ和横滚角ϕ是恒定的。角速度在动坐标系和惯性坐标系下的转换关系为

$$\dot{\boldsymbol{\theta}}=\begin{bmatrix}1 & \sin\phi\tan\theta & \cos\phi\tan\theta \\ 0 & \cos\phi & -\sin\phi \\ 0 & \sin\phi\sec\theta & \cos\phi\sec\theta\end{bmatrix}\boldsymbol{\Omega} \tag{4.61}$$

通过反解角速度项p、q、r，有

$$\boldsymbol{\Omega}=\begin{bmatrix}1 & 0 & -\sin\theta \\ 0 & \cos\phi & \cos\theta\sin\phi \\ 0 & -\sin\phi & \cos\theta\cos\phi\end{bmatrix}\dot{\boldsymbol{\theta}} \tag{4.62}$$

由于$\boldsymbol{\Omega}$、$\boldsymbol{\phi}$、$\boldsymbol{\theta}$是常值，由式（4.62）可以得出，滑翔机在惯性坐标系下的角速度$\boldsymbol{\omega}_3=\dot{\boldsymbol{\psi}}$为常值。因此三维螺旋滑翔时，$\Omega_{\text{eq}}$、$\phi_{\text{eq}}$、$\theta_{\text{eq}}$、$\dot{\psi}_{\text{eq}}$为常值。当$\Omega_{\text{eq}}=0$时，对应的状态是滑翔机在垂直面的锯齿运动。通过以上分析可知，滑翔机在三维螺旋滑翔的稳定状态具有以下特征。

（1）滑翔机以恒定的速度做三维螺旋运动，角速度为$\boldsymbol{\omega}_3$。

（2）当滑翔机在三维螺旋滑翔时，横滚角和俯仰角为常值，偏航角速度为常值。

（3）滑翔机的攻角和漂角为常值，其对应的水动力和水动力力矩也是常值。

（4）在惯性坐标系下，三维螺旋运动的角速度$\boldsymbol{\omega}_3$和重力方向平行。

将滑翔机的三维螺旋滑翔运动近似分解为沿垂直面的上升（或下降）速度和做螺旋运动的向心速度，定义回转半径和垂向速度为

$$R=\frac{V\cos(\theta-\alpha)}{\omega_3} \tag{4.63}$$

$$V_{\text{vertical}}=V\sin(\theta-\alpha) \tag{4.64}$$

滑翔机在惯性坐标系下的轨迹如图 4.14 所示。定义三维螺旋滑翔的周期为

$$T=\frac{2\pi}{\omega_3} \tag{4.65}$$

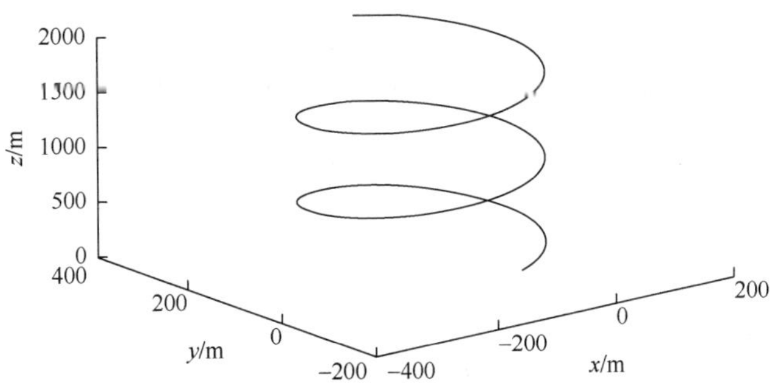

图 4.14　滑翔机三维螺旋运动轨迹

定义滑翔机的三维螺旋滑翔运动的导程为滑翔机在一个周期内在垂直方向上移动的距离：

$$P = V_{\text{vertical}} T \tag{4.66}$$

可以用 V、ω_3、R、T 四个参数分析滑翔机在惯性坐标系下的一些运动特性，为多滑翔机规划提供条件。

在三维螺旋滑翔中，滑翔机有 4 种滑翔状态，即①向下滑翔，向左转（D, L）；②向下滑翔，向右转（D, R）；③向上滑翔，向左转（U, L）；④向上滑翔，向右转（U, R）。滑翔状态包括速度 $\boldsymbol{V}$、攻角 $\boldsymbol{\alpha}$、漂角 $\boldsymbol{\beta}$、净浮力 m_b、电池质量块移动位置 r_{mrx}、电池质量块转动角度 $\boldsymbol{\gamma}$、三维螺旋滑翔运动的角速度 $\boldsymbol{\omega}_3$、俯仰角 $\boldsymbol{\theta}$、横滚角 $\boldsymbol{\phi}$ 等，采用实际的正负号来描述这些控制量、运动状态等变量的方向，相应状态关系如表 4.3 所示。

表 4.3　滑翔机三维螺旋滑翔各个状态的符号

滑翔状态	$\boldsymbol{V}$	$\boldsymbol{\alpha}$	$\boldsymbol{\beta}$	m_b	r_{mrx}	$\boldsymbol{\gamma}$	$\boldsymbol{\omega}_3$	$\boldsymbol{\theta}$	$\boldsymbol{\phi}$
D, L	+	+	+	+	+	–	–	+	–
D, R	+	+	–	+	+	+	+	–	–
U, R	+	–	+	–	–	+	+	–	+
U, L	+	–	–	–	–	–	–	+	+

下面分析控制量的变化对滑翔机三维螺旋滑翔时各个状态的影响。首先通过三维运动仿真，给出控制量为

$$m_b = 0.5\text{kg}, \quad r_{mrx} = 0.4216\text{m}, \quad \gamma = 45°$$

初始的位置为

$$x(0) = 0, \quad y(0) = 0, \quad z(0) = 0$$

对应的滑翔轨迹如图 4.14 所示。滑翔机的各个状态如下。

速度：

$$V_1 = 0.629\text{m/s}, \quad V_2 = -0.011\text{m/s}, \quad V_3 = 0.014\text{m/s}$$

角速度：

$$p = 0.0018\text{rad/s}, \quad q = -0.0005\text{rad/s}, \quad r = 0.0025\text{rad/s}$$

也可将其表示为

$$V = 0.630\text{m/s}, \quad \alpha = 0.023\text{rad}, \quad \beta = -0.018\text{rad}$$

对应的姿态角：

$$\phi = -0.1968\text{rad}, \quad \theta = -0.62\text{rad}, \quad \dot{\psi} = 0.003\text{rad/s}$$

该状态下对应的回转半径为 $R = 164\text{m}$。滑翔机的速度和角速度如图 4.15 所

示。接下来分析在给定不同控制量的情况下，各个状态的变化。对于一组给定的控制量 $m_b = 0.5\text{kg}, r_{mrx} = 0.4216\text{m}, \gamma = 45°$，可以固定其中的两个量，分析第三个量变化的情况下滑翔机的运动状态。

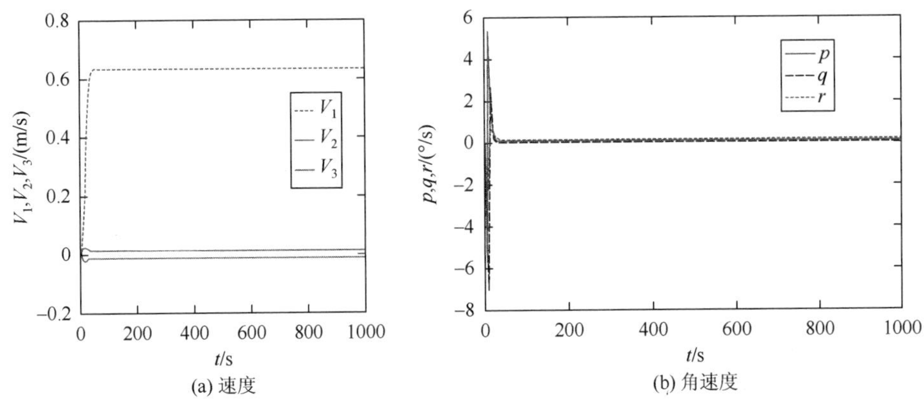

图 4.15　滑翔机的速度和角速度（见书后彩图）

1. 电池质量块角度变化：$m_b = 0.5\text{kg}, r_{mrx} = 0.4216\text{m}, -90° \leqslant \gamma \leqslant 90°$

由图 4.16 可知，当电池质量块的回转角度发生变化时，滑翔机的各个状态有一定的对称性。当 $\gamma = 0$ 时，滑翔机的回转半径 $R \to \infty$，此时三维螺旋滑翔运动退化为在垂直面的直线滑翔运动。当电池质量块的回转角度$|\gamma|$变大时，稳心高变小，滑翔机的速度也逐渐变大。从水动力与净浮力的平衡关系知道，净浮力、攻角、

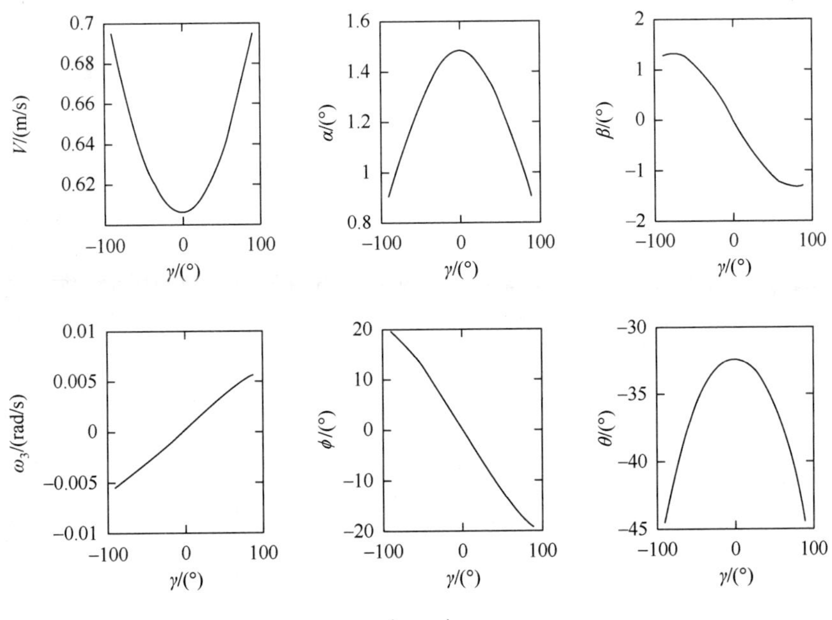

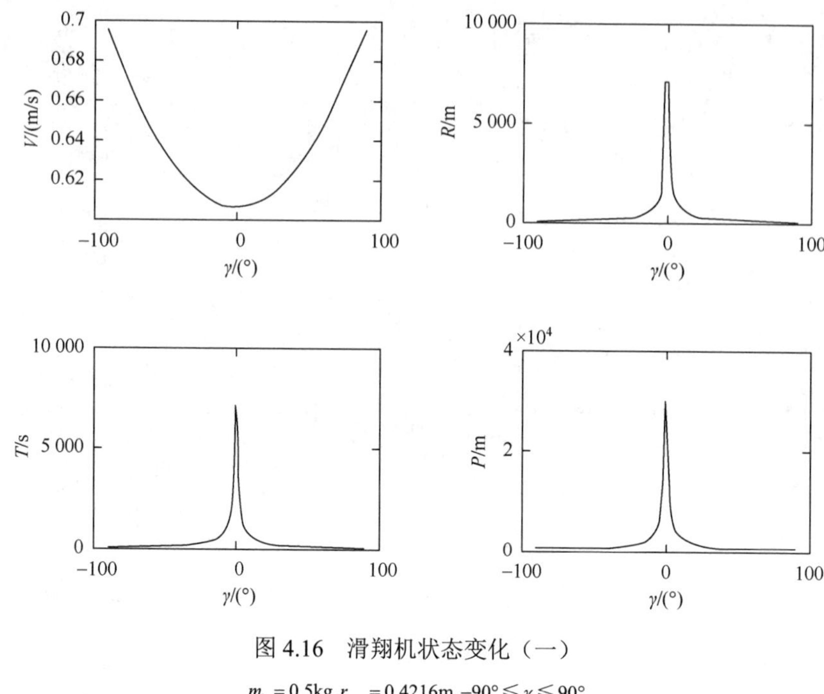

图 4.16　滑翔机状态变化（一）

$m_b = 0.5\text{kg}, r_{mrx} = 0.4216\text{m}, -90° \leqslant \gamma \leqslant 90°$

速度主要影响滑翔机受到的水动力，当净浮力一定时，攻角变小，相应的速度变大，这个关系可以用剖面锯齿滑翔运动中的关系式近似地定性分析。

漂角 β 受到电池回转角度 γ 的影响，γ 越大，β 也越大。β 的正负是由滑翔机受到的净浮力 m_b 和 γ 决定的；当 m_b、γ 符号相反时，漂角为正，反之，漂角为负。漂角对三维螺旋滑翔的运动形式影响较小，只是带来了三维运动轨迹在水平面上的漂移。

2. 电池质量块角度变化：$m_b = -0.5\text{kg}, r_{mrx} = 0.3816\text{m}, -90° \leqslant \gamma \leqslant 90°$

在图 4.17 中，给出了净浮力为负时滑翔机的向上滑翔运动状态变化。可知，各个状态与横滚角的关系并不总是单调的，即存在合速度、漂角的极值。同时，对比图 4.16 和图 4.17，在上浮和下潜两种状态中，即使在净浮力、电池质量块位置具有对称性的情况下，滑翔机的各个状态也是不对称的，这种不对称现象的产生与水动力系数有很大的关系。对于同样的姿态，滑翔机在上浮和下潜时，受到的水动力是不同的，特别是升力项不同，所以速度、角速度也不同，有较小的差异。另外从外形设计上讲，希望滑翔机尽量以机翼所在的截面为中心面，保持上下对称。因为上滑和下滑时，水流对机翼的冲击方向是相反的。如果外形设计只顾及下滑的稳定，就会恶化上滑过程中的稳定性，这点从大翼形滑翔机 Xray 的设计就可以看出。

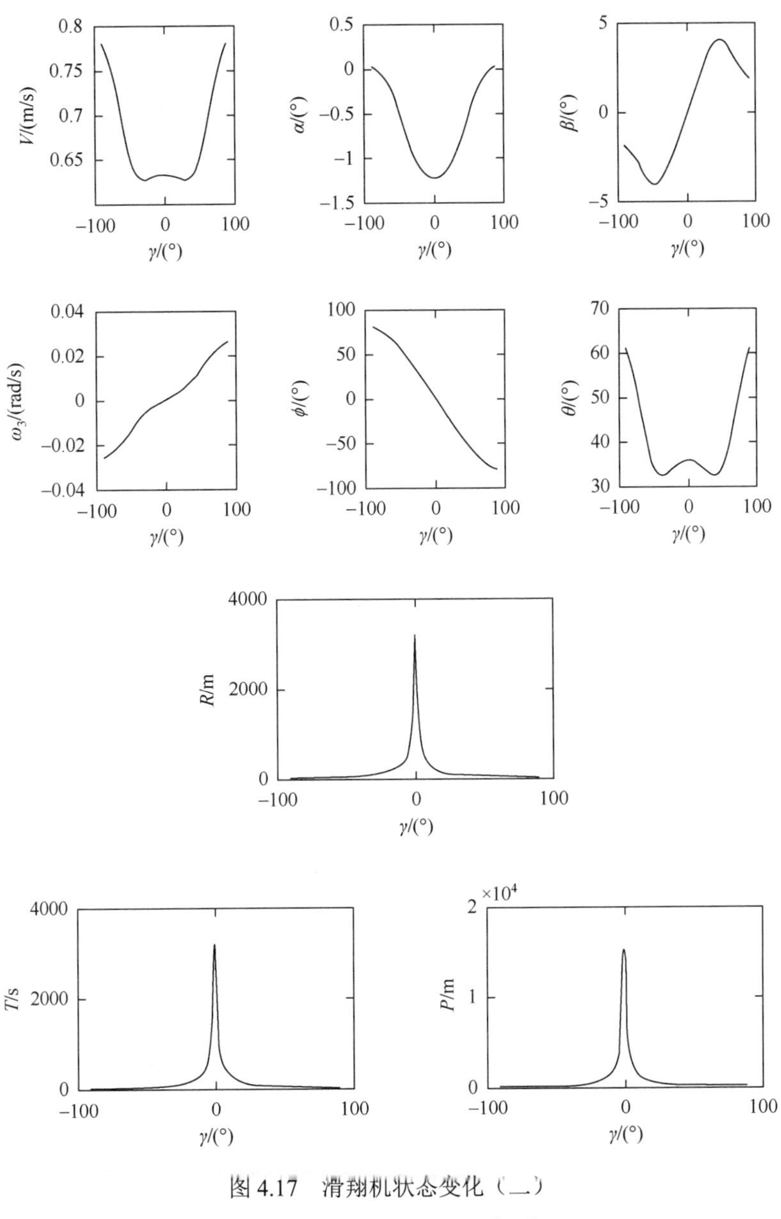

图 4.17　滑翔机状态变化（二）

$m_b=-0.5\text{kg}, r_{mrx}=0.3816\text{m}, -90°\leqslant\gamma\leqslant 90°$

3. 净浮力的变化：$r_{mrx}=0.4216\text{m}, \gamma=45°, 0\leqslant m_b\leqslant 0.8\text{kg}$

图 4.18 为净浮力变化对滑翔机各个状态的影响。滑翔机的二维滑翔可以看成三维滑翔的特例或退化，即二维滑翔对应于三维滑翔中电池质量块回转角度为 0 的情况。净浮力的大小决定了滑翔机合速度的大小，升力、阻力平衡了净浮力，三者是

等比例缩放的关系，这个关系可以在图 4.19 中看出来，较大的净浮力对应了较大的升力和阻力；如果滑翔机的姿态不变，净浮力变大，则相应的速度也会变大，此时攻角和漂角有一个小幅度的增加，可以近似看作不变。速度和回转半径都随净浮力的变大而变大，但是回转半径的变化更大，相对应的角速度 ω_3 变小。

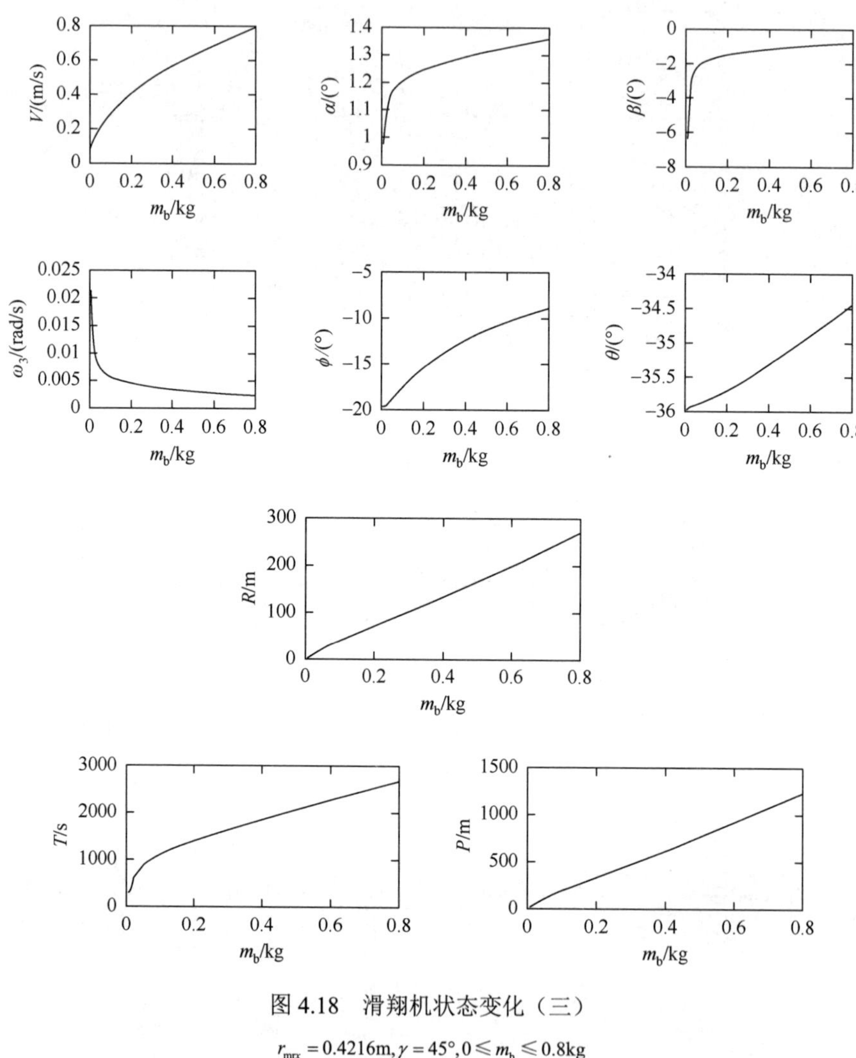

图 4.18　滑翔机状态变化（三）

$r_{mrx}=0.4216\text{m},\gamma=45°,0\leqslant m_b\leqslant 0.8\text{kg}$

4. 电池质量块移动：$\gamma=45°,m_b=0.5\text{kg},0.4016\text{m}\leqslant r_{mrx}\leqslant 0.4516\text{m}$

图 4.20 给出了电池质量块位置变化对滑翔机各个滑翔状态的影响。当电池质量块移动的距离逐渐变大时，相对应的攻角就变小，攻角小所对应的水动力中含 α 项就小，最终速度会较大。回转角速度 ω_3 有极小值，对应的回转半径有极大值。

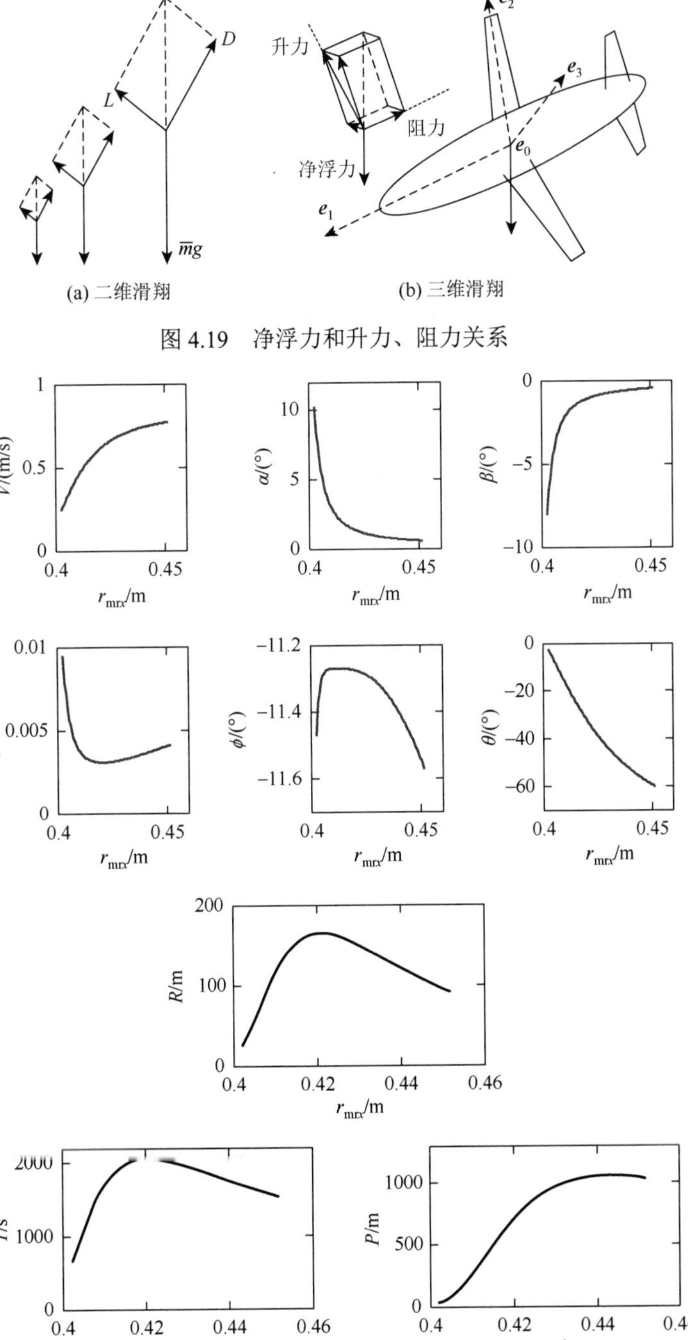

图 4.19　净浮力和升力、阻力关系

图 4.20　滑翔机状态变化（四）

$\gamma=45°, m_b=0.5\text{kg}, 0.4016\text{m}\leqslant r_{mrx}\leqslant 0.4516\text{m}$

4.3 迭代算法反解三维滑翔运动参数

在三维滑翔运动中，需要关注滑翔机运动状态和控制量之间的关系。常规的直接求解非线性方程的方法在实际滑翔机上不能直接应用，因为滑翔机在水下滑翔时是无法进行通信的。为了设计适合于滑翔机的迭代求解算法，并为自主规划提供条件，文献[3]详细介绍了适合于滑翔机的迭代求解算法。本节针对滑翔机稳态滑翔状态与控制量的关系，提出一种迭代算法，在已知合速度V和攻角α、漂角β的情况下，求解滑翔机其他的7个状态或控制量：

$$\boldsymbol{\Delta}=[\theta \quad R \quad \phi \quad \bar{m} \quad \gamma \quad \omega_3 \quad r_{mrx}]$$

由式（4.60）和式（4.63）可知，滑翔机系统的动力学方程和回转半径共有7个方程，为方便方程化简和算法求解，假定壳体质量块的质心位置、净浮力块的浮心位置和滑翔机的浮心重合。动力学系统的状态指标为V、α、β、θ、R、ϕ、$\bar{m}$、γ、ω_3、r_{mrx}，共10个未知数：V、α、β用以描述滑翔机的速度；θ、ϕ、ω_3用以描述系统的角速度；R为滑翔机运动的回转半径；$\bar{m}$、γ、r_{mrx}为控制输入。因此，在已知3个参数的情况下，结合已知的7个方程，可以采用数值迭代的方法求解其他7个参数。在海洋观测过程中，通过上层规划或预规划得到滑翔机的路径和速度后，要给出在该状态下滑翔机的控制量。因此本节分析在已知合速度V和攻角α、漂角β的情况下，求解滑翔机的控制量以及其他状态量。

为达到化简的目的，将式(4.60)与向量$\boldsymbol{R}_{\mathrm{EB}}^{\mathrm{T}}\boldsymbol{k}$点乘，取$\boldsymbol{\Omega}=\omega_3\boldsymbol{R}_{\mathrm{EB}}^{\mathrm{T}}\boldsymbol{k}$，将式(4.60)中第一个公式两端同时点乘$\boldsymbol{\Omega}$，有

$$\frac{\bar{m}g}{\omega_3}\boldsymbol{\Omega}\cdot\boldsymbol{\Omega}+\boldsymbol{F}\cdot\boldsymbol{\Omega}=\boldsymbol{0} \tag{4.67}$$

化简式（4.67）有

$$\bar{m}=\frac{-\boldsymbol{F}\cdot(\boldsymbol{R}_{\mathrm{EB}}^{\mathrm{T}}\boldsymbol{k})}{g} \tag{4.68}$$

对式（4.68）进一步化简可以得到

$$\begin{aligned}\bar{m}=\frac{1}{g}\{&(D\sin\beta-\mathrm{SF}\cos\beta)\sin\phi\cos\theta-\cos\alpha[\sin\theta(D\cos\beta+\mathrm{SF}\sin\beta)\\&-L\cos\phi\cos\theta]+\sin\alpha[L\sin\theta+(D\cos\beta+\mathrm{SF}\sin\beta)\cos\phi\cos\theta]\}\end{aligned} \tag{4.69}$$

对式（4.60）中第二个公式两端同时点乘$\boldsymbol{\Omega}$，取$\boldsymbol{\Omega}=\omega_3\boldsymbol{R}_{\mathrm{EB}}^{\mathrm{T}}\boldsymbol{k}$，有

$$(\boldsymbol{P}\times\boldsymbol{V}+\boldsymbol{T})\cdot\boldsymbol{\Omega}=\boldsymbol{0} \tag{4.70}$$

代入$\boldsymbol{P}=\boldsymbol{M}_{\mathrm{t}}\boldsymbol{V}-m_{\mathrm{mr}}\hat{\boldsymbol{r}}_{\mathrm{mr}}\boldsymbol{\Omega}$有

$$(\boldsymbol{M}_{\mathrm{t}}\boldsymbol{V}\times\boldsymbol{V}-m_{\mathrm{mr}}\hat{\boldsymbol{r}}_{\mathrm{mr}}\boldsymbol{\Omega}\times\boldsymbol{V}+\boldsymbol{T})\cdot\boldsymbol{\Omega}=\boldsymbol{0} \tag{4.71}$$

化简后代入受力方程，可以求得

$$\omega_3 = -\frac{(\boldsymbol{F} + \bar{m}g\boldsymbol{R}_{\mathrm{EB}}^{\mathrm{T}}\boldsymbol{k})\cdot\boldsymbol{V}}{\boldsymbol{T}\cdot(\boldsymbol{R}_{\mathrm{EB}}^{\mathrm{T}}\boldsymbol{k})} \tag{4.72}$$

对式（4.60）中第二个公式两端同时以向量 $\boldsymbol{r}_{\mathrm{mr}}$ 作点乘运算，有

$$(\boldsymbol{I}_{\mathrm{t}}\boldsymbol{\Omega}\times\boldsymbol{\Omega})\cdot\boldsymbol{r}_{\mathrm{mr}} + (\boldsymbol{M}_{\mathrm{t}}\boldsymbol{V}\times\boldsymbol{V})\cdot\boldsymbol{r}_{\mathrm{mr}} + (m_{\mathrm{mr}}\boldsymbol{r}_{\mathrm{mr}}\times\boldsymbol{V}\times\boldsymbol{\Omega} - m_{\mathrm{mr}}\boldsymbol{r}_{\mathrm{mr}}\times\boldsymbol{\Omega}\times\boldsymbol{V})\cdot\boldsymbol{r}_{\mathrm{mr}} + \boldsymbol{T}\cdot\boldsymbol{r}_{\mathrm{mr}} = \boldsymbol{0} \tag{4.73}$$

化简后可以求得动质量块的位置量为

$$r_{\mathrm{mr}x} = \frac{\begin{aligned}&V^2\left[(m_{\mathrm{t1}} - m_{\mathrm{t3}})R_{\mathrm{mr}}\frac{\sin(2\alpha)}{2}\cos^2\beta\sin\gamma + (m_{\mathrm{t1}} - m_{\mathrm{t2}})R_{\mathrm{mr}}\frac{\sin(2\beta)}{2}\cos\alpha\cos\gamma\right]\\ &-\omega_3^2 R_{\mathrm{mr}}\frac{\sin(2\theta)}{2}[\sin\gamma\cos\phi(I_{\mathrm{rb}y} + I_{\mathrm{f2}} - I_{\mathrm{rb}z} - I_{\mathrm{f3}})\\ &+\sin\phi\cos\gamma(I_{\mathrm{rb}x} + I_{\mathrm{f1}} - I_{\mathrm{rb}y} - I_{\mathrm{f2}}) + I_{\mathrm{mr}x}\sin(\gamma+\phi)\\ &-I_{\mathrm{mr}z}\sin(2\gamma)\cos(\gamma-\phi) + I_{\mathrm{mr}y}\cos(2\gamma)\sin(\gamma-\phi)]\\ &+T_2(-R_{\mathrm{mr}}\sin\gamma) + T_3R_{\mathrm{mr}}\cos\gamma\end{aligned}}{\begin{aligned}&\omega_3^2\cos^2\theta\left\{(I_{\mathrm{rb}z} + I_{\mathrm{f3}} - I_{\mathrm{rb}y} - I_{\mathrm{f2}})\frac{\sin(2\phi)}{2} + (I_{\mathrm{mr}y} - I_{\mathrm{mr}z})\frac{\sin[2(\phi-\gamma)]}{2}\right\}\\ &-T_1 + (m_{\mathrm{t3}} - m_{\mathrm{t2}})V^2\sin\alpha\frac{\sin(2\beta)}{2}\end{aligned}} \tag{4.74}$$

将式（4.60）中第一个公式两端同时点乘 $\boldsymbol{P}$，可以得到

$$\frac{\bar{m}g}{\omega_3}\boldsymbol{\Omega}\cdot\boldsymbol{P} + \boldsymbol{F}\cdot\boldsymbol{P} = \boldsymbol{0} \tag{4.75}$$

最终化简可以求出

$$\gamma = \arcsin\frac{f_3}{\sqrt{f_1^2 + f_2^2}} - \lambda_f,\quad \sin\lambda_f = \frac{f_1}{\sqrt{f_1^2 + f_2^2}},\quad \cos\lambda_f = \frac{f_2}{\sqrt{f_1^2 + f_2^2}} \tag{4.76}$$

式中

$$\begin{aligned}f_1 = {}& m_{\mathrm{mr}}\omega_3 R_{\mathrm{mr}}[\cos\theta\sin\phi(L\sin\alpha - D\cos\alpha\cos\beta - \mathrm{SF}\cos\alpha\sin\beta)\\ &+\sin\theta(\mathrm{SF}\cos\beta - D\sin\beta)]\\ f_2 = {}& m_{\mathrm{mr}}\omega_3 R_{\mathrm{mr}}[\cos\theta\cos\phi(-D\cos\alpha\cos\beta - \mathrm{SF}\cos\alpha\sin\beta + L\sin\alpha)\\ &-\sin\theta(D\sin\alpha\cos\beta + \mathrm{SF}\sin\alpha\sin\beta + L\cos\alpha)]\\ f_3 = {}& m_{\mathrm{t1}}V\cos\alpha\cos\beta(\bar{m}g\sin\theta + D\cos\alpha\cos\beta + \mathrm{SF}\cos\alpha\sin\beta - L\sin\alpha)\\ &-m_{\mathrm{t2}}V\sin\beta(\bar{m}g\sin\phi\cos\theta - D\sin\beta + \mathrm{SF}\cos\beta)\\ &+m_{\mathrm{t3}}V\sin\alpha\cos\beta(-\bar{m}g\cos\phi\cos\theta + D\sin\alpha\cos\beta + \mathrm{SF}\sin\alpha\sin\beta + L\cos\alpha)\\ &-m_{\mathrm{mr}}\omega_3 r_{\mathrm{mr}x}[\sin\phi\cos\theta(D\sin\alpha\cos\beta + \mathrm{SF}\sin\alpha\sin\beta + L\cos\alpha)\\ &+\cos\phi\cos\theta(\mathrm{SF}\cos\beta - D\sin\beta)]\end{aligned}$$

同时，我们直接解式（4.60）的两个受力方程以求出滑翔机的姿态角。通过化简式（4.60）中的第一式和第二式，求解滑翔机的横滚角 ϕ 和俯仰角 θ 。对式（4.60）第一式进行化简，求解 θ （即 e_1 方向的受力方程），有

$$\begin{aligned}&m_{t2}V\omega_3\sin\beta\cos\phi\cos\theta-m_{t3}V\omega_3\sin\alpha\cos\beta\sin\phi\cos\theta\\&+m_{mr}\omega_3^2\left[r_{mrx}\cos^2\theta+R_{mr}\frac{\sin(2\theta)}{2}\cos(\phi+\gamma)\right]\\&-\overline{m}g\sin\theta-D\cos\alpha\cos\beta-\mathrm{SF}\cos\alpha\sin\beta+L\sin\alpha=0\end{aligned}$$

化简有

$$\theta=\arcsin\frac{f_\theta}{\sqrt{f_{\theta1}^2+f_{\theta2}^2}}-\lambda_\theta \tag{4.77}$$

式中

$$f_{\theta1}=V\omega_3(m_{t2}\sin\beta\cos\phi-m_{t3}\sin\alpha\cos\beta\sin\phi),\quad f_{\theta2}=-\overline{m}g$$

$$\begin{aligned}f_\theta=&-m_{mr}\omega_3^2\left[r_{mrx}\cos^2\theta+R_{mr}\frac{\sin(2\theta)}{2}\cos(\phi+\gamma)\right]+D\cos\alpha\cos\beta\\&+\mathrm{SF}\cos\alpha\sin\beta-L\sin\alpha\end{aligned}$$

$$\sin\lambda_\theta=\frac{f_{\theta1}}{\sqrt{f_{\theta1}^2+f_{\theta2}^2}},\quad \cos\lambda_\theta=\frac{f_{\theta2}}{\sqrt{f_{\theta1}^2+f_{\theta2}^2}}$$

对式（4.60）第二式求解 ϕ （沿 e_2 方向的受力方程），化简有

$$\phi=\arcsin\frac{f_\phi}{\sqrt{f_{\phi1}^2+f_{\phi2}^2}}-\lambda_\phi \tag{4.78}$$

式中

$$f_{\phi1}=-m_{mr}\omega_3^2\frac{r_{mrx}\sin(2\theta)}{2}-\overline{m}g\cos\theta$$

$$f_{\phi2}=m_{t1}V\omega_3\cos\alpha\cos\beta\cos\theta$$

$$\begin{aligned}f_\phi=&-m_{t3}V\omega_3\sin\alpha\cos\beta\sin\theta-D\sin\beta+\mathrm{SF}\cos\beta\\&+m_{mr}\omega_3^2\left[-\frac{R_{mr}\sin(2\phi)\cos^2\theta\cos\gamma}{2}-R_{mr}\sin\gamma(\cos^2\phi\cos^2\theta+\sin^2\theta)\right]\end{aligned}$$

$$\sin\lambda_\phi=\frac{f_{\phi1}}{\sqrt{f_{\phi1}^2+f_{\phi2}^2}},\quad \cos\lambda_\phi=\frac{f_{\phi2}}{\sqrt{f_{\phi1}^2+f_{\phi2}^2}}$$

结合式（4.63）、式（4.69）、式（4.72）、式（4.73）、式（4.74）、式（4.77）、式（4.78）中给出的所有 7 个量的迭代表达式，可以建立如下的数值方程解法：

$$\boldsymbol{\Delta}^k=f(\boldsymbol{\Delta}^{k-1}) \tag{4.79}$$

通过给定速度和攻角、漂角，来求解滑翔机的控制量和其他状态。算法中针对其中的一组状态：

$$V = 0.503\text{m/s}, \quad \alpha = 1.111°, \quad \beta = -1.839°$$

$$\omega_3 = 0.0064\text{rad/s}, \quad \phi = -21.314°, \quad \theta = -37.59°, \quad R = 61.83\text{m}$$

$$\gamma = 45°, \quad r_{\text{mr}x} = 0.01\text{m}, \quad m_{\text{b}} = 0.3\text{kg}$$

给定初始值为 0.001，$V = 0.503\text{m/s}$，$\alpha = 1.111°$，$\beta = -1.839°$，求解其他状态量。迭代结果为

$$V = 0.503\text{m/s}, \quad \alpha = 1.111°, \quad \beta = -1.839°$$

$$\omega_3 = 0.0067\text{rad/s}, \quad \phi = -21.22°, \quad \theta = -37.59°, \quad R = 58.66\text{m}$$

$$\gamma = 39.42°, \quad r_{\text{mr}x} = 0.011\text{m}, \quad m_{\text{b}} = 0.3\text{kg}$$

其他各组的迭代结果和实际仿真结果均很接近，精确度达到 92%以上。本节是在假定滑翔机壳体质量块、净浮力质量块和浮心重合的前提下，对滑翔机的动力学模型进行化简，并在已知部分状态量的情况下，设计了迭代算法求解其他状态。该方法用于在已知速度的情况下，反解滑翔机的控制量，为自主规划提供了便利。

4.4 水下滑翔机试验

4.4.1 湖试试验

滑翔机试验中，控制对象是电池质量块位移、电池质量块转动角度和浮力皮囊的浮力。电池质量块移动电位计的零位值为 230；电池质量块转动电位计的零位值为 480；净浮力电位计的零位值为 460。控制方式是先直接设定滑翔深度、俯仰角和净浮力的大小；然后在滑翔的过程中，以滑翔机的姿态角为反馈控制量，间歇性地控制电池质量块的位置和电池质量块回转的角度。给出的控制量如下：

$$\text{当前电池质量块移动电位计的增量值} = -\frac{64 \times 2.7 \times 6.9}{9.5}\tan\theta$$

$$\text{当前净浮力增量} = \text{电位计增量} \times \text{截面积} \times \text{密度} = \frac{\text{浮力电位计增量}}{0.7}$$

$$\text{当前横滚电位计的增量} = -\phi \times 9$$

式中，ϕ 为横滚角。

横滚电位计的增量和实际的横滚角是不一样的，对这些值进行标定，可以得到电池质量块横滚角与电位计读数之间关系为

$$\gamma = \frac{\text{电位计读数} - 480}{6}\text{，单位：(°)}$$

净浮力与电位计读数的关系为

$$m_{\text{b}} = \frac{\text{电位计读数} - 460}{0.7}\text{，单位：g}$$

电池质量块移动与电位计读数之间的关系为

$$r_{\text{mrx}}=\frac{\text{电位计读数}-230}{10}\text{，单位：mm}$$

在实际控制输入中，均是将净浮力和当前滑翔机的姿态角转换为电位计增量，并将这些控制量作为实际电池质量块的位移、浮力皮囊净浮力和电池质量块横滚角来控制滑翔机系统。我们根据这些数据以及控制输入的数据，估算出三个电位计增量分别与电池质量块位移增量、电池质量块转动增量、浮力皮囊净浮力增量的关系。

我们给出了 2011 年 1 月 12 日的千岛湖试验数据（图 4.21），滑翔机状态设定为净浮力 200g，俯仰角 20°，下潜深度 45m。我们将由姿态角等信息折算后得到的控制量加载到动力学模型上，对比滑翔机实际的运动轨迹和仿真的运动轨迹可知，滑翔机在向上和向下滑翔的过程中，俯仰角有微小的差别，是由仿真中将浮力皮囊中心设定为和浮心重合所造成的。通常，浮力皮囊质量块与浮心不重合，且浮力皮囊相连接的管道中也有液压油，不易确定浮力皮囊的等效位置，这个问题同样造成了电池质量块移动位置的差别，即通过电位计折算的电池质量块位置控制量比实际的电池质量块位置测量的控制量偏大。

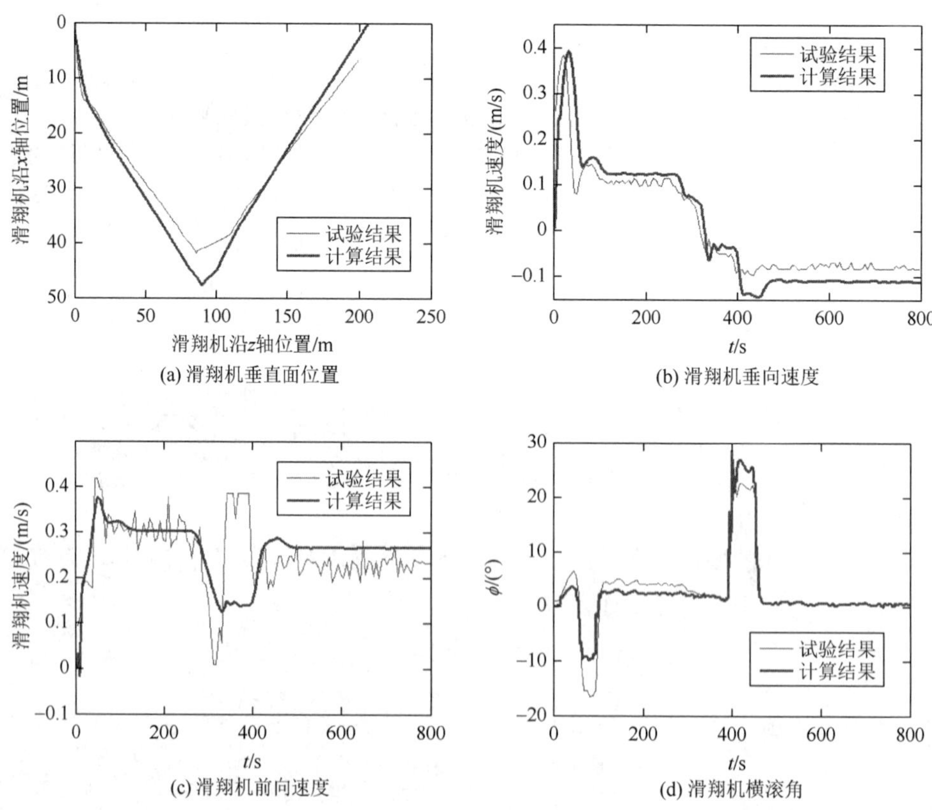

(a) 滑翔机垂直面位置

(b) 滑翔机垂向速度

(c) 滑翔机前向速度

(d) 滑翔机横滚角

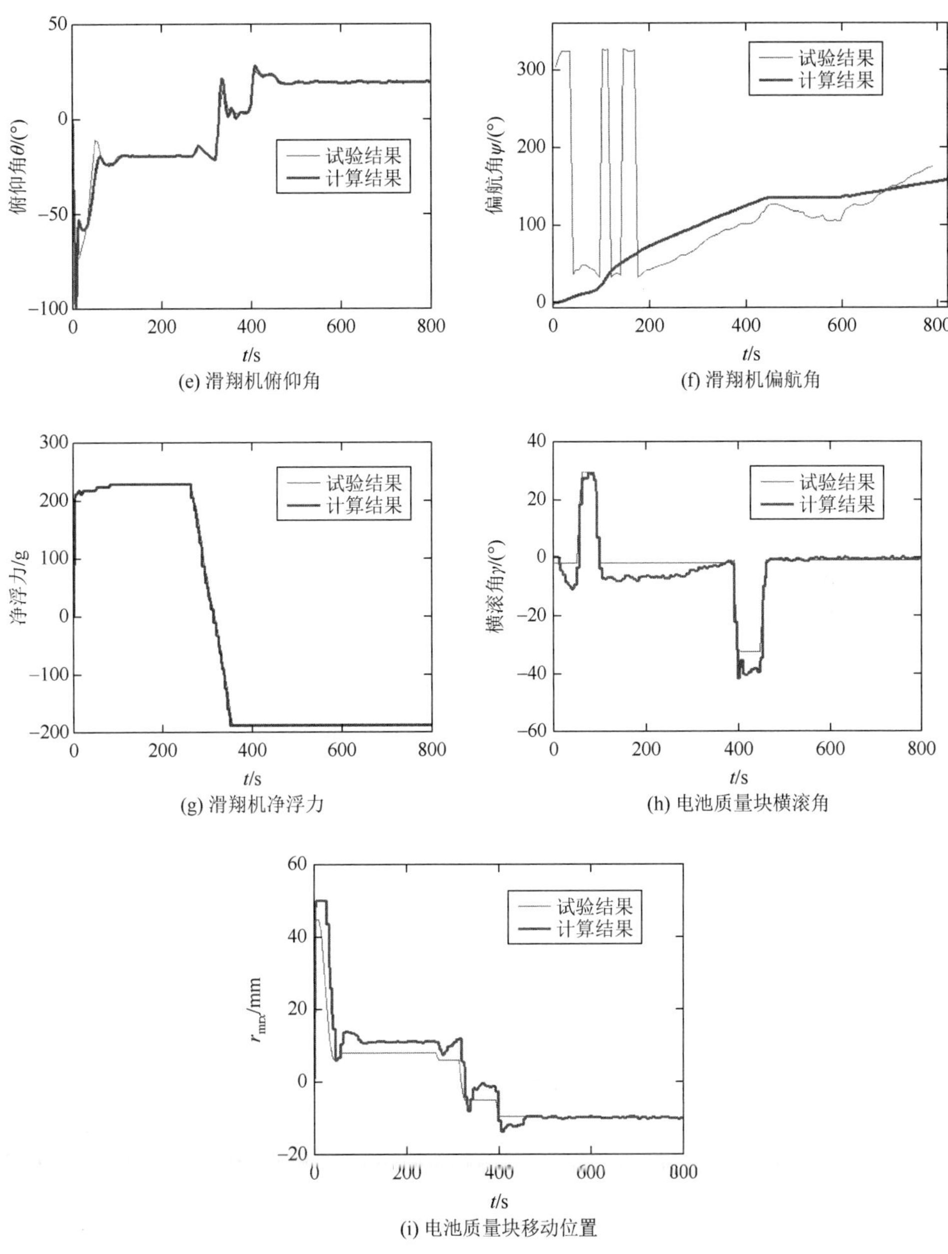

图 4.21 滑翔机湖试试验结果（见书后彩图）

4.4.2 海试试验

在海试试验中，我们没有对海水密度进行补偿，在下潜和上浮过程中，给定的名义净浮力的大小为 0.5kg。在下潜过程中，由于密度、压力变化，滑翔机受到的实际净浮力也发生变化，下潜深度达到 800m 以后，就无法提供继续下潜的净浮力，同时在由下潜切换到上浮这一时刻，净浮力波动最大，导致系统的速度波动也最大，如图 4.22 所示。

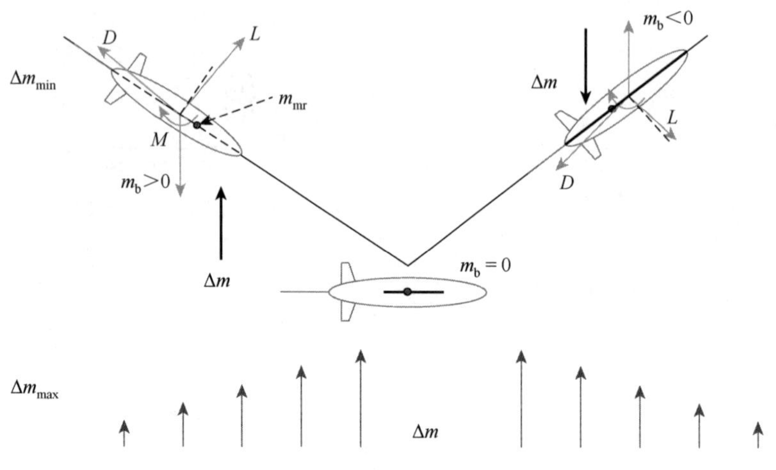

图 4.22　净浮力增量变化及对滑翔机运动的影响

在下滑过程中，速度逐渐变小，并最终趋于 0，因为净浮力的绝对值逐渐变小，并最终趋于 0；在上浮过程中，速度的波动也逐渐变小，但浮出水面时对应的速度是名义净浮力下对应的速度，产生的原因是净浮力的绝对值在上浮的过程中也是逐渐变小的，但最终趋于名义值，不趋于 0，所以最终速度不趋于 0，且上浮过程中，实际速度比名义速度大，所以上浮时间短。这些关系如图 4.22 所示。

在电池质量块旋转的过程中，稳心高也发生了变化，引起了俯仰角的振荡；电池质量块回转的角度越大，滑翔机机身的横滚角就越大，并导致滑翔机的稳心高越小，最终俯仰角的绝对值也越大，即电池质量块的回转影响了俯仰角，这就是滑翔机系统的耦合性；电池质量块角度为 0 时，稳心高最大，对应俯仰角最小。对滑翔机海洋试验数据进行分析时需注意以下问题。

（1）海流影响。ADCP 测流的置信度参数为 PG4，当 PG4＞99 时，ADCP 的海流测量值有效；当 PG4＜99 时，海流测量值无效，可选用相邻位置处的有效数据。滑翔机以三维滑翔的姿态克服海流影响，最终获得一个二维滑翔的轨迹。

（2）海流数据为 257×100 的矩阵，即每小时测 12 个数据（0 时刻 11 个数据，1～20 时刻 12×20 个数据，21 时刻 6 个数据，共计 257 个数据），每 5min 一个数据。在深度上，每 8m 一个数据，共计 100 个数据，海流测量值的最大深度为 800m。试验区的海流有对流现象，这是试验海区海流特有的现象。

（3）海流数据的北向、东向、垂向三个方向和惯性坐标系定义相同。载体的初始航向角度 ψ 并不为 0，滑翔机航向角度 ψ 的实际测量值为–300°～300°，而航向角度为 0～360°。这种情况不能将实际测量值直接转换为 0～360°。实际测量值范围的负值部分是由传感器溢出造成的，溢出值为$0.01\times(2^{16}-1)$，即当测量值为负值时，须将该负值加上溢出值转换为实际航向角；如果测量值为正值，则为航向角。

（4）水流数据。X、Z 向海流速度分别影响滑翔机相应方向上的运动。Y 向的海流通过滑翔机横滚运动产生的偏航角速度来抵消。在试验中，通过横滚运动来间歇性地减弱或抵消海流对滑翔机航向的影响。

（5）滑翔机在垂直面运动的速度：

$$V_{\mathrm{eqr}}=\frac{\sqrt{|\bar{m}|g}}{[(K_{D0}+K_D\alpha_{\mathrm{eq}}^2)^2+(K_{L0}+K_L\alpha_{\mathrm{eq}})^2]^{\frac{1}{4}}}$$

滑翔机的合速度与海水密度、压力有关。净浮力随密度变化而变化，密度变化和体积变化对净浮力的增量如式（4.80）所示：

$$\begin{aligned}&(\rho+\Delta\rho)(V_{\mathrm{volume}}-\Delta V_{\mathrm{volume}})-\rho V\\&=\Delta\rho V_{\mathrm{volume}}-\rho\Delta V_{\mathrm{volume}}-\Delta\rho\Delta V_{\mathrm{volume}}\end{aligned}\tag{4.80}$$

式中，$\Delta\rho V_{\mathrm{volume}}$起主要作用；$-\rho\Delta V_{\mathrm{volume}}$和$-\Delta\rho\Delta V_{\mathrm{volume}}$会起到一定的相互抵消的作用，体积变化和密度变化对净浮力的影响是相反的。滑翔机实际垂向速度会受密度变化的影响。在下潜过程中，净浮力逐渐变小为 0，所以速度逐渐变小为 0，下潜过程相对稳定。在上浮过程中，净浮力反向，加上密度变化的影响，特别是下潜切换到上浮的瞬间，滑翔机的速度最大；上浮过程中滑翔机的速度波动也较大，直到滑翔机浮出水面，净浮力逐渐趋近于给定的名义净浮力，所以上浮过程时间短，且稳定性比下潜过程差。在试验中，上浮和下潜均设定最大的净浮力为 0.5kg，净浮力的变化如式（4.81）所示：

$$\begin{cases}\text{下潜过程:}\ \bar{m}=\bar{m}_{\mathrm{normal}}-\Delta m_{\text{浮}},\ \ \bar{m}\text{逐渐变小,}\quad \bar{m}>0\\\text{上浮过程:}\ \bar{m}=\bar{m}_{\mathrm{normal}}-\Delta m_{\text{浮}},\ \ \bar{m}\text{逐渐变大,}\quad \bar{m}<0\end{cases}\tag{4.81}$$

（6）滑翔机动力学模型中的速度需考虑海流的影响，通过下式将海流速度折算到动坐标系中：

$$\boldsymbol{V}_r=\boldsymbol{V}-\boldsymbol{R}_{\mathrm{EB}}^{-1}\boldsymbol{V}_{\mathrm{current}}$$

（7）动力学模型中俯仰角振荡的问题。当电池质量块有旋转角度 γ 时，在电池质量块移动量不变的情况下，相对于剖面锯齿滑翔，稳心高变小。稳心高变小后，俯仰角变大。俯仰角的波动部分的值都比稳定部分小，因为波动部分对应的 γ 角要小。垂向速度的波动在开始上浮时较大，随上浮深度的减小，波动逐渐变小，因为上浮过程波动的影响主要是受到净浮力的影响。净浮力在从下潜切换到上浮时，速度的跳跃波动是整个滑翔过程中最大的。

（8）滑翔机横滚方向上的波动。壳体质量块的质心位置较高时，电池质量块转动后所带来的横滚波动相对较小，系统退化为不活泼的惰性系统。壳体质量块稳心低时，横滚波动相对较大。

（9）下潜和上浮切换过程中，通常是先调净浮力；当净浮力为零时，系统的速度会降下来；接下来调节俯仰角，最后调节横滚角。

滑翔机海试试验结果如图 4.23 所示。

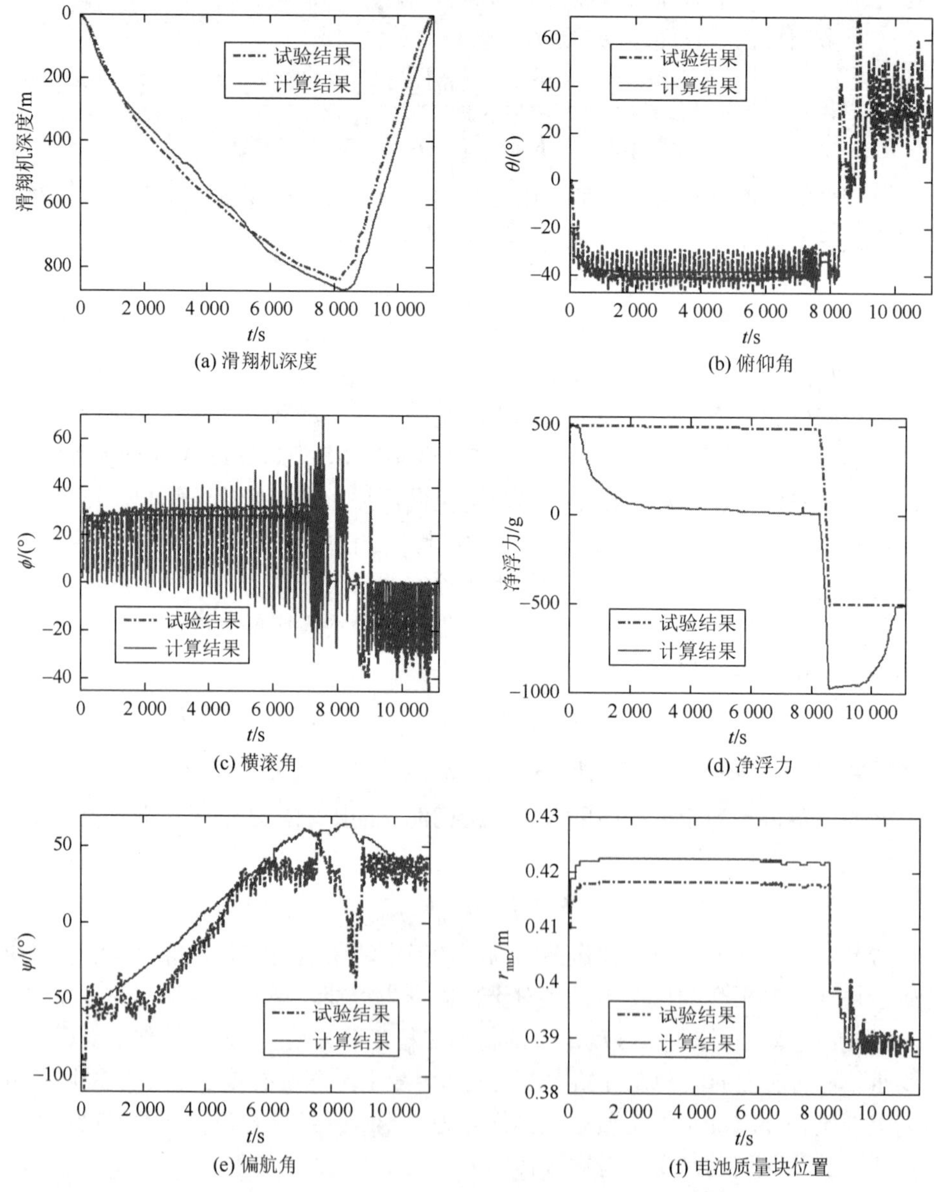

(a) 滑翔机深度　(b) 俯仰角
(c) 横滚角　(d) 净浮力
(e) 偏航角　(f) 电池质量块位置

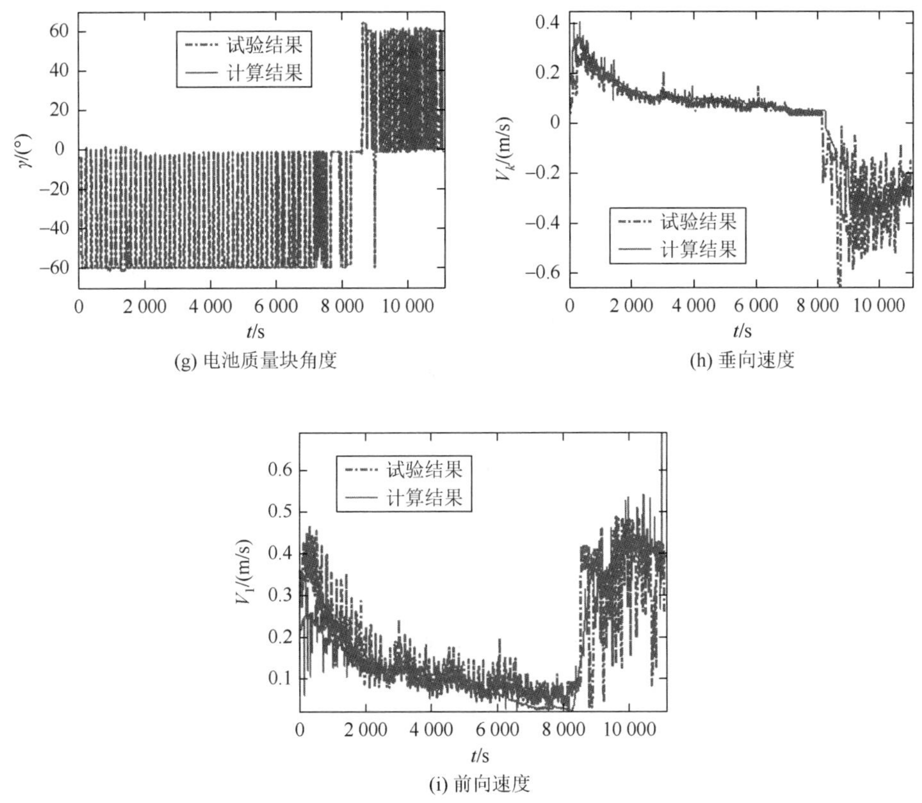

图 4.23 滑翔机海试试验结果（见书后彩图）

4.5 俯仰姿态切换控制研究

垂直面滑翔有如下特性：$\boldsymbol{b}=[x \quad 0 \quad z]^{\mathrm{T}}$，净浮力块 $\boldsymbol{r}_{\mathrm{b}}=[r_{\mathrm{b}x} \quad 0 \quad 0]^{\mathrm{T}}$，壳体 $\boldsymbol{r}_{\mathrm{rb}}=[r_{\mathrm{rb}x} \quad 0 \quad r_{\mathrm{rb}z}]^{\mathrm{T}}$，可动电池质量块只移动不转动，即 $\gamma=0$，$\boldsymbol{r}_{\mathrm{mr}}=[r_{\mathrm{mr}x} \quad 0 \quad r_{\mathrm{mr}z}]^{\mathrm{T}}$。净浮力块和电池质量块位置的导数为 $\dot{\boldsymbol{r}}_{\mathrm{b}}=\mathbf{0}$，$\dot{\boldsymbol{r}}_{\mathrm{mr}}=[\dot{r}_{\mathrm{mr}x} \quad 0 \quad 0]^{\mathrm{T}}$；姿态只和俯仰角有关，即 $\boldsymbol{R}_{\mathrm{EB}}^{\mathrm{T}}\boldsymbol{k}=[-\sin\theta \quad 0 \quad \cos\theta]^{\mathrm{T}}$。垂直面运动有三个自由度，其速度和角速度分别为 $\boldsymbol{V}=[V_1 \quad 0 \quad V_3]^{\mathrm{T}}$，$\boldsymbol{\Omega}=[0 \quad q \quad 0]^{\mathrm{T}}$，电机驱动的动质量块速度为 $\boldsymbol{V}_{\mathrm{mr}}=[V_{\mathrm{mr}x} \quad 0 \quad 0]^{\mathrm{T}}$。取 $\boldsymbol{M}_{\mathrm{s}}=m_{\mathrm{rb}}\boldsymbol{I}+m_{\mathrm{b}}\boldsymbol{I}+\boldsymbol{M}_{\mathrm{f}}$，$\boldsymbol{I}_{\mathrm{s}}=\boldsymbol{I}_{\mathrm{tc}}=\boldsymbol{I}_{\mathrm{rb}}+\boldsymbol{I}_{\mathrm{b}}+\boldsymbol{I}_{\mathrm{mr}}+\boldsymbol{I}_{\mathrm{f}}$，并代入六自由度的动力学方程进行化简，可以获得垂直面的动力学方程，如式（4.82）所示：

$$\begin{cases}\dot{x}=V_1\cos\theta+V_3\sin\theta=V_x\\ \dot{z}=-V_1\sin\theta+V_3\cos\theta=V_z\\ \dot{\theta}=q\\ \dot{V}_1=\dfrac{1}{m_{s1}}(L\sin\alpha-D\cos\alpha-m_{s3}V_3q-m_{mr}V_3q+m_{mr}q^2r_{mrx}-m_bg\sin\theta-U_{Fmr1})\\ \dot{V}_3=\dfrac{1}{m_{s3}}(-L\cos\alpha-D\sin\alpha+m_{s1}V_1q-m_{mr}V_1q-m_{mr}q^2r_{mrz}+2P_1q+m_bg\cos\theta)\\ \dot{q}=\dfrac{1}{I_{s2}}[M+(m_{s3}-m_{s1})V_1V_3+(2m_{mr}r_{mrx}r_{mrz}q+m_{mr}V_1r_{mrx}-m_{mr}V_3r_{mrz}-2r_{mrx}P_1)q\\ \quad -m_{mr}g(r_{mrx}\cos\theta+r_{mrz}\sin\theta)-m_{rb}g(r_{rbx}\cos\theta+r_{rbz}\sin\theta)-r_{mrz}U_{Fmr1}]\\ \dot{r}_{mrx}=\dfrac{1}{m_{mr}}P_1-V_1-qr_{mrz}\\ \dot{P}_1=U_{Fmr1}\\ \dot{m}_b=u_b\end{cases} \tag{4.82}$$

本节基于 LQR 控制方法，分析了在净浮力一定的情况下，通过改变 r_{mr} 使滑翔机在不同俯仰角下滑翔的切换控制方法，此方法在文献[4]中有所介绍。我们定义了滑翔机的跟踪误差 z'，如图 4.24 所示，z' 垂直于期望轨迹，并量测了该方向上的误差。当 $z'=0$ 时，滑翔机从当前轨迹切换到期望轨迹上，通过坐标变换可以得到

$$\begin{bmatrix}x'\\ z'\end{bmatrix}=\begin{bmatrix}\cos\sigma & -\sin\sigma\\ \sin\sigma & \cos\sigma\end{bmatrix}\begin{bmatrix}x\\ z\end{bmatrix} \tag{4.83}$$

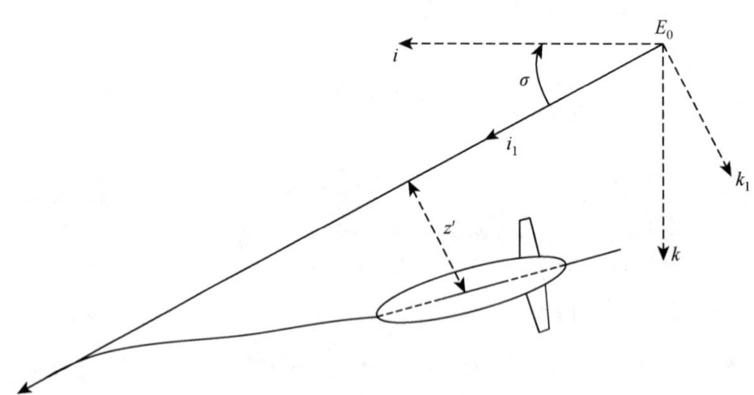

图 4.24　滑翔机跟踪误差定义

期望的航迹角 σ 为常值，对式（4.83）求导，可以得到

$$\dot{z}'=\sin\sigma(V_1\cos\theta+V_3\sin\theta)+\cos\sigma(-V_1\sin\theta+V_3\cos\theta) \tag{4.84}$$

因此，取状态量为 $\boldsymbol{X}=[z' \quad \theta \quad V_1 \quad V_3 \quad q \quad r_{mrx} \quad P_1 \quad \bar{m}]^{\mathrm{T}}$，取控制输入量为动

质量块受到的推力和滑翔机净浮力的变化量，即$\boldsymbol{U}=[U_{\text{Fmr1}}\quad u_{\text{b}}]_{\text{b}}^{\text{T}}$，联立式（4.82）和式（4.84）中对应的状态方程量，将剖面锯齿滑翔的非线性模型表示为

$$\boldsymbol{F}(\dot{\boldsymbol{X}},\boldsymbol{X},\boldsymbol{U})=\boldsymbol{0} \tag{4.85}$$

对式（4.85）进行线性化处理，可得

$$\Delta\dot{\boldsymbol{X}}=\boldsymbol{A}\Delta\boldsymbol{X}+\boldsymbol{B}\Delta\boldsymbol{U} \tag{4.86}$$

式中

$$\boldsymbol{A}=-\left[\left(\frac{\partial\boldsymbol{F}}{\partial\dot{\boldsymbol{X}}}\right)^{-1}\left(\frac{\partial\boldsymbol{F}}{\partial\boldsymbol{X}}\right)\right]_{\text{eq}},\quad \boldsymbol{B}=-\left[\left(\frac{\partial\boldsymbol{F}}{\partial\dot{\boldsymbol{X}}}\right)^{-1}\left(\frac{\partial\boldsymbol{F}}{\partial\boldsymbol{U}}\right)\right]_{\text{eq}}$$

有：

$$\boldsymbol{A}=\begin{bmatrix}0 & a_{12} & a_{13} & a_{14} & 0 & 0 & 0 & 0\\ 0 & 0 & 0 & 0 & a_{25} & 0 & 0 & 0\\ 0 & a_{32} & a_{33} & a_{34} & a_{35} & a_{36} & 0 & a_{38}\\ 0 & a_{42} & a_{43} & a_{44} & a_{45} & 0 & a_{47} & a_{48}\\ 0 & a_{52} & a_{53} & a_{54} & a_{55} & a_{56} & a_{57} & 0\\ 0 & 0 & a_{63} & 0 & a_{65} & 0 & a_{67} & 0\\ 0 & 0 & 0 & 0 & 0 & 0 & 0 & 0\\ 0 & 0 & 0 & 0 & 0 & 0 & 0 & 0\end{bmatrix}_{\text{eq}},\quad \boldsymbol{B}=\begin{bmatrix}0 & 0\\ 0 & 0\\ b_{31} & 0\\ 0 & 0\\ b_{51} & 0\\ 0 & 0\\ b_{71} & 0\\ 0 & b_{82}\end{bmatrix}_{\text{eq}}$$

将攻角α表示为状态向量$\boldsymbol{V}_1$、$\boldsymbol{V}_3$的函数，即$\alpha=\arctan\left(\dfrac{\boldsymbol{V}_3}{\boldsymbol{V}_1}\right)$，用于将式（4.85）线性化。

$$\alpha_{V1}=\frac{\partial\alpha}{\partial\boldsymbol{V}_1}=\frac{1}{\sec^2\alpha}\left(-\frac{\boldsymbol{V}_3}{\boldsymbol{V}_1^2}\right)=\frac{-\boldsymbol{V}_3}{\boldsymbol{V}^2},\quad \alpha_{V3}=\frac{\partial\alpha}{\partial\boldsymbol{V}_3}=\frac{1}{\sec^2\alpha}\left(\frac{1}{\boldsymbol{V}_1}\right)=\frac{\boldsymbol{V}_1}{\boldsymbol{V}^2} \tag{4.87}$$

将水动力中的升力、阻力和俯仰力矩等进行线性化处理：

$$D_{V1}=2V_1(K_{D0}+K_D\alpha^2),\quad D_{V3}=2V_3(K_{D0}+K_D\alpha^2),\quad D_\alpha=2K_D\alpha V^2$$

$$L_{V1}=2V_1(K_{L0}+K_L\alpha),\quad L_{V3}=2V_3(K_{L0}+K_L\alpha),\quad L_\alpha=K_LV^2$$

$$M_{V1}=2V_1(K_{\text{M0}}+K_{\text{M}}\alpha+K_qq),\quad M_{V3}=2V_3(K_{\text{M0}}+K_{\text{M}}\alpha+K_qq)$$

$$M_\alpha=K_{\text{M}}V^2,\quad M_q=K_qV^2$$

矩阵$\boldsymbol{A}$、$\boldsymbol{B}$中其他各项如下：

$$a_{12}=-V,\quad a_{13}=-\sin\alpha,\quad a_{14}=\cos\alpha,\quad a_{25}=1$$

$$a_{32}=\frac{-m_{\text{b}}g\cos\theta}{m_{\text{s1}}},\quad a_{33}=\frac{1}{m_{\text{s1}}}[(L_{V1}+L_\alpha\alpha_{V1})\sin\alpha-(D_{V1}+D_\alpha\alpha_{V1})\cos\alpha+\alpha_{V1}(L\cos\alpha+D\sin\alpha)]$$

$$a_{34}=\frac{1}{m_{\text{s1}}}[(L_{V3}+L_\alpha\alpha_{V3})\sin\alpha-(D_{V3}+D_\alpha\alpha_{V3})\cos\alpha+\alpha_{V3}(L\cos\alpha+D\sin\alpha)-(m_{\text{s3}}+m_{\text{mr}})q]$$

$$a_{35}=\frac{1}{m_{s1}}[-(m_{s3}+m_{mr})V_3+2m_{mr}qr_{mrx}],\quad a_{36}=\frac{m_{mr}q^2}{m_{s1}}$$

$$a_{38}=-\frac{g\sin\theta}{m_{s1}},\quad b_{31}=-\frac{1}{m_{s1}}$$

$$a_{42}=\frac{-m_b g\sin\theta}{m_{s3}}$$

$$a_{43}=\frac{-(L_{V1}+L_\alpha\alpha_{V1})\cos\alpha-(D_{V1}+D_\alpha\alpha_{V1})\sin\alpha+(L\sin\alpha-D\cos\alpha)\alpha_{V1}+(m_{s1}-m_{mr})q}{m_{s3}}$$

$$a_{44}=\frac{-(L_{V3}+L_\alpha\alpha_{V3})\cos\alpha-(D_{V3}+D_\alpha\alpha_{V3})\sin\alpha+(L\sin\alpha-D\cos\alpha)\alpha_{V3}}{m_{s3}}$$

$$a_{45}=\frac{(m_{s_1}-m_{mr})V_1+2P_1-2m_{mr}qr_{mrz}}{m_{s3}},\quad a_{47}=\frac{2q}{m_{s3}},\quad a_{48}=\frac{g\cos\theta}{m_{s3}}$$

$$a_{52}=\frac{m_{mr}g(r_{mrx}\sin\theta-r_{mrz}\cos\theta)+m_{rb}g(r_{rbx}\sin\theta-r_{rbz}\cos\theta)}{I_{s2}}$$

$$a_{53}=\frac{M_{V1}+M_\alpha\alpha_{V1}+(m_{s3}-m_{s1})V_3+m_{mr}r_{mrx}q}{I_{s2}}$$

$$a_{54}=\frac{M_{V3}+M_\alpha\alpha_{V3}+\left(m_{s3}-m_{s1}\right)V_1-m_{mr}r_{mrz}q}{I_{s2}}$$

$$a_{55}=\frac{M_q+4m_{mr}qr_{mrz}r_{mrx}-m_{mr}V_3r_{mrz}-2P_1r_{mrx}+m_{mr}V_1r_{mrx}}{I_{s2}}$$

$$a_{56}=\frac{-m_{mr}g\cos\theta}{I_{s2}},\quad a_{57}=\frac{-2r_{mrx}q}{I_{s2}}$$

$$a_{63}=-1,\quad a_{65}=-r_{mrz},\quad a_{67}=\frac{1}{m_{mr}},\quad b_{51}=\frac{-r_{mrz}}{I_{s2}}$$

$$b_{71}=1,\quad b_{82}=1$$

对状态方程线性化后，采用 LQR 控制方法设计控制律，分析滑翔机在不同状态下的切换。LQR 是一种标准的二次线性最优控制方法，选取系统各状态的变化量和各控制量的变化量的平方作为性能函数，并通过给定控制量和控制状态之间的权重函数，设计一个局部的稳态控制器。通常性能函数选取为

$$J=\int_0^\infty \Delta\boldsymbol{X}^{\mathrm{T}}\boldsymbol{Q}\Delta\boldsymbol{X}+\Delta\boldsymbol{U}^{\mathrm{T}}\boldsymbol{R}\Delta\boldsymbol{U}\mathrm{d}t \tag{4.88}$$

式中，$\boldsymbol{Q}$、$\boldsymbol{R}$ 为权重矩阵，通过合理地选取 $\boldsymbol{Q}$、$\boldsymbol{R}$，结合滑翔机实际的状态，使切换过程中的控制量变化和状态量变化在滑翔机允许的范围内。仿真分析了当净浮力 $|\overline{m}|=0.15\text{kg}$ 时的两组状态之间的切换控制，即让滑翔机在俯仰角为 26°～44°范围进行切换，相应的滑翔机的状态 $\boldsymbol{X}$ 取为

$$\boldsymbol{X}_1 = [0\text{m} \quad -0.780\text{rad} \quad 0.379\text{m/s} \quad 0.0064\text{m/s} \quad 0\text{rad/s} \quad 0.432\text{m} \quad 4.176\text{kg}\cdot\text{m/s} \quad 0.15\text{kg}]^{\text{T}}$$

$$\boldsymbol{X}_2 = [0\text{m} \quad -0.460\text{rad} \quad 0.302\text{m/s} \quad 0.0100\text{m/s} \quad 0\text{rad/s} \quad 0.417\text{m} \quad 3.321\text{kg}\cdot\text{m/s} \quad 0.15\text{kg}]^{\text{T}}$$

选取 LQR 控制器权重为

$$\boldsymbol{Q} = \text{diag}([0.05 \quad 0.5 \quad 2 \quad 10 \quad 10 \quad 1 \quad 1 \quad 15])$$

$$\boldsymbol{R} = \text{diag}([1 \quad 1])$$

相对应的控制律为$\boldsymbol{U} = -\boldsymbol{K}\Delta\boldsymbol{X}$，通过解关于$\boldsymbol{A}$、$\boldsymbol{B}$、$\boldsymbol{Q}$、$\boldsymbol{R}$的 Riccati 方程可以得到控制量$\boldsymbol{K}$。切换中应使滑翔机的俯仰角变化量、净浮力变化量、动质量块的速度变化波动较小。在图 4.25 和图 4.26 中给出了 MATLAB 仿真结果。在$t = 800\text{s}$, 1600s, 2400s, 3200s 时，滑翔机在这两个状态之间切换。从仿真结果可以看出，系统的各个状态波动较小，切换过程较为平稳，且动质量块的移动量和净浮力质量的变化都在滑翔机允许的范围内。仿真结果验证了这种控制方法的有效性。

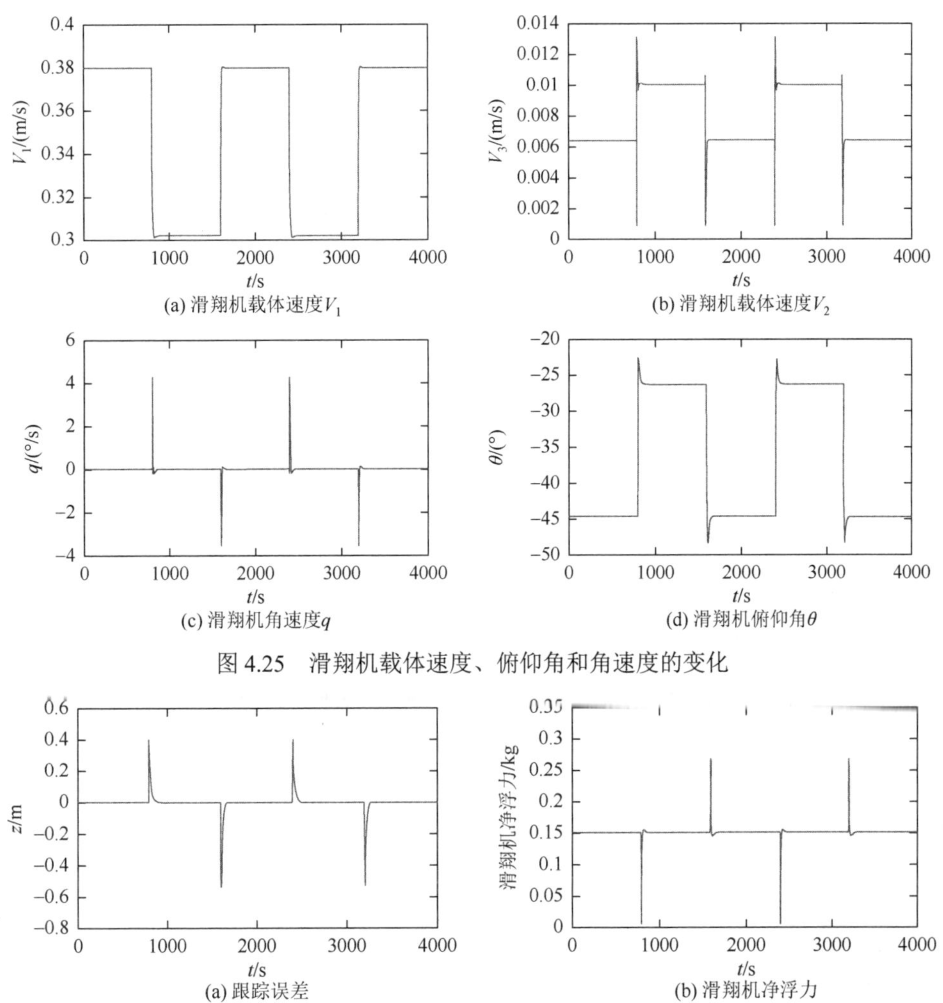

(a) 滑翔机载体速度V_1　(b) 滑翔机载体速度V_2

(c) 滑翔机角速度q　(d) 滑翔机俯仰角θ

图 4.25　滑翔机载体速度、俯仰角和角速度的变化

(a) 跟踪误差　(b) 滑翔机净浮力

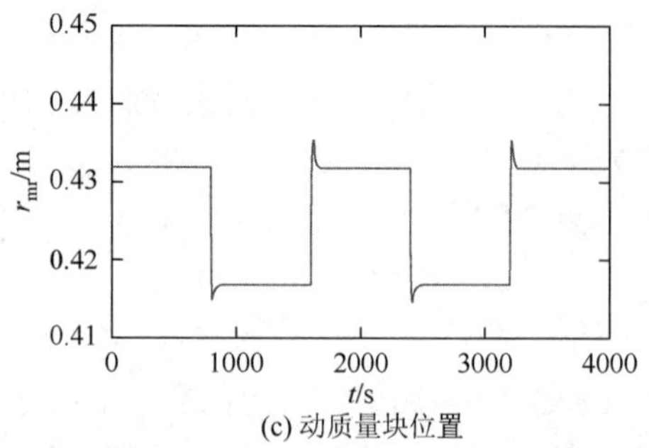

(c) 动质量块位置

图 4.26　滑翔机动质量块位置、净浮力的变化及跟踪误差

在实际的系统中，可以根据剖面锯齿滑翔的结果，先将电池质量块移动到相对应的位置上，再根据俯仰角等反馈信息进行微调，这和 LQR 线性化的过程是一致的。如图 4.27 所示，当电池质量块不移动时，系统在垂直面有确定的一个稳心高，即 h，其平衡关系如下：

$$m_{all}gr_{all}=m_{mr}gr_{mrx} \tag{4.89}$$

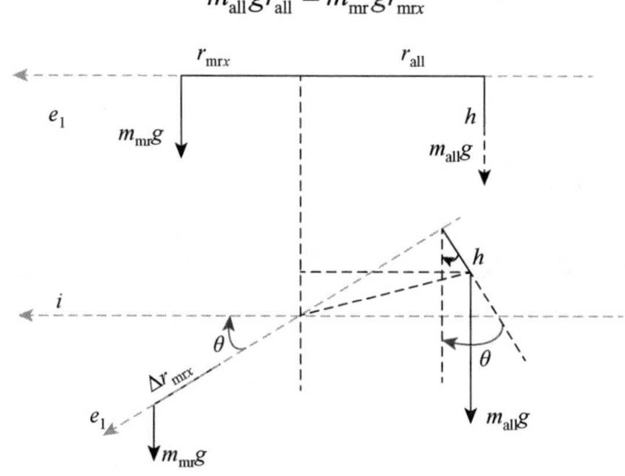

图 4.27　垂直面运动近似的受力关系

若电池质量块偏移量为 Δr_{mrx}，系统的稳心高产生的力矩会和 Δr_{mrx} 产生的力矩平衡，以使俯仰方向上的力矩平衡，一方面有初始配平下的力矩平衡，另一方面有稳心高变化引起的力矩平衡，将这两个平衡叠加：

$$m_{all}gL_1\cos\theta=m_{mr}gr_{mrx}\cos\theta \tag{4.90}$$

$$m_{all}gh\sin\theta=m_{mr}g\Delta r_{mrx}\cos\theta \tag{4.91}$$

因此，电池质量块移动的位置可以线性化表示为

$$\Delta r_{mrx}=\frac{m_{all}h}{m_{mr}}\tan\theta \tag{4.92}$$

实际滑翔机在垂直面的控制基于式（4.92）得到，也是对垂直面动力学方程的一个近似的线性化表示。三维的运动和平衡关系也可以基于相似的方法获得。

4.6 下潜和上浮切换控制研究

在滑翔机的实际控制中，只是对电机的速度进行控制，将滑翔机向上滑翔和向下滑翔看作一个缓慢变化的过程，文献[5]介绍了针对这种情况的切换控制方法。在这个过程中，电池质量块的移动不影响系统的力矩和加速度，即不分析电池质量块的线加速度和角加速度，将速度V_1、V_3用合速度V和攻角α表示，所以取

$$\begin{cases} V_1 = V\cos\alpha \\ V_3 = V\sin\alpha \end{cases} \tag{4.93}$$

对式（4.93）求导，并化简可以得到

$$\begin{bmatrix} \dot{V}_1 \\ \dot{V}_3 \end{bmatrix} = \begin{bmatrix} \cos\alpha & -\sin\alpha \\ \sin\alpha & \cos\alpha \end{bmatrix} \begin{bmatrix} \dot{V} \\ V\dot{\alpha} \end{bmatrix} \tag{4.94}$$

所以

$$\begin{bmatrix} \dot{V} \\ V\dot{\alpha} \end{bmatrix} = \begin{bmatrix} \cos\alpha & \sin\alpha \\ -\sin\alpha & \cos\alpha \end{bmatrix} \begin{bmatrix} \dot{V}_1 \\ \dot{V}_3 \end{bmatrix} \tag{4.95}$$

将式（4.94）代入式（4.82），忽略其中的加速度和控制力项P_1、U_{Fmr1}，并代入升力等水动力项的表达式，可将式（4.82）简化为

$$\begin{cases} f_V = \dot{V} = Vq\sin\alpha\cos\alpha\left(\dfrac{m_{\mathrm{s1}}}{m_{\mathrm{s3}}} - \dfrac{m_{\mathrm{s3}}}{m_{\mathrm{s1}}}\right) - \dfrac{m_{\mathrm{b}}g}{m_{\mathrm{s1}}}\cos\alpha\sin\theta + \dfrac{m_{\mathrm{b}}g}{m_{\mathrm{s3}}}\cos\theta\sin\alpha \\ \qquad - (K_{D0} + K_D\alpha^2)V^2\left(\dfrac{\sin^2\alpha}{m_{\mathrm{s3}}} + \dfrac{\cos^2\alpha}{m_{\mathrm{s1}}}\right) + (K_{L0} + K_L\alpha)V^2\sin\alpha\cos\alpha\left(\dfrac{1}{m_{\mathrm{s1}}} - \dfrac{1}{m_{\mathrm{s3}}}\right) \\ f_q = \dot{q} = \dfrac{1}{I_{\mathrm{s2}}}[(m_{\mathrm{s3}} - m_{\mathrm{s1}})V^2\sin\alpha\cos\alpha - m_{\mathrm{mr}}g(r_{\mathrm{mr}x}\cos\theta + r_{\mathrm{mr}z}\sin\theta) \\ \qquad - m_{\mathrm{rb}}g(r_{\mathrm{rb}x}\cos\theta + r_{\mathrm{rb}z}\sin\theta) + (K_{\mathrm{M}0} + K_{\mathrm{M}}\alpha + K_q q)V^2] \\ f_\alpha = \dot{\alpha} = q\left(\dfrac{m_{\mathrm{s3}}}{m_{\mathrm{s1}}}\sin^2\alpha + \dfrac{m_{\mathrm{s1}}}{m_{\mathrm{s3}}}\cos^2\alpha\right) + \dfrac{m_{\mathrm{b}}g}{V}\left(\dfrac{\sin\alpha\sin\theta}{m_{\mathrm{s1}}} + \dfrac{\cos\alpha\cos\theta}{m_{\mathrm{s3}}}\right) \\ \qquad + (K_{D0} + K_D\alpha^2)V\cos\alpha\sin\alpha\left(\dfrac{1}{m_{\mathrm{s1}}} - \dfrac{1}{m_{\mathrm{s3}}}\right) - (K_{L0} + K_L\alpha)V\left(\dfrac{\sin^2\alpha}{m_{\mathrm{s1}}} + \dfrac{\cos^2\alpha}{m_{\mathrm{s3}}}\right) \\ \dot{\theta} = q \\ \dot{m}_{\mathrm{b}} = U_{\bar{\mathrm{m}}} \\ \dot{r}_{\mathrm{mr}x} = U_{\mathrm{mr}x} \end{cases} \tag{4.96}$$

在滑翔机从稳态向下滑翔转换为稳态向上滑翔的过程中，应尽可能减少电池质量块的移动和净浮力变化的波动，因此将电池质量块的位置变化量与净浮力控制量的平方和作为优化的目标函数，取性能函数为

$$J=\int_0^{t_\mathrm{f}}\frac{1}{2}(R_{\mathrm{mr}x}U_{\mathrm{mr}x}^2+R_{\bar{\mathrm{m}}}U_{\bar{\mathrm{m}}}^2)\mathrm{d}t \tag{4.97}$$

分析滑翔机在 $t=[t_0,t_\mathrm{f}]$ 范围内，从初始状态

$$V(t_0)=V_0,\quad \alpha(t_0)=\alpha_0,\quad \theta(t_0)=\theta_0,\quad q(t_0)=q_0,\quad r_{\mathrm{mr}x}(t_0)=r_{\mathrm{mr}0},\quad m_\mathrm{b}(t_0)=\bar{m}_0 \tag{4.98}$$

切换到终止状态

$$V(t_\mathrm{f})=V_\mathrm{f},\quad \alpha(t_\mathrm{f})=\alpha_\mathrm{f},\quad \theta(t_\mathrm{f})=\theta_\mathrm{f},\quad q(t_\mathrm{f})=q_\mathrm{f},\quad r_{\mathrm{mr}x}(t_\mathrm{f})=r_{\mathrm{mrf}},\quad m_\mathrm{b}(t_\mathrm{f})=\bar{m}_\mathrm{f} \tag{4.99}$$

的控制，可由式（4.96）～式（4.99）等效为一个基于哈密顿函数的两点边值最优控制问题。对应的广义拉格朗日函数为

$$\begin{aligned}J=\int_0^{t_\mathrm{f}}&\left\{\frac{1}{2}(R_{\mathrm{mr}x}U_{\mathrm{mr}x}^2+R_{\bar{\mathrm{m}}}U_{\bar{\mathrm{m}}}^2)+\lambda_V[f(\dot{V})-\dot{V}]+\lambda_\alpha[f(\dot{\alpha})-\dot{\alpha}]\right.\\&\left.+\lambda_q[f(\dot{q})-\dot{q}]+\lambda_\theta(q-\dot{\theta})+\lambda_{\bar{\mathrm{m}}}(U_{\bar{\mathrm{m}}}-\dot{\bar{m}})+\lambda_{r_{\mathrm{rm}x}}(U_{\mathrm{mr}x}-\dot{r}_{\mathrm{rm}x})\right\}\mathrm{d}t\end{aligned} \tag{4.100}$$

可以取 $\boldsymbol{\lambda}=[\lambda_V\quad \lambda_\alpha\quad \lambda_{\Omega_2}\quad \lambda_\theta\quad \lambda_{\bar{m}}\quad \lambda_{r_{\mathrm{rm}x}}]^\mathrm{T}$ 为拉格朗日乘子，$\boldsymbol{u}=[U_{\bar{\mathrm{m}}}\quad U_{\mathrm{mr}x}]$ 为控制输入，$\boldsymbol{x}=[V\quad \alpha\quad q\quad \theta\quad m_\mathrm{b}\quad r_{\mathrm{mr}x}]^\mathrm{T}$ 为滑翔机动力学系统的状态量，得到相应的哈密顿函数为

$$H=\frac{1}{2}(R_{\mathrm{mr}x}U_{\mathrm{mr}x}^2+R_{\bar{\mathrm{m}}}U_{\bar{\mathrm{m}}}^2)+\lambda_V f_V+\lambda_\alpha f_\alpha+\lambda_q f_q+\lambda_\theta q+\lambda_{\bar{\mathrm{m}}}U_{\bar{\mathrm{m}}}+\lambda_{r_{\mathrm{rm}x}}U_{\mathrm{mr}x} \tag{4.101}$$

所以有

$$\frac{\partial H}{\partial \boldsymbol{x}}+\dot{\boldsymbol{\lambda}}=0 \tag{4.102}$$

$$\frac{\partial H}{\partial \boldsymbol{\lambda}}=\dot{\boldsymbol{x}} \tag{4.103}$$

$$\frac{\partial H}{\partial \boldsymbol{u}}=0 \tag{4.104}$$

通过式（4.102）～式（4.104）可以求得最优的解 $\boldsymbol{u}^*$。由式（4.104）可知

$$U_{\bar{\mathrm{m}}}^*=-\frac{\lambda_{\bar{\mathrm{m}}}}{R_{\bar{\mathrm{m}}}},\quad U_{\mathrm{mr}x}^*=-\frac{\lambda_{r_{\mathrm{mr}x}}}{R_{\mathrm{mr}x}} \tag{4.105}$$

由式（4.102）可以推得拉格朗日乘子 $\boldsymbol{\lambda}$ 的导数为

$$\begin{cases}\dfrac{\partial H}{\partial V}=-\dot{\lambda}_V=\lambda_V\dfrac{\partial f_V}{\partial V}+\lambda_\alpha\dfrac{\partial f_\alpha}{\partial V}+\lambda_q\dfrac{\partial f_q}{\partial V}\\ \dfrac{\partial H}{\partial \alpha}=-\dot{\lambda}_\alpha=\lambda_V\dfrac{\partial f_V}{\partial \alpha}+\lambda_\alpha\dfrac{\partial f_\alpha}{\partial \alpha}+\lambda_q\dfrac{\partial f_q}{\partial \alpha}\\ \dfrac{\partial H}{\partial \theta}=-\dot{\lambda}_\theta=\lambda_V\dfrac{\partial f_V}{\partial \theta}+\lambda_\alpha\dfrac{\partial f_\alpha}{\partial \theta}+\lambda_q\dfrac{\partial f_q}{\partial \theta}\\ \dfrac{\partial H}{\partial q}=-\dot{\lambda}_q=\lambda_V\dfrac{\partial f_V}{\partial q}+\lambda_\alpha\dfrac{\partial f_\alpha}{\partial q}+\lambda_\theta\dfrac{\partial f_\theta}{\partial q}+\lambda_q\dfrac{\partial f_q}{\partial q}\\ \dfrac{\partial H}{\partial \overline{m}}=-\dot{\lambda}_{\overline{\mathrm{m}}}=\lambda_V\dfrac{\partial f_V}{\partial \overline{m}}+\lambda_\alpha\dfrac{\partial f_\alpha}{\partial \overline{m}}\\ \dfrac{\partial H}{\partial r_{\mathrm{mrx}}}=-\dot{\lambda}_{r_{\mathrm{mrx}}}=\lambda_q\dfrac{\partial f_q}{\partial r_{\mathrm{mrx}}}\end{cases} \tag{4.106}$$

式（4.106）中的各项导数如下：

$$\begin{aligned}\frac{\partial f_V}{\partial \alpha}=&Vq\cos 2\alpha\left(\frac{m_{\mathrm{s1}}}{m_{\mathrm{s3}}}-\frac{m_{\mathrm{s3}}}{m_{\mathrm{s1}}}\right)+\frac{m_{\mathrm{b}}g}{m_{\mathrm{s1}}}\sin\alpha\sin\theta+\frac{m_{\mathrm{b}}g}{m_{\mathrm{s3}}}\cos\theta\cos\alpha\\ &+(K_{L0}+K_L\alpha)V^2\cos 2\alpha\left(\frac{1}{m_{\mathrm{s1}}}-\frac{1}{m_{\mathrm{s3}}}\right)-2K_D\alpha V^2\left(\frac{\sin^2\alpha}{m_{\mathrm{s3}}}+\frac{\cos^2\alpha}{m_{\mathrm{s1}}}\right)\\ &-(K_{D0}+K_D\alpha^2)V^2\sin 2\alpha\left(\frac{1}{m_{\mathrm{s3}}}-\frac{1}{m_{\mathrm{s1}}}\right)+K_L\frac{\sin 2\alpha}{2}V^2\left(\frac{1}{m_{\mathrm{s1}}}-\frac{1}{m_{\mathrm{s3}}}\right)\end{aligned}$$

$$\begin{aligned}\frac{\partial f_V}{\partial V}=&q\frac{\sin 2\alpha}{2}\left(\frac{m_{\mathrm{s1}}}{m_{\mathrm{s3}}}-\frac{m_{\mathrm{s3}}}{m_{\mathrm{s1}}}\right)-2V(K_{D0}+K_D\alpha^2)\left(\frac{\sin^2\alpha}{m_{\mathrm{s3}}}+\frac{\cos^2\alpha}{m_{\mathrm{s1}}}\right)\\ &+V(K_{L0}+K_L\alpha)\sin 2\alpha\left(\frac{1}{m_{\mathrm{s1}}}-\frac{1}{m_{\mathrm{s3}}}\right)\end{aligned}$$

$$\frac{\partial f_V}{\partial \theta}=-\frac{m_{\mathrm{b}}g}{m_{\mathrm{s1}}}\cos\alpha\cos\theta-\frac{m_{\mathrm{b}}g}{m_{\mathrm{s3}}}\sin\theta\sin\alpha$$

$$\frac{\partial f_V}{\partial q}=\frac{V\sin 2\alpha}{2}\left(\frac{m_{\mathrm{s1}}}{m_{\mathrm{s3}}}-\frac{m_{\mathrm{s3}}}{m_{\mathrm{s1}}}\right)$$

$$\frac{\partial f_V}{\partial m_{\mathrm{b}}}=-\frac{g}{m_{\mathrm{s1}}}\cos\alpha\sin\theta+\frac{g}{m_{\mathrm{s3}}}\cos\theta\sin\alpha$$

$$\begin{aligned}\frac{\partial f_\alpha}{\partial V}=&\frac{-m_{\mathrm{b}}g}{V^2}\left(\frac{\sin\alpha\sin\theta}{m_{\mathrm{s1}}}+\frac{\cos\alpha\cos\theta}{m_{\mathrm{s3}}}\right)+(K_{D0}+K_D\alpha^2)\cos\alpha\sin\alpha\left(\frac{1}{m_{\mathrm{s1}}}-\frac{1}{m_{\mathrm{s3}}}\right)\\ &-(K_{L0}+K_L\alpha)\left(\frac{\sin^2\alpha}{m_{\mathrm{s1}}}+\frac{\cos^2\alpha}{m_{\mathrm{s3}}}\right)\end{aligned}$$

$$\frac{\partial f_\alpha}{\partial \alpha}=q\sin 2\alpha\left(\frac{m_{s3}}{m_{s1}}-\frac{m_{s1}}{m_{s3}}\right)+\frac{m_b g}{V}\left(\frac{\cos\alpha\sin\theta}{m_{s1}}-\frac{\sin\alpha\cos\theta}{m_{s3}}\right)$$
$$+(K_{D0}+K_D\alpha^2)V\cos 2\alpha\left(\frac{1}{m_{s1}}-\frac{1}{m_{s3}}\right)+K_D\alpha V\sin 2\alpha\left(\frac{1}{m_{s1}}-\frac{1}{m_{s3}}\right)$$
$$-K_L V\left(\frac{\sin^2\alpha}{m_{s1}}+\frac{\cos^2\alpha}{m_{s3}}\right)-(K_{L0}+K_L\alpha)V\sin 2\alpha\left(\frac{1}{m_{s1}}-\frac{1}{m_{s3}}\right)$$

$$\frac{\partial f_\alpha}{\partial \theta}=\frac{m_b g}{V}\left(\frac{\sin\alpha\cos\theta}{m_{s1}}-\frac{\cos\alpha\sin\theta}{m_{s3}}\right)$$

$$\frac{\partial f_\alpha}{\partial q}=\frac{m_{s3}}{m_{s1}}\sin^2\alpha+\frac{m_{s1}}{m_{s3}}\cos^2\alpha$$

$$\frac{\partial f_\alpha}{\partial m_b}=\frac{g}{V}\left(\frac{\sin\alpha\sin\theta}{m_{s1}}+\frac{\cos\alpha\cos\theta}{m_{s3}}\right)$$

$$\frac{\partial f_\theta}{\partial q}=1$$

$$\frac{\partial f_q}{\partial V}=\frac{1}{I_{s2}}[(m_{s3}-m_{s1})V\sin 2\alpha+2V(K_{M0}+K_M\alpha+K_q q)]$$

$$\frac{\partial f_q}{\partial \alpha}=\frac{(m_{s3}-m_{s1})V^2\cos 2\alpha+K_M V^2}{I_{s2}}$$

$$\frac{\partial f_q}{\partial \theta}=\frac{m_{mr}g(r_{mrx}\sin\theta-r_{mrz}\cos\theta)+m_{rb}g(r_{rbx}\sin\theta-r_{rbz}\cos\theta)}{I_{s2}}$$

$$\frac{\partial f_q}{\partial q}=\frac{K_q V^2}{I_{s2}}$$

$$\frac{\partial f_q}{\partial r_{mrx}}=\frac{-m_{mr}g\cos\theta}{I_{s2}}$$

求解 $\boldsymbol{u}^*$ 时，可以先由式（4.105）求出 $\boldsymbol{u}^*=\boldsymbol{u}[\boldsymbol{x}\ \ \boldsymbol{\lambda}]$ 的理论解；然后将 $\boldsymbol{u}^*$ 代入哈密顿正则方程式（4.102）和式（4.103），通过微分方程求出最优的 $\boldsymbol{x}^*$、$\boldsymbol{\lambda}^*$ 的表达式；最后将 $\boldsymbol{x}^*$、$\boldsymbol{\lambda}^*$ 代入 $\boldsymbol{u}^*=\boldsymbol{u}[\boldsymbol{x}^*\ \ \boldsymbol{\lambda}^*]$ 完成求解。通过设置不同的权重，可以分析出相应控制量对系统运动状态的影响。权重越大，相应控制量的变化波动就越小。

选取当净浮力 $\bar{m}=0.4\text{kg}$ 时，两组稳定状态：

$$\boldsymbol{x}_0=[0.4822\text{m/s}\quad 2°\quad -25°\quad 0°/\text{s}\quad 0.4\text{kg}\quad 0.4160\,\text{m}]^{\text{T}}$$
$$\boldsymbol{x}_{\text{f}}=[0.4734\text{m/s}\quad -2°\quad 25°\quad 0°/\text{s}\quad -0.4\text{kg}\quad 0.3891\text{m}]^{\text{T}}$$

目标函数如式(4.97)所示。选取权重比分别为 $R_{\bar{m}}:R_{mrx}=1:1$，$R_{\bar{m}}:R_{mrx}=2:1$，$R_{\bar{m}}:R_{mrx}=5:1$，$R_{\bar{m}}:R_{mrx}=10:1$ 时，得到的仿真结果如图 4.28 所示。

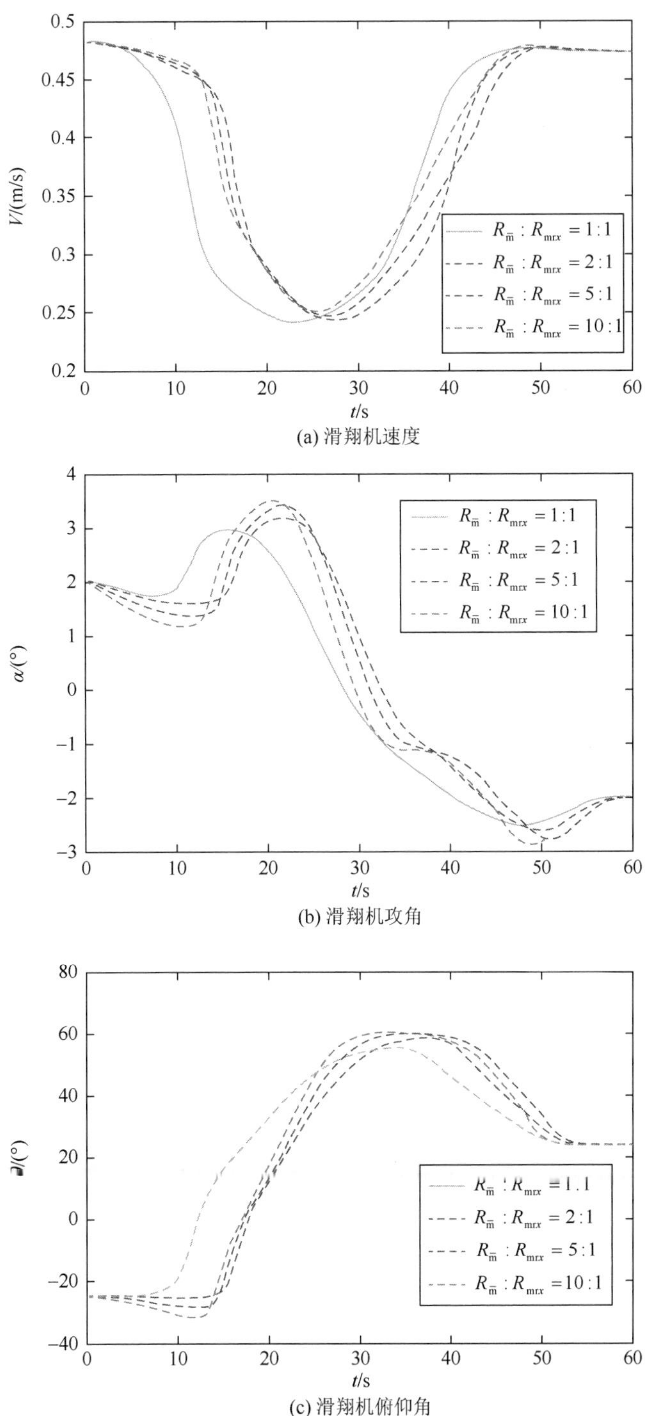

(a) 滑翔机速度

(b) 滑翔机攻角

(c) 滑翔机俯仰角

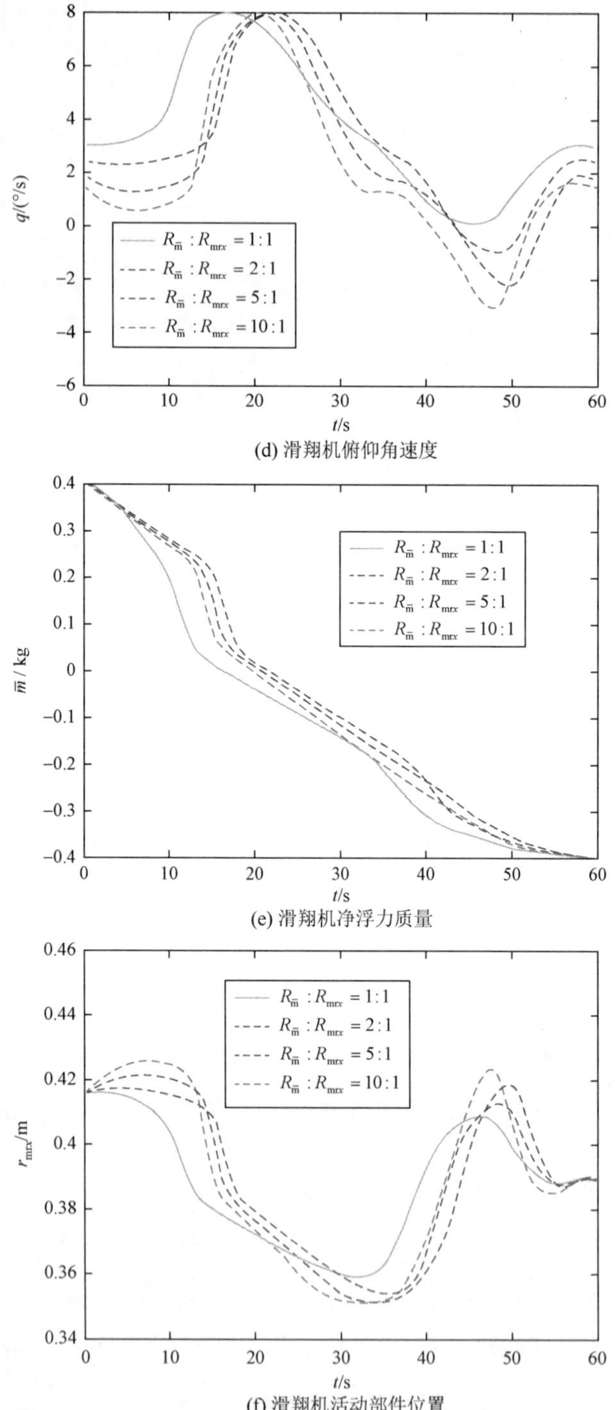

(d) 滑翔机俯仰角速度

(e) 滑翔机净浮力质量

(f) 滑翔机活动部件位置

图 4.28　在不同权重下滑翔机各状态量变化（见书后彩图）

由仿真结果可知，滑翔机采用这种优化控制策略后，不用将合速度减为 0，同样完成了下潜和上浮切换。净浮力控制量的权重越大，滑翔机的净浮力变化越平稳，滑翔机合速度的最小值也越大，滑翔机的俯仰角变化幅度也越大；净浮力控制量的权重越小，滑翔机切换点越靠前，动质量块的位置变化波动越小，动质量块的移动和净浮力的变化均在实际系统允许的范围内。

净浮力的变化由液压油泵控制，因此净浮力变化率为常值，通过改变动质量块的位置来完成切换过程。图 4.29 和图 4.30 给出了净浮力质量项变化率为常值的情况下，切换时间为 $t = 60\text{s}$ 和 $t = 120\text{s}$ 时，滑翔机各个状态的变化过程。当切换时间为 60s 时（图 4.29），滑翔机动质量块的移动位置超过了实际机械系统

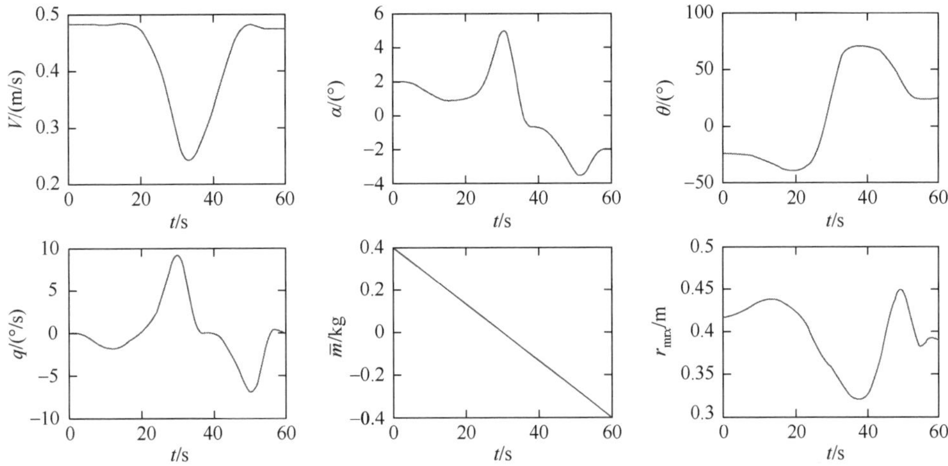

图 4.29　净浮力质量项变化率为常值下滑翔机各状态量变化（$t = 60\text{s}$）

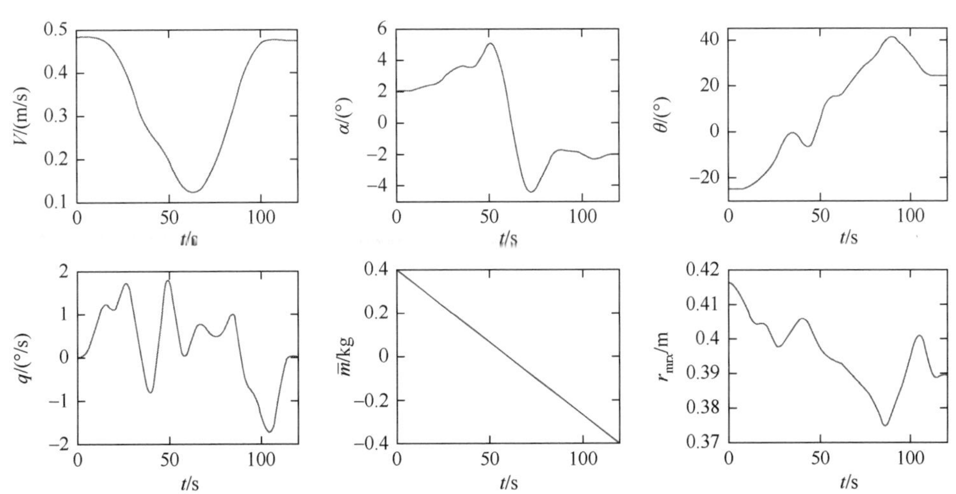

图 4.30　净浮力质量项变化率为常值下滑翔机各状态量变化（$t = 120\text{s}$）

的允许，同时俯仰角变化也较大；可以采用更长的切换时间来优化这个过程，当切换时间为 120s 时（图 4.30），系统的状态和控制量均在可以接受的范围内。图 4.31 给出了在切换过程中滑翔机在惯性坐标系下的位置。其中，图 4.31（a）给出了输入量$U_{\bar{m}}$、U_{mrx}在垂直方向上位置随时间的变化值。净浮力变化率和动质量块移动速度的权重越大，滑翔机在垂直面移动的距离越小。

本节给出了滑翔机在垂直面下潜和上浮切换过程中的切换控制方法，基于哈密顿函数建立了下潜和上浮切换过程中的求解模型，并比较了控制输入量的权重在不同情况下系统各个状态量的变化。考虑到实际情况下滑翔机净浮力变化

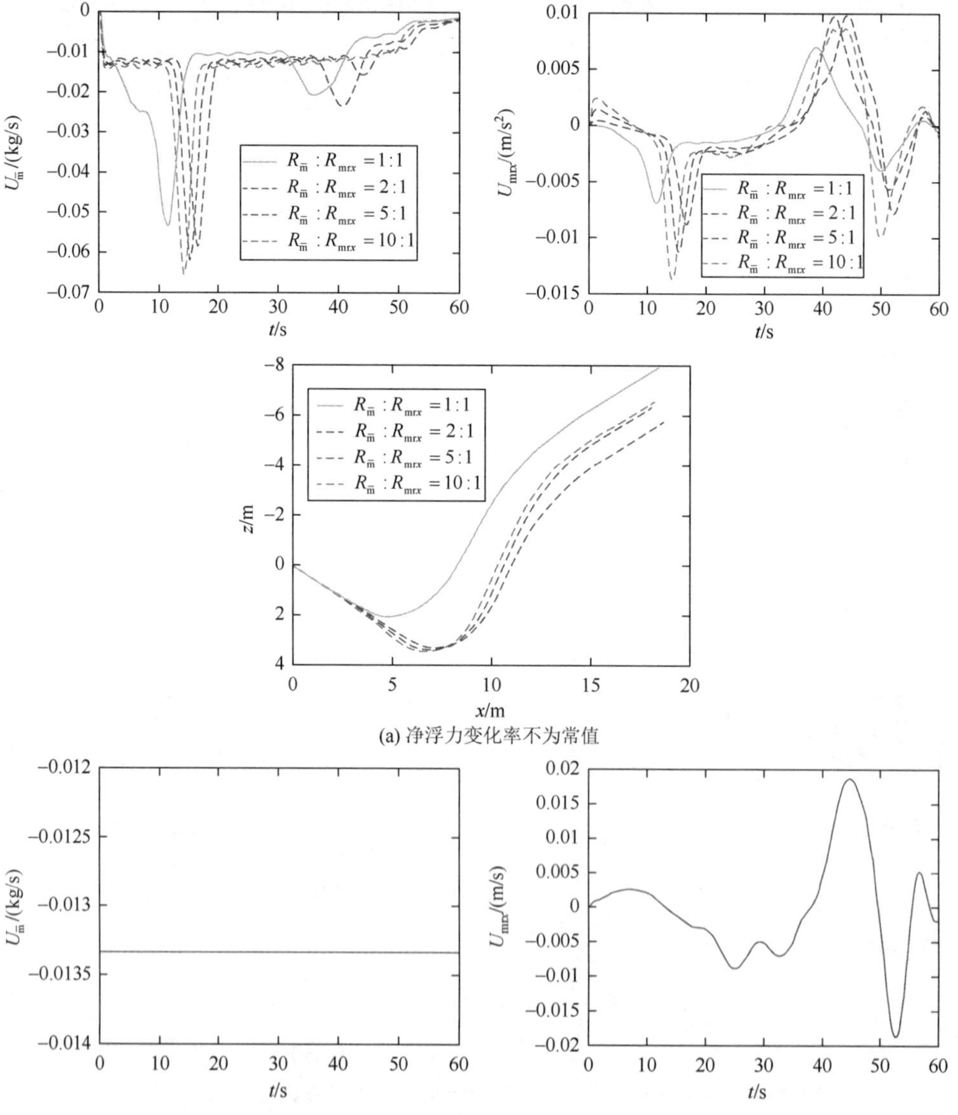

(a) 净浮力变化率不为常值

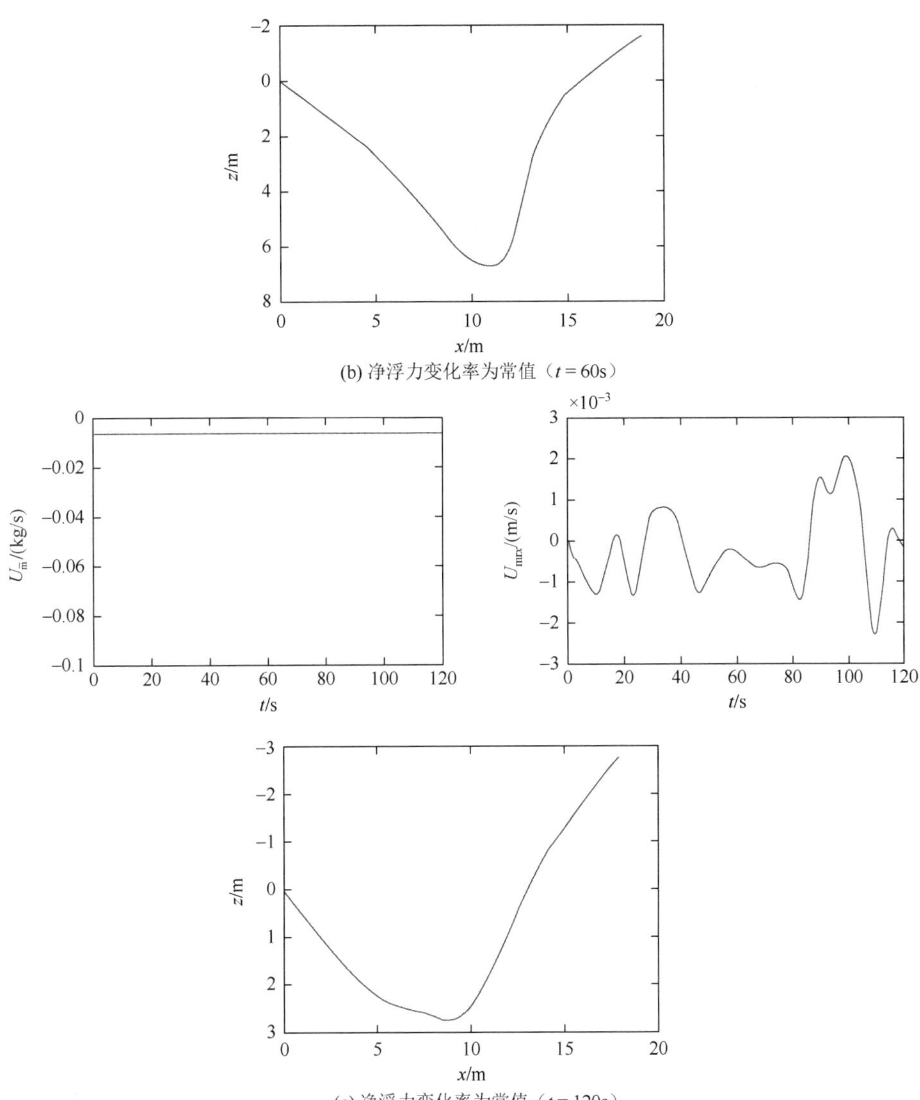

(b) 净浮力变化率为常值（$t = 60$s）

(c) 净浮力变化率为常值（$t = 120$s）

图 4.31 滑翔机在惯性坐标系下垂直面的轨迹，以及净浮力、动质量块位置控制量（见书后彩图）

率为一个常值［图 4.31（b）、（c）］，我们优化了在不同切换时间、净浮力变化率为常值情况下动质量块的位置量，获得的优化解在滑翔机实际机械系统的限制范围内。

4.7 本章小结

本章研究了滑翔机动力学建模的问题，相关技术在文献[6]中有详细论述。首先，针对以内置质量块转动实现滑翔机转向的滑翔方式，基于理论力学和拉格朗日广义动力学方程推导了滑翔机的动力学方程。动力学模型表明，滑翔机的动力学方程和传统水下机器人的动力学有一定的相似性，但以水动力中的升力作为动力学系统的驱动力；相对于其他类型的滑翔机，不同之处在于其驱动方式。其次，针对 CFD 的计算结果，采用最小二乘法对滑翔机的水动力系数进行拟合，拟合结果表明了 CFD 计算的可靠性，并获得最优的滑翔角；针对滑翔机的壳体结构，估算了附加质量等。然后，基于二维滑翔的特性对滑翔机动力学方程进行了化简，讨论了滑翔机在剖面锯齿滑翔下各个质量块的配置关系；针对三维螺旋滑翔特性，分析并给出了滑翔机不同驱动方式下三维滑翔的特性；重点讨论了滑翔机在控制量变化的情况下，滑翔半径的大小、极值和机翼翼形对下潜、上浮过程的影响，为后续滑翔机的工作能力分析提供了条件。最后，设计了一种迭代算法，用于反解滑翔机动力学模型的控制量。在三维螺旋滑翔特性的基础上，我们采用向量点乘的方法，简化了滑翔机的动力学模型；并设计了一种迭代求解的方法，以解决在已知滑翔机部分状态的情况下，求解其他状态和控制输入的问题，仿真结果表明了这种方法的有效性。

根据已有的湖试试验结果和海试试验结果，将动力学模型与实际 MATLAB 仿真结果进行了对比。针对海流影响，采用三维的滑翔姿态以抵消海流流速；分析了运动过程中，横滚角、俯仰角的波动与稳心高的耦合关系，重点讨论了实际海洋试验中的速度波动与滑翔机电池质量块转动角的关系；针对海水密度变化、滑翔机壳体体积随深度的变化，设计了相应的补偿方法，得出了滑翔机下潜深度、下潜速度、净浮力与盐度、压力的关系；对比结果表明了动力学模型的有效性。

本章主要研究了滑翔机在垂直面滑翔运动的切换控制方法，设计了滑翔机在不同攻角下的切换控制方法，以及滑翔机从下潜切换到上浮过程中的切换控制策略。

针对海洋剖面观测动态改变观测密度和俯仰角的要求，对于不同俯仰角下滑翔的运动切换过程，设计了 LQR 控制方法；实际滑翔机的控制方法是在运动方程线性化的基础上，根据力矩平衡进行微调，从而实现对其俯仰角和速度的调整。利用滑翔机实际的参数进行仿真，表明了这种方法的有效性。

针对海流影响和一定强度的内波波动等，基于最优控制方法设计了滑翔机在下潜和上浮切换过程中的控制方法，以保证切换过程的稳定性。该控制方法的优势在于，一方面可以使速度不用减为 0，并能够抵御海底海流的影响，另一方面可获得较高的位置控制精度，为内波速度、波幅的观测提供便利。

参 考 文 献

[1] Leonard N E，Graver J G. Model-based feedback control of autonomous underwater gliders[J]. IEEE Journal of

Oceanic Engineering，2001，26（4）：633-645.

[2] Zhang S W，Yu J C，Zhang A Q，et al. Spiraling motion of underwater gliders modeling，analysis，and experimental results[J]. Ocean Engineering，2013，60（1）：1-13.

[3] Zhang S W，Yu J C，Zhang A Q，et al. Steady three dimensional gliding motion of an underwater glider[C]. 2011 IEEE International Conference on Robotics and Automation，Shanghai，2011.

[4] 张华，张少伟. 水下滑翔机垂直面动力学分析与仿真[J]. 舰船科学技术，2015，37（10）：56-61.

[5] 张少伟，俞建成，张艾群. 水下滑翔机垂直面运动优化控制[J]. 控制理论与应用，2012，29（1）：19-26.

[6] 张少伟. 水下滑翔机海洋特征观测控制策略研究[D]. 北京：中国科学院大学，2013.

5

海洋移动自主观测技术

海洋移动自主观测技术针对典型中小尺度海洋现象的动态捕捉、观测等问题，将水下机器人的自主控制、路径规划与海洋现象观测相结合，以中小尺度海洋现象观测为目的，实现基于水下机器人的自主观测过程。该研究将水下机器人引入海洋现象观测中，充分利用了水下机器人可控性强、成本低的优势，实现对中小尺度海洋现象高分辨率的温度、盐度数据采样，以期望与传统海洋观测方式形成优势互补。海洋移动自主观测技术通过结合水下机器人运动特性，重点解决中小尺度海洋现象的特征提取与描述、观测路径跟踪及路径优化、运动控制等关键问题；建立典型海洋现象特征提取-水下机器人规划与控制-海洋温度、盐度数据采样的数据流；实现基于水下机器人的中小尺度海洋现象观测系统技术。

5.1 海洋移动自主观测的意义

海洋环境观测与跟踪是人类研究、开发、利用海洋的基础。典型的中小尺度海洋现象包括上升流、锋面、内波、温跃层等。这些现象对于研究海洋碳循环、海洋与大气能量交换和发展海洋渔业、生物养殖业等具有重要的经济开发价值及科学研究意义。这些中小尺度现象在时间上持续数天到数月，空间上覆盖数十千米至数百千米，观测的时间、空间尺度相对较小，其观测精度要求较高。这些典型的中小尺度海洋现象是一个动态变化的物理过程，受到海风驱动的海浪流、潮流、海洋热交换等影响，这些特征的变化具有高度的时空特性。因此，针对这些现象进行高效、立体的观测，从而获得高质量、高分辨率、具有一定实时性的数据，成为海洋现象研究的一个迫切任务。

传统的观测方法，如科考船的开放航次试验、近海固定监测网等，对典型中小尺度海洋现象的捕捉与跟踪观测显得相对困难，无法获得致密、大量的观测数据。目前存在的观测平台主要包括漂流浮标、地质海洋学实时观测阵（array for real-time geostrophic oceanography，ARGO）浮标、锚系潜标和小型观测平台，如ROV、AUV 和滑翔机等。科考船、固定监测网只可以在固定位置监测；浮标、潜标等观测仪器可以工作数月，但不具备可控性。ROV 运作成本较大，需要配备母船。AUV 持续工作时间较短，需要及时补充能源，实际应用受到一定的限制。滑翔机作为一种以净浮力和水动力驱动的、特殊的水下机器人，具有一定的可控性，相对于 AUV、ROV 等，滑翔机可以在水下持续工作数天到数月，能够满足海洋调查与观测采样在时间尺度上的要求。相对于潜标、浮标及其他的观测设备，滑翔机具有机动性能好、作业成本低、投资少等优点，且可根据需要携带不同的观测仪器，因此采用滑翔机构建典型中小尺度海洋现象观测系统成为发展趋势。

为捕捉这些中小尺度海洋现象，并构建近实时的海洋观测系统，以多滑翔机构建的动态海洋观测系统成为首选。多滑翔机的群集运动可以在同一时刻获取一定范围内的多点观测数据，显著地提高了数据分辨率；另外，还可以通过卫星进行远程控制，动态地调整观测路径，具有一定的自主规划与决策能力。

基于多水下机器人/滑翔机的海洋特征观测与动态跟踪系统涉及海洋模型及数据同化、水下机器人观测平台控制、水下机器人协调控制与决策、数据估计等学科。建立基于多水下机器人/滑翔机的自主海洋特征跟踪系统，可充分发挥移动平台的优势，提高数据的观测质量，针对目前物理海洋学研究热点，进行实时、自主采样和观测。

5.2 海洋移动自主观测技术现状

国外基于多水下机器人/滑翔机的海洋特征观测与动态跟踪系统，具有代表性的是 AOSN 计划（图 5.1），即采用多个水下机器人/滑翔机，通过自主观测获取高精度的观测数据，结合数据同化、融合的结果，对海洋物理现象进行预测。从 1997 年开始，美国开展了大量与海洋环境自适应采样相关的理论与试验研究工作，分别在 2000 年、2003 年和 2006 年进行了三次大规模的海上试验，验证了各种先进的、适用于区域性海洋环境自适应观测的采样技术。2003 年 8 月，美国在加利福尼亚州蒙特利湾进行了 AOSN-II 试验，试验中应用 12 个 Slocum 和 5 个 Spray 滑翔机，对蒙特利湾上升流进行了调查，完成了 40 天的调查试验，获得 12 000 组垂直剖面试验数据。该试验采用 Slocum 滑翔机观测蒙特利湾西北部方向涌升现象的轨迹[1, 2]。Hodges 和 Fratantoni 采用锚系观测的模式[3]，用 5 个滑翔机观测菲律宾东海岸吕宋海峡的一个 100km×100km 区域的温度、盐度的变化。此外，EGO 做了大量的基于水下机器人、滑翔机控制和海洋模型、数据同化的区域海洋调查工作[4]。

图 5.1　AOSN 计划[1, 2]

Wang[5]利用地理学、海床数据，并结合声学传感器获得的距离数据和温度数据、盐度数据优化水下机器人移动观测网的观测路径，最后以流程图的形式给出整个系统的具体工作过程，如图 5.2 所示。对所有声学观测、定点观测、水下机器人移动观测网获得的数据先进行数据同化；然后将分析结果用来指导区域海洋观测的优化控制策略，海床数据提供的海底地形信息用来构建观测的地形环境。

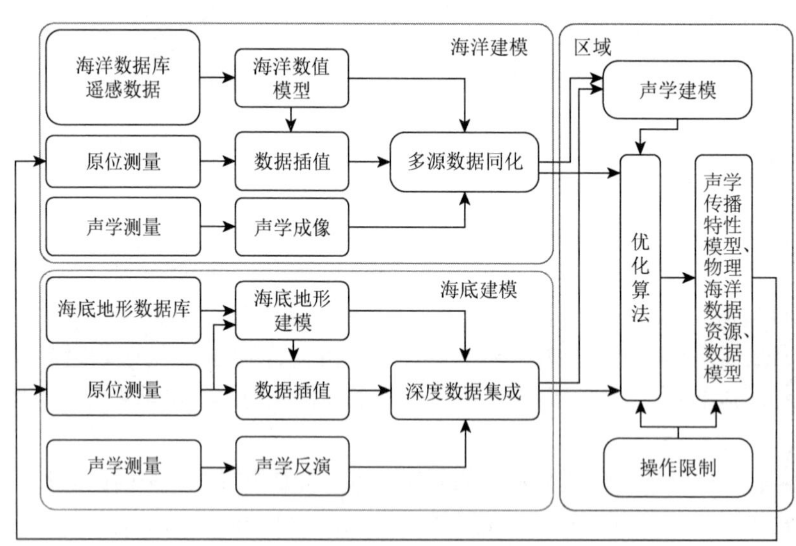

图 5.2　区域海洋声学动态观测

通过这些海上试验获得了高分辨率的观测数据，提升了对海洋上升流、温跃层和内波等现象的认识，并获取了大量的海水温度、盐度数据，充分显示了基于多水下机器人/滑翔机构建海洋环境自适应观测系统具有的优势。

在区域海洋的观测方式上，研究工作主要围绕在区域覆盖观测、海洋特征跟踪和剖面观测三个方面。区域覆盖观测是针对一定范围内的海洋区域，作撒点式覆盖观测采样，系统了解观测区域的信息。海洋特征跟踪是在区域覆盖观测的基础上，对感兴趣的海洋现象进行数十天、数月的跟踪观测，这些现象的变化特性体现在海水水体剖面的温度、盐度等方面，如上升流的跟踪研究，在水体特性上分别体现为温度场和盐度场的梯度、高阶 Hessian 矩阵的信息。MBARI 海洋研究所[6-8]基于水下机器人的剖面观测数据研究了海洋跃层的动态变化过程，并采用 Tethys AUV 进行数千米的精细断面采样。针对蒙特利湾北部温跃层的盐度、叶绿素特征，采用水下机器人进行剖面“割草机”式的观测，水平面的轨迹如图 5.3（a）所示；剖面的观测轨迹为锯齿状，如图 5.3（b）所示，该观测轨迹具有直观化、可视化的优点。

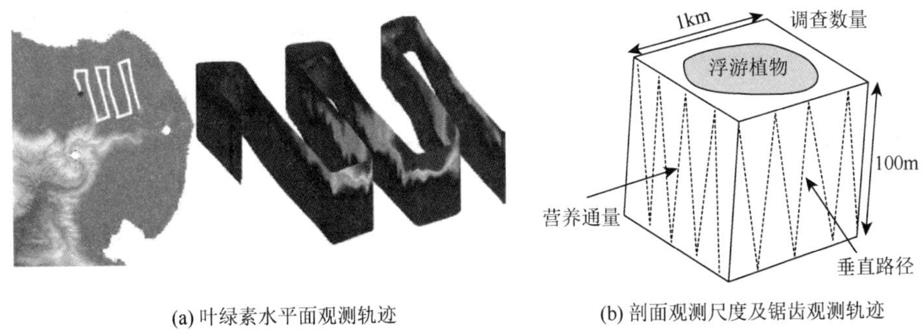

(a) 叶绿素水平面观测轨迹　　(b) 剖面观测尺度及锯齿观测轨迹

图 5.3　剖面“割草机”式观测[6, 7]

水下机器人/滑翔机的观测路径优化及协同控制技术是提高观测效率的有效手段。观测路径可以基于海洋观测的历史数据进行观测路径的预规划，并以水下机器人/滑翔机的能耗最小、路径最短、观测数据的信息量最丰富为目标，以海流干扰为约束条件，结合水下机器人的动力学特性，设计水下机器人的运动控制和路径规划算法。在海洋温度场跟踪上，2000 年 3 个 Seaglider 滑翔机在蒙特利湾进行了滑翔机编队试验；在 15km 的海域内，进行了连续 10 天的剖面数据观测；采用远程控制的模式，基于海洋数据分析结果优化滑翔机的编队与控制。在多水下机器人海洋数据估计与特征跟踪方面，Zhang 和 Leonard 提出了一种协同卡尔曼滤波方法[9-12]，分析了海洋现象的标量场跟踪及其梯度、Hessian 矩阵的估计策略，从理论上证明了协同卡尔曼滤波的收敛性，并基于卡尔曼滤波估计了海洋场的梯度信息，最后结合海洋数据进行了仿真试验。

水下机器人/滑翔机技术、传感器技术的可靠性是区域海洋自主观测的技术基础。滑翔机的驱动方式、运动特性决定了它具有能耗小、工作时间长、工作范围大等优点；其作业范围可达数百千米至数千千米，最长可达 40 000km，工作时间可达数月到数年，最大潜深可达 2000m 左右。1995 年以来，在美国海军研究院的资助下，美国的多家科研单位先后研制出 Spray、Seaglider 和 Slocum 等多种以电池为能源的滑翔机。图 5.4 展示的分别为斯克利普斯海洋研究所（Scripps Institution of Oceanography）和伍兹霍尔海洋研究所（Woods Hole）共同开发的 Spray[13]、华盛顿大学（University of Washington）开发的 Seaglider[14]以及韦伯海事研究所（Webb Research Corporation）和伍兹霍尔海洋研究所（Woods Hole）共同开发的 Slocum[15]。美国 Liquid Robotics 公司[16]设计的波浪滑翔机（Wave Glider）可在开阔水域航行上万千米，借助海水波浪所产生的推力，驱动波浪滑翔机运动，完成对海水水体数据的采集。其他水下机器人如 Remus[17]系列已经在国外形成一种商业产品，并应用在国防军工及海洋观测中。

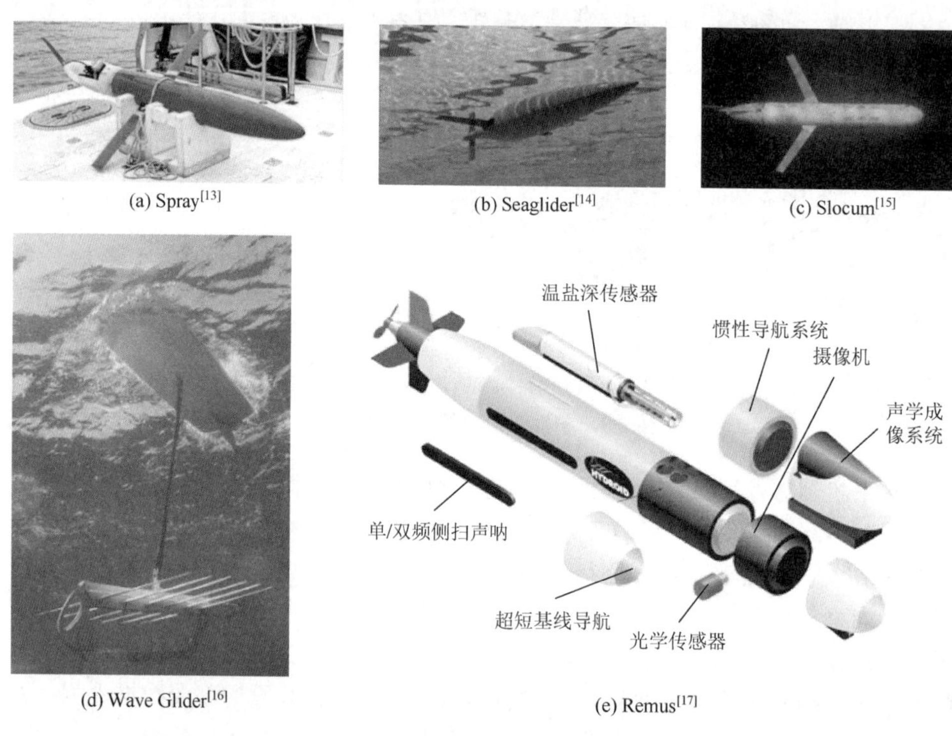

(a) Spray[13]　(b) Seaglider[14]　(c) Slocum[15]

(d) Wave Glider[16]　(e) Remus[17]

图 5.4　目前主要的水下机器人

在海洋观测数据同化及处理上，海洋模式、数据同化是目前处理观测数据、提供海洋背景场最为有效的途径，也是基于有限观测数据建立三维立体海洋模型的重要方式。典型的海洋模式有美国地球流体动力实验室的模块化海洋模型（modular ocean model，MOM）[18]和普林斯顿大学的普林斯顿海洋模型（Princeton ocean model，POM）[19]；区域海洋模拟系统（regional ocean modeling system，ROMS）包括哈佛海洋预报系统[20]（Harvard ocean prediction system，HOPS）和误差子空间统计估计系统[21]（error subspace statistical estimation，ESSE），这些系统的有效性仅限于对未来两天的预报。数据同化将不同时空尺度、不同观测手段获得的观测数据与数学模型有机结合，将有限的观测数据通过插值等获取大范围、大规模的预测数据。数据同化方法可分为顺序同化和非顺序同化两种[22]。前者包括最优插值（OI）、三维变分（3DVAR）、卡尔曼滤波（Kalman filter，KF）、集合卡尔曼滤波（EnKF）等；后者包括四维变分（4DVAR）和卡尔曼滤波平滑（Kalman filter smoother）等。

5.3 海洋移动自主观测系统框架

传统海洋观测是以浮标、潜标、科考船为基础的观测系统。将水下机器人、滑翔机等平台引入海洋观测中，提高了海洋观测的自主性以及观测数据的精度。中小尺度海洋现象的观测模式包括区域覆盖观测、海洋特征跟踪观测、剖面观测等几个模式。区域覆盖观测是利用多观测平台相互协作，对空间区域小于 100km×100km 的覆盖采样。高质量的覆盖观测数据需要在采样密度、能耗、路径规划上进行优化，并对多观测平台进行分组和协调。海洋特征跟踪观测是在区域覆盖观测的基础上，对于感兴趣的海洋环境特征，利用多水下机器人、滑翔机等，结合实时观测数据，以一定队形跟踪海洋现象的边界或极值位置等。这种观测需采用多观测平台的“主-从”结合方式。剖面观测是单个水下平台的观测行为，作为空间尺度跨度较大的一种观测方式，其可对某一纬度线进行长时间观测，也可对数十千米的敏感区域进行观测，是一种剖面高精度、高分辨率的观测模式。

以海洋观测为背景和需求的多水下平台的运动与规划，需要综合考虑观测任务、观测平台性能、海洋科学等方面的问题。本节对海洋观测系统的框架进行研究，将自主观测平台及其协调机制引入海洋观测系统中，以满足不同海洋现象对观测自主性、实时性、观测数据精度的要求；并针对海洋观测的实际应用，将观测方式、跟踪决策等融入多观测平台的协作控制中，以提高系统的灵活性，最终能够高效、可靠地完成不同海洋现象的观测；最后给出多滑翔机对上升流边界的近实时特征跟踪方案，以及单滑翔机自主的剖面观测方案。

观测系统主要由以下几部分构成（图 5.5）：①观测任务规划，根据海洋现象的特性，分析其跟踪决策和约束条件；②多观测平台路径规划，基于观测的历史数据和同化结果，对观测路径进行预规划与仿真；③观测平台运动与控制，控制各平台按规划的轨迹运动，实现自身运动的闭环控制；④传感器观测采样，通过多种类型的传感器对海洋环境参数进行采样；⑤观测数据估计与融合，针对获得的观测数据，进行分类、滤波、估计等；⑥海洋模型与数据同化，根据历史数据和少量的观测数据，基于插值、海洋现象的原理、微积分理论等对海洋过程建立预测模型，获得大规模的同化数据。

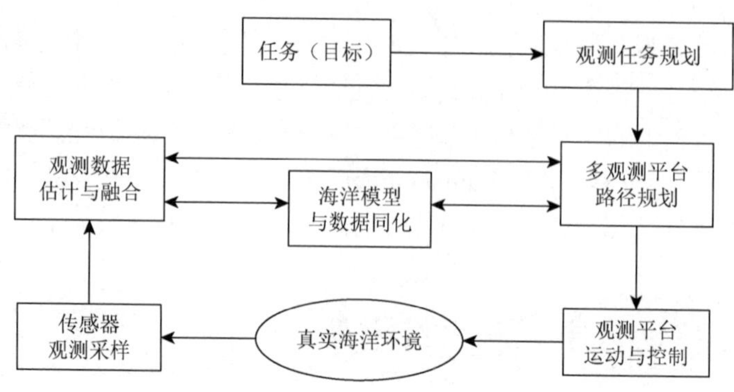

图 5.5 自主海洋观测系统框架[23]

5.3.1 观测任务规划

海洋现象的时空尺度分布如图 5.6 所示，各种海洋现象在时间、空间尺度上的变化快慢和观测密度各不相同，观测任务主要包括海洋物理观测、海洋生物观测、海洋生态观测等。从观测任务和观测目标上分解，海洋物理观测的观测作业模式包括区域覆盖观测、海洋特征跟踪观测、剖面观测等。然后对海洋特征进行提取，并设计相应的跟踪策略，如图 5.7 所示。

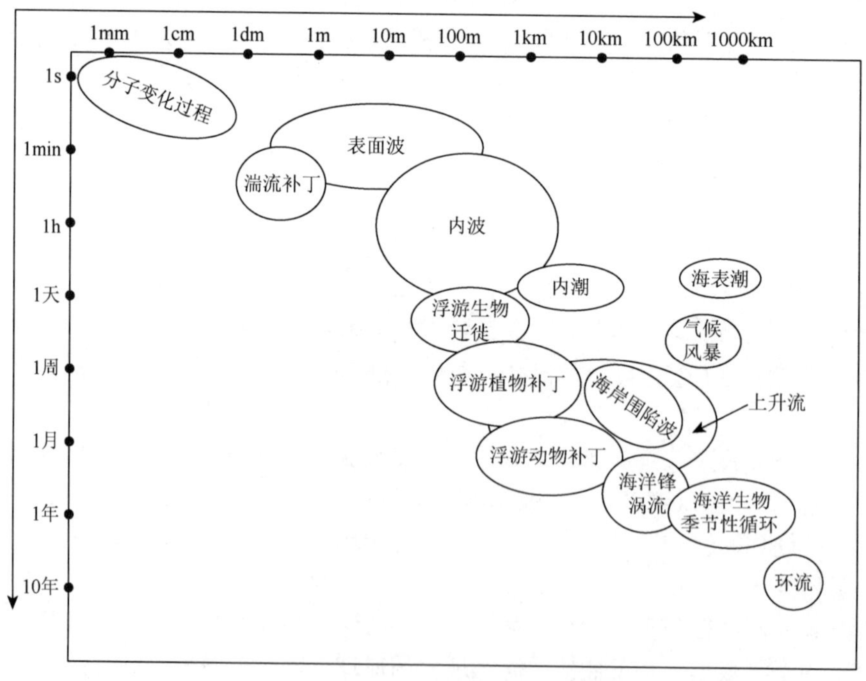

图 5.6 海洋现象的时空尺度分布图

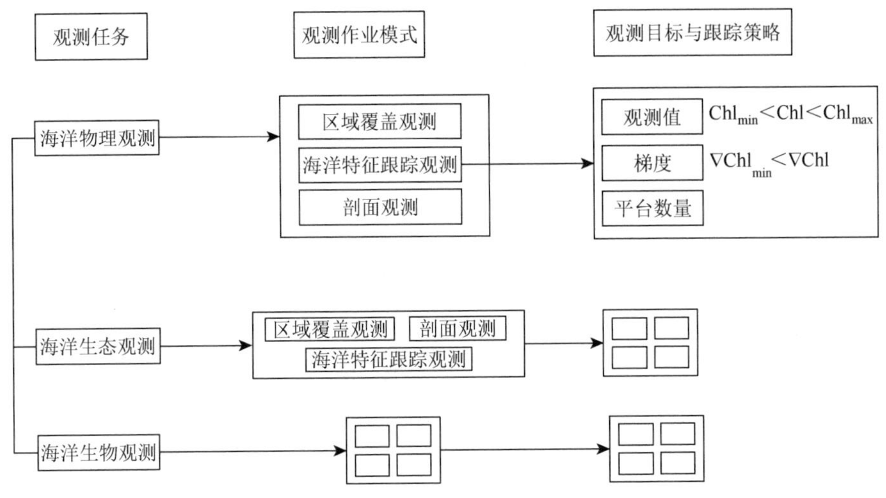

图 5.7　观测任务规划

观测作业模式的选择：结合水下观测平台的作业模式和不同海洋现象的特点，分析平面自主协作观测、断面连续观测和虚拟锚系观测等三种观测模式（图 5.8），以及这三种模式的配合作业方式。

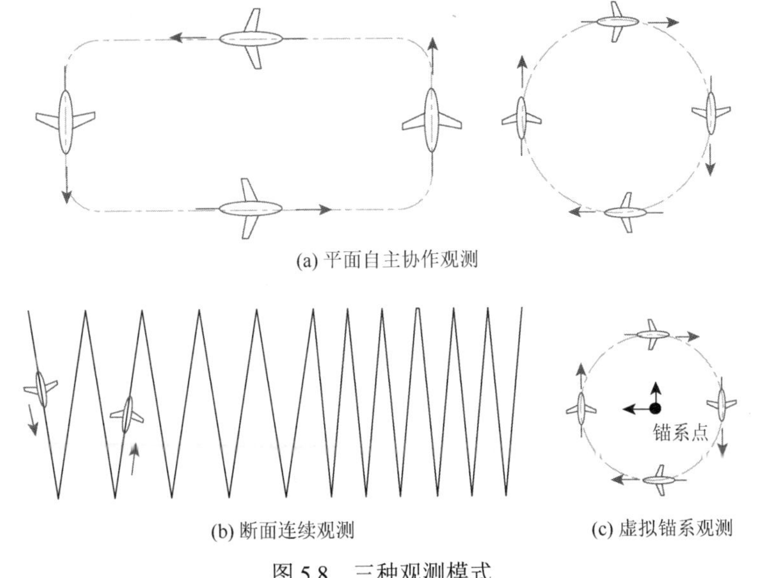

图 5.8　三种观测模式

（1）平面自主协作观测作业模式。平面自主协作观测是用水平面的二维观测结果替代三维观测，用于观测对深度不敏感的海洋现象。将观测平台分组，并将其约束在可参数化的几何曲线上，保持协作的队形关系，执行覆盖观测。对于自主水下机器人和水面机器人（USV），可以建立实时或近实时的观测系统，通过相互协作控制多个平台的队形，动态地控制水面机器人和水下机器人的速度和位置，适合于小尺度的覆盖观测。滑翔机通过卫星通信等，使其出水点位置保持在参数化几何曲线上，适合于中小尺度的海洋环境跟踪。

（2）断面连续观测作业模式。滑翔机对设定的断面进行连续、反复观测，该模式采样密度高、持续时间长，适合分析随时间变化的断面海洋现象。对剖面跃层观测，可动态改变观测密度，自主决定上浮和下潜，以跟踪跃层的上下边界。

（3）虚拟锚系观测作业模式。虚拟锚系观测以锚系点为基准，使滑翔机在设定半径区域内反复观测，应用于浮游植物分布的观测和内波的观测。一方面，锚系点可以实时和岸基控制中心进行通信；另一方面，多滑翔机浮出水面后，可根据锚系点的信息调整其位置。这种观测模式适合小尺度、长时间的观测。

观测过程中的控制与决策：观测过程中的控制与决策是根据海洋现象的特性和表现形式的不同，将观测任务进行提取和描述，并将其转换为观测与跟踪的函数，然后选定合适的观测平台进行跟踪。例如，对剖面温度、盐度进行跟踪，其变化尺度较小，可以基于单水下机器人进行实时观测，分析观测数据的梯度变化即可；对涡流的跟踪，可以根据涡流的特性大致算出涡流边界，然后对预测的边界进行跟踪，并将观测平台的信息进行反馈以修正跟踪路径。从海洋科学研究的结果中对典型海洋现象进行提取，并定义其阈值，例如，对于赤潮，其特征为叶绿素值的大小及其变化等，可将跟踪目标设定为

$$\mathrm{Chl}_{\min} < \mathrm{Chl} < \mathrm{Chl}_{\max}, \quad \nabla\mathrm{Chl}_{\min} < \nabla\mathrm{Chl} \tag{5.1}$$

5.3.2 多观测平台路径规划

基于已经给定的任务，对多观测平台路径进行规划与协调，以减小观测冗余，提高平台的利用率。对于大规模的覆盖观测，将多观测平台进行分组，在此基础上，对各个平台的观测路径进行规划。

观测路径规划：结合观测任务的具体目标、观测平台的运动能力、环境约束等来规划观测路径，将观测目标和约束以目标函数和约束条件的形式来表示。观测路径规划的目标函数可以是时间最短、能耗最小或观测数据最有效等。

海洋现象不确定性约束是基于环境预测不确定性方差分布数据建立的约束函数，该约束提高了数值模拟对环境预测的准确性，优化路径可以定义为观测数据经过网格不确定方差的积分最大的路径。其他约束条件包括平台的运动性能约束、出水位置约束、观测作业模式（运动轨迹）约束、环境海流约束等。

观测作业模式约束是对平台的观测运动轨迹的约束。断面连续观测被限定在一个剖面上，只能对入水点位置、下潜深度进行规划。虚拟锚系观测的运动轨迹约束在限定的圆周内，可规划圆心所在位置。对于平面自主协作观测，将观测平

台限定在可参数化的闭环曲线上，如圆、椭圆、方形（图 5.9）等。观测路径规划问题可简化为对封闭的曲线参数、每个曲线上的平台数量及位置关系等参数的优化，使平台分布与海洋环境变化的剧烈程度相协调。

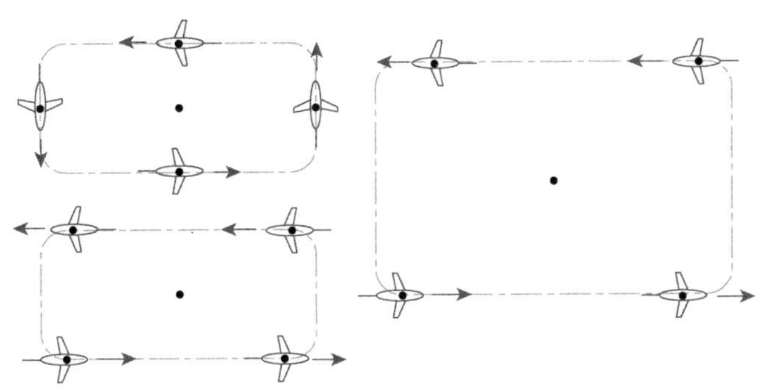

图 5.9　平面自主协作观测

对于环境约束中的海流问题，可根据预测海流信息对观测海域的环境海流进行网格化、参数化建模，将海流分解为垂直网格模型和三维分层海流网格模型。

协同观测控制：在多观测平台协同作业和跟踪过程中，涉及多平台的队形控制，包括队形的旋转、缩放、平移等。针对海洋覆盖观测，可将多平台观测系统的协作分为松协作和紧协作两种协作关系。

对于松协作关系，集中规划单个观测平台的路径，依靠平台本身的位置闭环控制使其运动轨迹保持在观测路径上，以获得预期结果。对于紧协作关系，需要在协作观测作业过程中严格保持一定位置关系，例如，将多个平台限定在预先设定的封闭几何曲线上。紧协作关系的协同控制是针对二维平面控制的。

观测任务的约束：观测任务的约束包括能耗最低、避免观测冗余、时间最短、路径最短等。基于最优控制理论，以能耗最低、避免观测冗余、时间最短、路径最短等为目标和约束条件建立多水下机器人/滑翔机路径优化的模型。能耗最低是针对数月以上的观测。避免观测冗余可提高多水下机器人观测的覆盖率和观测效率。时间最短是应对突变海洋现象的高实时性观测。路径最短可以使水下机器人能耗最省。能耗省，水下机器人就可以完成更多的任务。水下机器人是携带一次性能源，因此期望更长时间、更长距离的调查任务。以水下机器人观测能耗 E 最低，整个航程长度 L 最短，观测总时间 T 最短为例；约束条件包括下潜深度 h、每个锯齿轨迹观测周期内水平观测距离 L_{cycle} 和能耗 E_{cycle}、海流大小 V_{current}，可建立优化目标方程、约束条件为

$$\begin{aligned}&E_{\text{opt}}=\min(E,L,T)\\&\text{s.t. }\ 0<h<h_{\max},\quad 0<L_{\text{cycle}}<L_1,\quad 0<E_{\text{cycle}}<E_1,\quad 0<V_{\text{current}}<V_{\max}\end{aligned}\tag{5.2}$$

通过优化控制获得一系列的离散轨迹点。对于相邻的两个离散点，结合水下机器人的动力学模型，完成点到点的控制。水下机器人的动力学模型可表示为如下关系式：

$$\begin{cases} \boldsymbol{M}\dot{\boldsymbol{v}} + \boldsymbol{D}(\boldsymbol{v})\boldsymbol{v} + \boldsymbol{C}(\boldsymbol{v})\boldsymbol{v} + \boldsymbol{g}(\boldsymbol{\eta}) = \boldsymbol{\tau} \\ \dot{\boldsymbol{\eta}} = \boldsymbol{J}(\boldsymbol{\eta})\boldsymbol{v} \end{cases} \tag{5.3}$$

式中，$\boldsymbol{v}$ 为水下机器人六自由度动力学模型的状态量；$\boldsymbol{M}$、$\boldsymbol{D}(\boldsymbol{v})$、$\boldsymbol{C}(\boldsymbol{v})$、$\boldsymbol{g}(\boldsymbol{\eta})$、$\boldsymbol{\tau}$ 分别为质量矩阵、阻尼矩阵、向心力矩阵、重力及重力矩向量、推进器控制量等；$\boldsymbol{J}(\boldsymbol{\eta})$ 为运动学转换矩阵。最终，对部分典型海洋现象，建立典型海洋现象特征提取-水下机器人规划与控制-海洋温度、盐度数据采样的数据流。

5.3.3 观测平台运动与控制

观测平台包括水面机器人、水下机器人和滑翔机等。观测平台运动特性各不相同，所对应的观测任务也不相同。水面机器人具有与陆地机器人相当的通信能力，航行速度较快；水下机器人通信能力较弱，在作业过程中可借助水声与水下机器人通信，速度较快，续航能力有限；滑翔机在浮出水面时才有远程通信能力，速度较低，其优势在于续航能力最强。考虑到观测平台的这些特点，可将这三种类型的平台的观测方式定义为水面机器人水面观测、水下机器人水下分层观测和滑翔机剖面观测三种。水面机器人水面观测适合于水面局部高精度观测、快速观测、突发事件响应观测；水下机器人水下分层观测适合于剖面观测、局部高精度观测、快速观测；滑翔机剖面观测适合长时间的区域覆盖观测或剖面观测。

水下机器人作为海洋动态观测网的节点，其运动学和动力学控制环节是保证海洋观测网络稳定、有效运行的基础。由于设计理念、续航能力、驱动方式的不同，各种观测平台的控制方式也不相同。本节以水下机器人为例来分析其控制方式，包括水下机器人运动学和动力学的控制仿真、水下机器人的底层控制与动力分配、水下机器人的运动虚拟仿真等。

通过多个观测平台的控制与协调，可以获得观测平台的离散化轨迹。在此基础上，控制各水下机器人以期望速度到达期望出水点。水面机器人、水下机器人等有较好的机动性，相关的动力学控制方法，如比例-积分-微分（proportional integral differential，PID）控制和其他先进控制方法可用于提升其机动性能。滑翔机控制已在第 4 章中重点讨论。通过动力学控制与仿真，可以获得多水下机器人在惯性坐标系下的位置、速度等，并将这些信息在视景节点中进行显示。图 5.10 给出了水下机器人仿真平台的示意图。

水下机器人运动视景仿真是在模拟的海洋环境中将多水下机器人运动的位姿更新、碰撞检测、环境效果及各种特效进行实时显示。底层控制与动力分配是将

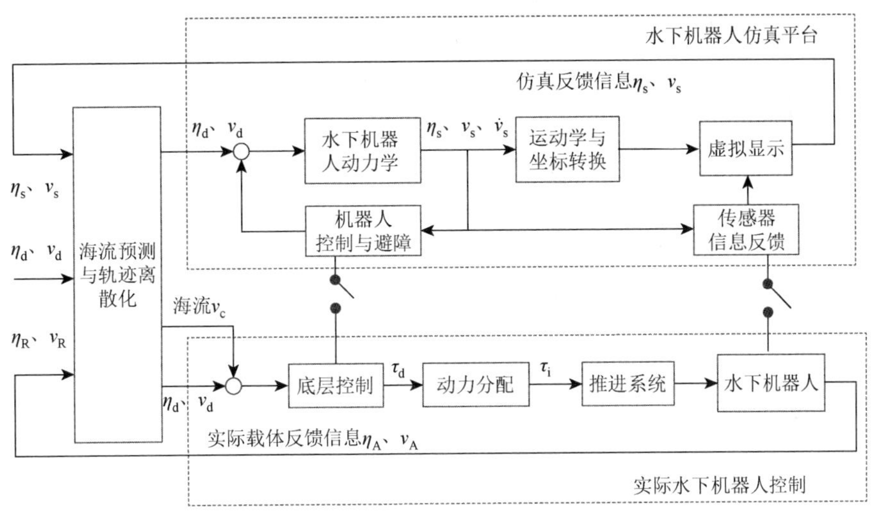

图 5.10　水下机器人仿真平台示意图

控制力和力矩项通过动力分配环节分配到各个螺旋桨、舵等。通过动力分配与推进系统，将推进力和力矩作用在水下机器人的载体上，并通过声呐、深度计等传感器，将水下机器人的状态信息反馈到控制环节和虚拟仿真中。

5.3.4 观测数据估计与融合

观测数据估计与融合是实时或动态地对海洋现象信息和观测平台自身的信息进行估计，所携带的传感器包括水下平台自身运动的传感器和对海洋现象观测与采样的仪器。观测数据估计与融合即是对传感信号的检测、测量、分类，以获得外界环境的信息。传感器接收对外界环境特性的感知信号，传感器并不是直接感知外界环境状态，而是测量由外界环境所导致的某种现象和结果，例如，对深度进行测量时，通过对压力的测量来反映水下观测平台的工作深度。水下观测平台的运动和观测，使传感器检测到环境变化的信号，并建立观测数据与外界环境状态控制量、传感器噪声的数学模型：

$$\boldsymbol{Z}=\boldsymbol{H}(\boldsymbol{x},\boldsymbol{u},\boldsymbol{\delta}) \tag{5.4}$$

式中，$\boldsymbol{Z}$ 为传感器观测数据；$\boldsymbol{x}$ 为外界环境状态；$\boldsymbol{u}$ 为控制量；$\boldsymbol{\delta}$ 为传感器噪声；$\boldsymbol{H}$ 为相关的映射方程。可通过迭代滤波和卡尔曼滤波等对多传感器进行数据估计与融合。这里讲的数据估计与融合和后面讲到的海洋模型与数据同化的区别在于，后者是对采样数据的分析与处理，其中海洋模型是对海洋现象进行预测，数据同化是基于已有的采样数据和海洋模型，利用插值等方法获得大规模的插值数据。后者的实时性较差，通常更新一次需要 2.5h、半天、一天或更长，并且只对同一类数据进行分析；前者是针对实时性要求比较高的情况，并且数据估计与融合是针对不同传感器数据的综合分析。

5.3.5 海洋模型与数据同化

海洋模型是基于海洋现象及其变化的原理，通过建立微积分方程对海洋现象进行描述、预测。数据同化是通过数学方法来拟合观测数据的方法，通过插值、估计的原理减小海洋背景场、观测仪器误差的影响，对大规模数据进行处理。本节通过海洋模型近似描述海洋现象和变化过程，并基于历史数据和传感器数据对海洋现象的变化进行修正，建立海洋信息数据库，并使其具有以下两个主要功能。

（1）对海洋环境历史数据的维护和新观测数据更新，构建海洋现象的背景场。

（2）为自主平台的预规划提供条件。

海洋模型与数据同化是通过一系列的微分方程和离散方程，去描述给定输入条件下海洋环境的变化情况。可将这一过程表示为

$$\dot{x} = f_{\text{sys}}(x,u,R) \tag{5.5}$$

式中，x、$\dot{x}$ 为系统的状态、状态的变化；u 为控制输入；R 为系统的噪声；f_{sys} 为描述系统在输入、噪声下海洋过程及其变化的函数。

对于中小尺度海洋现象的数据处理，可借助已有的海洋模式 POM、ROMS 等。数据同化方法可采用嵌套方式逐级提高分辨率，低分辨率的同化结果为更高分辨率的同化过程提供边界和初始条件。数据同化的基本原理和卡尔曼滤波相似，区别在于，数据同化是针对大规模数据进行的处理，如式（5.6）所示：

$$J(\boldsymbol{x}) = \frac{1}{2}[(\boldsymbol{x}-\boldsymbol{x}_{\text{b}})^{\text{T}}\boldsymbol{B}^{-1}(\boldsymbol{x}-\boldsymbol{x}_{\text{b}}) + (\boldsymbol{Hx}-\boldsymbol{y}_0)^{\text{T}}\boldsymbol{R}^{-1}(\boldsymbol{Hx}-\boldsymbol{y}_0)] \tag{5.6}$$

式中，$\boldsymbol{B}$ 为观测误差的协方差矩阵；$\boldsymbol{R}$ 为背景误差协方差矩阵；$\boldsymbol{H}$ 为线性观测算子；$\boldsymbol{x}$ 为状态；$\boldsymbol{x}_{\text{b}}$ 为初始状态量；$\boldsymbol{y}_0$ 为观测量。

数据同化的核心概念是误差的估计、误差的模型等，这些误差来源于观测仪器误差和海洋背景误差。海洋背景误差主要是由海洋动态变化造成的，可采用四维变分、集合卡尔曼滤波、多项式内插法和递归滤波等进行估计。将实际观测资料与历史数据进行对比，分析不同的数据同化方法在效率上的优劣等，并获得近实时的快速数据同化方法，其流程图如图 5.11 所示。

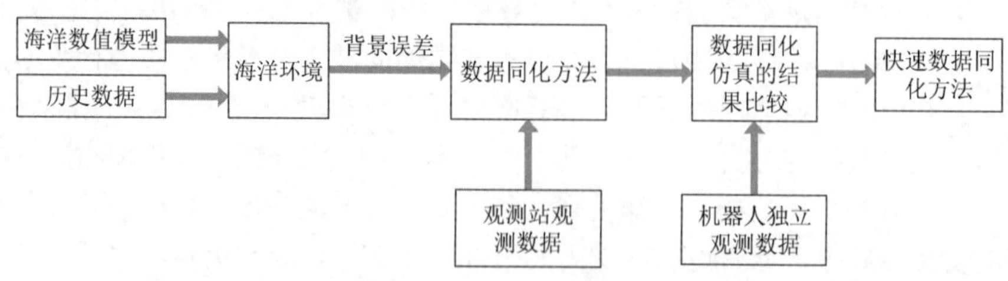

图 5.11　数据同化流程图

结合水下观测平台运动和观测的特点，从各种数据同化方法中优先选出合适的数据同化方法。通过已有观测资料或数值建模的方式构建存在温跃层、锋面、上升流、中尺度涡等中尺度现象的海洋环境；以观测数据为原始数据，并结合历史数据进行数据同化实验，获得相应的数据同化结果数据集。

背景误差与观测数据评判依据：观测数据评判依据是指数据有效性的评价标准和依据，可将数据同化和数值模拟输出的环境预测不确定性方差分布作为观测数据评价指标。海洋数值模拟可以输出等时间间隔的环境预测序列，时间越长，其预测结果越不准确。预测不确定性方差分布反映预测结果的准确性，同一网格、不同时刻的预测方差反映海洋动态过程的时间相关性，相邻序列对同一海区的预测反映海洋动态过程的空间相关性。对于观测误差的分析，可假设在一个规划周期内，观测区域内的海洋特征场的不确定性方差分布不发生变化，并且新的观测数据对不确定性的分布不造成影响，将预测不确定性方差分布序列图通过加权求和法，获得一幅综合的预测不确定性方差分布图用于观测路径规划。

5.4　多观测平台近实时特征跟踪

受海洋环境背景噪声的影响，多观测平台的观测数据存在较大的噪声。因此，需要基于观测数据估计海洋真实信息及方差。海洋环境特征自主跟踪观测主要包括海洋特征提取、自主跟踪决策、多观测平台跟踪观测控制等，如图 5.12 所示。

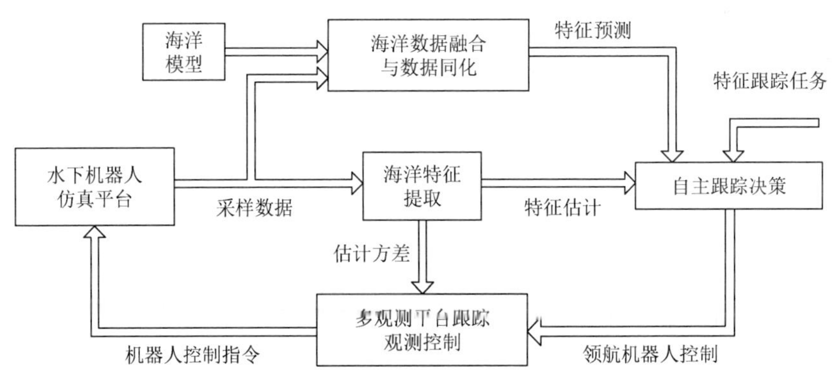

图 5.12　特征跟踪图

（1）海洋特征提取。海洋现象的变化由水体的温度、盐度体现出来，海洋特征提取即为基于海洋现象成因，建立海洋现象变化反映在温度、盐度、叶绿素等特性的模型，将水体特性的模型用于多观测平台的跟踪。例如，上升流跟踪需要提取温度特征值 T 以及梯度 ∇T 。

单个观测平台的观测信息容易将局部信息视为某区域内的特征场信息，不能反映一定海域内的全局信息。通过对多水下平台观测信息的提取，可以对观测区域范围内近实时的特征场及其梯度进行估计。在获得海洋特征场信息及变化过程的基础上，根据观测目标选用相应数量的平台进行跟踪。

（2）自主跟踪决策。结合海洋特征提取结果，将观测任务描述为水下观测平台群集运动的跟踪策略，在第 6 章中会系统论述典型海洋特征的跟踪策略，例如，可控制多水下机器人沿温度场梯度或温度场等值线运动，来对上升流进行跟踪观测。

（3）多观测平台跟踪观测控制。多观测平台跟踪观测控制是多观测平台按照一定队形的跟随运动，包括队形的形成、缩放、旋转。队形的缩放决定了多平台的覆盖区域和观测数据的分辨率。

5.5 海洋特征剖面观测

本节讨论单个滑翔机基于温度传感器、深度传感器对温跃层剖面的观测。在对温跃层的观测中，需要对温度 T 相对于深度 d 的垂向梯度进行估计，假定温跃层边界的阈值为 $\nabla T_{\text{threshold}}$，通过实时对比温度 T 和深度 d，找到温跃层的上下边界。在观测中实时调整观测密度，动态地改变滑翔机姿态，从而改变滑翔机的观测空间尺度。结合海洋模型与数据同化的结果选定观测断面。剖面深度从 50m 至几百米，水平观测的总距离为数千米到数十千米，对观测的实时性要求相对较高。实际中，先要根据深度 d 和观测阈值决定上浮或下潜；根据水平方向海洋特征的变化、垂直方向的能耗来优化水平速度和垂直速度；最后控制滑翔机进行滑翔和观测采样。以上步骤以时间 t_{loop} 循环执行。在整个观测过程中，应考虑以下两个方面的问题。

（1）滑翔机不浮出水面，因此需要依据观测数据，做出上浮或下潜的决策。

（2）在温度变化较大的区域，剖面锯齿滑翔轨迹应更密集。

剖面观测过程算法如算法 5-1 所示。

算法 5-1　剖面观测过程算法

步骤 1：通过海洋模型预测 1～2 天的数据 T 和 $\nabla T_{\text{threshold}}$，确定入水点。

步骤 2：设定滑翔机的工作时间 h 、深度 d、温跃层阈值 $\nabla T_{\text{threshold}}$，观测深度范围 $[d_{\min}, d_{\max}]$。

步骤 3：从入水点处下潜采样。

步骤 4：判断滑翔机是否进入温跃层：

如果：$\left(\frac{\partial T}{\partial d}\right)_k < \nabla T_{\text{threshold}}$ 和 $\left(\frac{\partial T}{\partial d}\right)_{k+1} < \nabla T_{\text{threshold}}$，滑翔机在温跃层以上或温跃层以下的水层？

$d < d_{\min}$：下潜；转步骤 6；

$d > d_{\max}$：上浮；转步骤 6；

如果：$\left(\frac{\partial T}{\partial d}\right)_k > \nabla T_{\text{threshold}}$ || $\left(\frac{\partial T}{\partial d}\right)_{k+1} > \nabla T_{\text{threshold}}$，滑翔机在温跃层之间。

步骤 5：滑翔机已经在温跃层之间运动，是否继续上浮（下潜）？从上浮（下潜）到下潜（上浮）切换？

5.1 如果：$\left(\frac{\partial T}{\partial d}\right)_k > \nabla T_{\text{threshold}}$，$\left(\frac{\partial T}{\partial d}\right)_{k+1} > \nabla T_{\text{threshold}}$，滑翔机按照既定参数滑翔，转步骤 8；

5.2 如果：$\left(\frac{\partial T}{\partial d}\right)_k > \nabla T_{\text{threshold}}$，$\left(\frac{\partial T}{\partial d}\right)_{k+1} < \nabla T_{\text{threshold}} \;\&\; d_{k+1} > d_k$，滑翔机已跃过下边界，由下潜转为上浮，转步骤 6；

5.3 如果：$\left(\frac{\partial T}{\partial d}\right)_k > \nabla T_{\text{threshold}}$，$\left(\frac{\partial T}{\partial d}\right)_{k+1} < \nabla T_{\text{threshold}} \;\&\; d_{k+1} < d_k$，滑翔机已跃过上边界，由上浮转为下潜，转步骤 6。

步骤 6：改变滑翔机俯仰姿态和观测密度。在同一深度层上，温度梯度为 $\Delta T_{\text{horizontal}}$：

$v_{\text{H}} = f(\Delta T_{\text{horizontal}})$，优化水平速度 v_{L}。

$E_{\text{opt}} = \min[E(h, m_{\text{b}}, r_{\text{mr}}, L, L_{\text{cycle}})]$，以能耗最低优化垂向速度 v_{d}。

步骤 7：滑翔机以水平速度 v_{L}、垂直速度 v_{d} 进行观测，根据滑翔机稳态滑翔的动力学反求控制量 τ：

$$D(v)v + C(v)v + g(\eta) = \tau$$
$$\dot{\eta} = J(\eta)v$$

滑翔机以总观测时间 t_{observe} 对控制量 τ 进行采样。

步骤 8：总观测时间 t_{observe} 是否小于设定时间 t_{total}？

$t_{\text{observe}} < t_{\text{total}}$：继续观测，转步骤 4；

$t_{\text{observe}} \geqslant t_{\text{total}}$：停止观测，退出。

剖面观测的仿真是对纬度 2°N、经度 125°E～240°E 截取的一段深度为 300m、长度为 3000m 的剖面盐度数据，电导率大于 34.6S（电导率反映盐度特性）的水层区域进行观测，由滑翔机自主判断水层的上下边界，并由滑翔机自主将观测的俯仰角设定为 20°。仿真结果很好地验证了对剖面水层自主观测的有效性。

5.6 海洋信息数据流技术

深海信息数据流技术是以水下观测平台为数据获取载体，以深海声学、温度、盐度数据为主要研究对象，通过建设海洋数据库实现海洋观测信息的获取、传输、存储、计算、应用发布的动态循环，并建立海洋信息流系统。通过海洋信息流系统，建立特定海域信息流的区域示范性应用系统，形成“信息的流动”，逐步具备近实时海洋环境动态监测/预报的能力。海洋信息流系统以观测海域的位置、深度以及时间数据信息为参考基准，在融合温度、盐度、声学数据的基础上，逐步融合其他数据如溶解氧、气体浓度数据、卫星数据、海底地形数据，逐步实现多学科信息和大容量信息的融合。

目前，海洋监测数据的获取可借助各种水下声学设备、温盐深传感器，在观测平台（包括潜标、浮标、锚系观测链、ARGO、ROV、水下机器人、滑翔机、基站、卫星等）上大都基于各自的科学需求进行观测采样，获取的离散数据仅用于单学科的问题分析。不同观测数据的变化特性均有可能表征海洋现象的变化特性，现有技术中对这些海洋现象的分析通常基于某一类型的观测数据。海洋信息流系统的构建，将地质与地球物理、地球化学、声学、卫星遥感的数据以网格化的形式进行融合，建立深海地质与地球化学、深海地球物理、海洋环流等多学科的信息流数据研究及应用发布系统，对海洋科学研究及数据共享具有重要意义。

海洋信息流系统的构建，可结合水下机器人/滑翔机进行自主观测，在获取特定海域观测数据的基础上，构建区域海洋观测数据库，实现采样数据和历史数据的近实时融合、自主观测技术、观测数据近实时处理及科学研究、应用发布。其难点在于，一方面是数据实时处理的问题，特别是声学数据量大，难于实时处理；另一方面是数据传输的问题，现有声通信、卫星通信传输数据量较少。海洋信息流系统涉及数据挖掘、数据同化、数据融合及数据库等相关技术；随着观测数据的不断增加，需要研究大数据的云存储、并行计算技术；在数据应用发布上，开发可视化场景，以全息的形式揭示复杂海洋动力现象、海底地层地质分布结构。海洋信息流系统的关键技术如下。

（1）基于知识向量的海洋大数据压缩技术：研究海洋观测数据的大数据压缩技术，研究与观测手段、数据类型相关的海洋大数据压缩算法。对观测数据中的已知信息进行去冗余处理，研究基于知识向量的海洋大数据压缩技术，以大幅降低数据实时观测存储和海底数据传输的压力，实现海洋观测可持续性。

（2）海洋观测多传感器信息融合技术：将不同学科、不同传感器、不同平台获取的信息进行融合，对不同来源、不同模式、不同时间、不同地点、不同表现形式的信息进行融合，获得区域海洋的全息表达形式。分析信息互补性和信息冗余性的分选和优化方法，通过信息挖掘技术提取更多的有效信息，构建学科综合与学科差别的信息描述方式，提升观测数据价值和可利用能力。

（3）海洋观测数据标准化技术：建立基于数据分类集群的规范化标准，包括数据类别划分标准，数据存储格式标准，元数据集描述标准，数据映射关系标准，数据语义、语法、结构规范标准，数据功能扩展标准，开发数据文件格式的标准化转换软件和原始数据格式的标准化转换软件，形成数据格式标准化体系文件。

（4）分布交互式数据库综合管理技术：开发基于多学科、多传感器技术特点的海洋数据分级综合管理平台，对学科基础数据采用分布交互式存储管理方法，建立基础数据库、专题数据库、信息数据库、元数据库，开发海洋数据发掘和海洋数据分析统计技术、数据运行和维护管理技术、数据虚拟访问技术，建立数据安全运行体系。

（5）海洋大数据处理技术：建立海洋大数据处理平台，发展混合式数据存储技术，提升数据快速吞吐能力，构建数据资源池，提高数据的智能归档能力和可扩展性，研究快速并行处理算法，开发海洋大数据软件体系结构，以及分布式文件管理系统，在面向服务框架的基础上，实现各类异构的海洋信息应用系统的无缝集成。

（6）海洋大数据可视化分析技术：设计海洋可视化数据结构，建立基于系统场景架构的资源绘制管理系统，使用类型池机制对场景数据进行动态管理，开发人机交互界面，实现海洋数据动态可视化观测。

5.7 海洋移动自主观测试验

中国科学院深海科学与工程研究所已经建立了水下滑翔机监控中心（图 5.13），实现了滑翔机的航行轨迹在监控中心的实时显示，该监控中心已经于 2014 年 8 月和 10 月组织完成了两次滑翔机试验[24]。

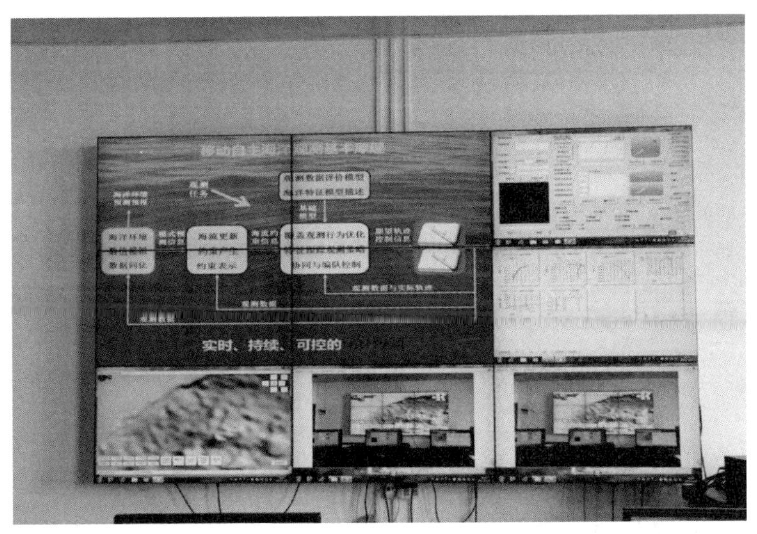

图 5.13　水下滑翔机监控中心

在 2015 年 1 月开展的滑翔机试验中，通过远程设备控制滑翔机的运动路径，实现了滑翔机的定轨迹运动，成功采集了我国南海部分海域的温度、电导率（反映盐度特性）等海洋信息，航行距离约 900km。

5.8 本章小结

本章介绍了基于多水下观测平台的中小尺度海洋现象观测系统的框架以及自主海洋观测试验。本章将海洋观测系统按照功能不同进行分解，分析了各个模块的具体功能，对运动方式、约束和观测目标、观测方式等进行了讨论与分析。针对中小尺度海洋现象的跟踪，本章给出了多平台协同观测实时的跟踪策略和实时剖面温跃层的跟踪流程设计；在这两种观测过程中，海洋数据同化的作用、观测过程中的控制以及路径规划也不完全相同。结合中国科学院深海科学与工程研究所的水下滑翔机监控中心，设计了基于滑翔机的观测试验，对我国南海部分海域进行了跟踪观测。

参 考 文 献

[1] Fiorelli E，Leonard N E，Bhatta P，et al. Multi-AUV control and adaptive sampling in Monterey Bay[J]. IEEE Journal of Oceanic Engineering，2004，31（4）：935-948.

[2] Leonard N E，Paley D A，Lekien F，et al. Collective motion，sensor networks，and ocean sampling[J]. Proceedings of the IEEE，2007，95（1）：48-74.

[3] Hodges B A，Fratantoni D M. A thin layer of phytoplankton observed in the Philippine Sea with a synthetic moored array of autonomous gliders[J]. Journal of Geophysical Research Oceans，2009，114（C10）：20.

[4] Rudnick D L，Davis R，Eriksen C C，et al. Underwater gliders for ocean research[J]. Marine Technology Society Journal，2004，38（2）：73-84.

[5] Wang D. Autonomous underwater vehicle（AUV）path planning and adaptive on-board routing for adaptive rapid environmental assessment[D]. Boston：Massachusetts Institute of Technology，2007.

[6] Das J，Maughan T，O'Reilly T，et al. Coordinated sampling of dynamic oceanographic features with underwater vehicles and drifters[J]. The International Journal of Robotics Research，2012，31（5）：626-646.

[7] Das J，Maughan T，Messié M，et al. Simultaneous tracking and sampling of dynamic oceanographic features with autonomous underwater vehicles and lagrangian drifters[C]. 12th International Symposium on Experimental Robotics，New Delhi and Agra，2010.

[8] Zhang Y W. Tracking and sampling of a phytoplankton patch by an autonomous underwater vehicle in drifting mode[C]. OCEANS'15 MTS/IEEE，Washington，2015：1-5.

[9] Zhang F，Leonard N E. Cooperative filters and control for cooperative exploration[J]. IEEE Transactions on Automatic Control，2010，55（3）：650-663.

[10] Zhang F，Leonard N E. Generating contour plots using multiple sensor platforms[J]. Proceedings of IEEE Swarm Intelligence Symposium，2005，1：309-316.

[11] Zhang F，Leonard N E. Cooperative Kalman filters for cooperative exploration[C]. American Control Conference，Washington，2008：2654-2659.

[12] Zhang F，Fiorelli E，Leonard N E. Exploring scalar fields using multiple sensor platforms：Tracking level curves[C]. 46th IEEE Conference on Decision and Control，New Orleans，2007：3579-3584.

[13] Sherman J，Davis R E，Owens W B，et al. The autonomous underwater glider Spray[J]. IEEE Journal of Oceanic Engineering，2001，26（4）：437-446.

[14] Eriksen C C，Osse T J，Light R D，et al. Seaglider：A long-range autonomous underwater vehicle for oceanographic research[J]. IEEE Journal of Oceanic Engineering，2001，26（4）：424-436.

[15] Webb D C，Simonetti P J，Jones C P. Slocum：An underwater glider propelled by environmental energy[J]. IEEE Journal of Oceanic Engineering，2001，26（4）：447-452.

[16] Manley J，Willcox S. The Wave Glider：A persistent platform for ocean science[C]. OCEANS 2010，Sydney，2010：1-5.

[17] Hine R，Willcox S，Hine G，et al. The Wave Glider：A wave-powered autonomous marine vehicle[C]. MTS/IEEE OCEANS，Biloxi，2009.

[18] 雷霁，杨海军. 海洋垂直混合系数对大洋环流影响的敏感性研究[J]. 北京大学学报（自然科学版），2008，44（6）：864-870.

[19] 乔贯宇. 通过 POM 模式对胶州湾纳潮量的数值模拟研究[D]. 青岛：国家海洋局第一海洋研究所，2008.

[20] Andrew M. The regional ocean modeling system（ROMS）4-dimensional variational data assimilation systems Part II：Performance and application to the California Current System[J]. Oceanography，2011，91：50-73.

[21] Lermusiaux P F J，Robinson A R，et al. Forecasting and reanalysis in the Monterey Bay/California Current region for the autonomous ocean sampling network-II experiment[J]. Deep Sea Research Part II：Topical Studies in Oceanography，2009，56（3）：127-148.

[22] 官元红，周广庆. 资料同化方法的理论及应用综述[J]. 气象与减灾研究，2007，30（4）：1-8.

[23] Zhang S W，Yu J C，Zhang A Q，et al. Marine vehicle sensor network architecture and protocol designs for ocean observation[J]. Sensors，2012，12（1）：373-390.

[24] Zhang S W，Yu J C，Zhang A Q. Ocean observing with underwater glider in South China Sea[C]. IEEE CYBER 2015，Shenyang，2015.

6 中小尺度海洋特征跟踪观测技术

海洋特征及其变化受时间、空间的影响。针对同一海洋现象，在不同的海域、不同的季节，海洋科学对该现象定义的发生条件、阈值不一定相同，相应地，观测方式也各不相同。有些海洋现象的变化反映在水平方向上，需要调整观测平台的分布密度。有些海洋现象的变化反映在剖面上，且随海水水体深度增加而减小，实际可采用非均匀的观测方式。有些现象呈三维特性，如上升流，在剖面上，体现为温度低、盐度高的流体域；在水平面上表现为海水涌升，是一个富营养盐区域。国外针对上升流等现象开展了相关观测方法的研究，并开展了相关试验，缺乏对中国近海海域的研究；国内的研究主要基于浮标、船载拖曳试验的数据，这些数据的实时性较差，观测方式不够灵活，缺乏自主性。

本章对中国近海海域典型中小尺度海洋现象特征的跟踪策略进行研究。首先提取了海洋特征，分析并给出了部分现象发生的阈值、位置、尺度范围；其次建立了海洋观测与跟踪任务的数学模型，将海洋特征跟踪问题转换为多水下平台的控制与决策问题，为多水下平台的运动规划提供了基础。

6.1 海洋锋面跟踪

海洋锋面指性质不同的两个水团的分界面，驱动因素包括对流、热交换、海底地形变化等，海洋锋面处梯度及梯度的导数变化如图 6.1（a）所示。海洋锋区为梯度值满足一定条件的区域。在海洋观测过程中，通常采用梯度法来获取锋区，即首先计算海域内各点的梯度，将梯度大于阈值的点作为锋点；锋点构成区域的总和作为锋区。锋区的研究关键在于确定阈值。以温度场为例，根据已知的海洋温度场数据，各点梯度计算方式为

$$\frac{\partial T}{\partial x}=\begin{bmatrix}-1 & 0 & 1\\ -2 & 0 & 2\\ -1 & 0 & 1\end{bmatrix}\cdot\frac{1}{4}\cdot T,\quad \frac{\partial T}{\partial y}=\begin{bmatrix}1 & 2 & 1\\ 0 & 0 & 0\\ -1 & -2 & 1\end{bmatrix}\cdot\frac{1}{4}\cdot T \tag{6.1}$$

式中，T 表示计算位置处周边及其本身共计 9 个点的海洋温度（标量）采样值。总梯度的大小为

$$\mathrm{GM}=\sqrt{\left(\frac{\partial T}{\partial x}\right)^2+\left(\frac{\partial T}{\partial y}\right)^2} \tag{6.2}$$

总梯度的大小表示锋点处的强度。锋区的方向为

$$\theta_T=\arctan\left(\frac{\dfrac{\partial T}{\partial y}}{\dfrac{\partial T}{\partial x}}\right) \tag{6.3}$$

锋区是一片海域中梯度强度大小满足一定条件的区域。对于锋区的跟踪，可以设定梯度临界值，大于该临界值的部分，即可确定为锋区：

$$\mathrm{GM}>C_{\text{constant}}，\quad 单位：℃/\mathrm{km} \tag{6.4}$$

锋区的温度梯度临界阈值设定没有统一标准，一般锋区的确定和海域有关，中国南海为 GM＞0.025℃/km[1]或 GM＞0.5℃/（9km）[2]。汤毓祥和郑义芳[3]在研究东海温度锋时以 GM＞0.1℃/mi①作为临界值。郑义芳等[4]在研究黄海海洋锋时以 GM＞0.05℃/mi 为标准。东海北部陆架锋一年四季都存在，冬季和夏季锋区的宽度约为 43n mile②和 40n mile，强度为 0.08℃/n mile 和 0.10℃/n mile；夏季、秋季锋区宽度为 50n mile 和 38n mile，强度为 0.12℃/n mile 和 0.07℃/n mile[5]。锋区的尺度适合 AUV 进行观测，在数天内可以完成。在观测的过程中，可将观测平台往复穿越带状锋区，如图 6.1（b）所示。

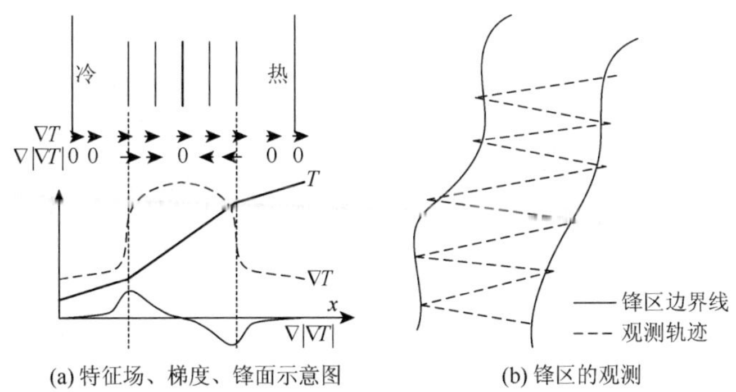

(a) 特征场、梯度、锋面示意图　　(b) 锋区的观测

图 6.1　海洋特征的特征场、梯度、锋面示意图及锋区的观测方式

① 1mi≈1.6km。
② 1n mile≈1.8km。

锋面是在锋区中两个水团的分界面，是两个水团对流和交换最明显的一条分界线，即海洋标量场变化的梯度在垂直于锋面的方向应大于某一阈值。Hewson 将锋面定义为如下三类[6]。

（1）直线锋：在平行于锋面方向上，梯度是不变化的。例如，从暖流过渡到冷流时，在锋区内，梯度变化是垂直于锋面的。即水平锋垂直于温度变化线，如图 6.2（a）所示，直线锋是一类非常特殊的锋面。

（2）扭转锋（斜压锋）：在平行于锋面方向上，梯度是有变化的。例如，暖流过渡到冷流时，梯度在锋面方向上有变化。在锋面区，水团梯度的变化有斜度，梯度方向和锋面不是垂直的，如图 6.2（b）所示，扭转锋具有一定的普遍意义。

（3）比以上两种锋更一般的存在，如图 6.2（c）所示，是非常常见的、具有普遍意义的锋面。

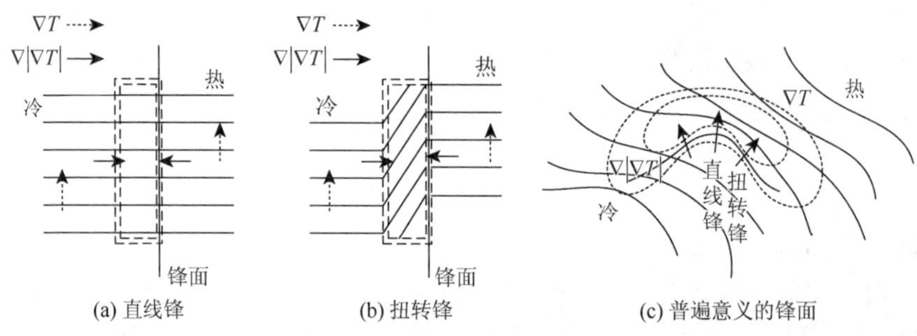

(a) 直线锋　(b) 扭转锋　(c) 普遍意义的锋面

图 6.2　锋面类型与定义

锋面判定的条件：锋区的不稳定由正压不稳定和斜压不稳定构成，分别由纬向基本流水平切变和纬向基本流垂直切变决定。在斜压区，其上升方向的梯度变化必须大于某个值。可以根据这些特性对锋面的跟踪策略进行分析。

对于直线锋，二维特性最终简化为一维特性，图 6.2（a）中虚线矩形区域内为锋区。锋面需要满足的条件为 $-\dfrac{\partial^3 T}{\partial x^3}=0$，即当 $\dfrac{\partial^2 T}{\partial x^2}$ 达到最小值时为锋面，该特性可以在图 6.1（a）中体现。其跟踪决策问题为

$$\min\left(\frac{\partial^2 T}{\partial x^2}\right),\left(\text{弱化条件:}-\frac{\partial^2 T}{\partial x^2}>K_1,\quad K_{1(\min)}=0\right) \tag{6.5}$$

对于扭转锋，由图 6.2（b）可知，在虚线矩形锋区内，梯度方向导数的大小在梯度方向的投影为 0，因此满足如下条件即可：

$$\mu=\mathrm{TFP}(T)=-\nabla^2|\nabla T|=-\nabla|\nabla T|\cdot\frac{\nabla T}{|\nabla T|}=-\frac{\nabla T}{|\nabla T|}H\frac{\nabla T}{|\nabla T|}=0 \tag{6.6}$$

对于具有更普遍意义的锋面，即直线锋和扭转锋的随机分布，可以将以上两种情况进行组合，即满足如下条件即可：

$$\mu = -\nabla|\nabla T|\cdot\left(\frac{\nabla T}{|\nabla T|}\right) > K_1,\quad K_{1(\min)} = 0 \tag{6.7}$$

由锋面的定义可知，对于直线锋，锋面和梯度相垂直；对于扭转锋，锋面和梯度呈一定的角度，观测平台沿着梯度方向移动并不断检测 TFP(T) 的值，就可以找到锋面。在多观测平台的跟踪过程中，∇T、H 均不为 0，但 μ 为 0，取多观测平台的运动方向为

$$\frac{\boldsymbol{p}_{\mathrm{c}}}{\|\boldsymbol{p}_{\mathrm{c}}\|} = k(\mu)\nabla T + |1-k(\mu)|\nabla T^{\perp} \tag{6.8}$$

式中

$$k(\mu) = \begin{cases} 1, & \mu < -\mu_l \\ -\dfrac{\arctan\dfrac{\mu}{\mu_l}}{\arctan 1}, & -\mu_l \leqslant \mu \leqslant \mu_l \\ -1, & \mu \geqslant \mu_l \end{cases} \tag{6.9}$$

这样，μ_l 是针对不同特征设定的阈值，根据不同的海洋特征、区域设定。当 μ 不为 0 时，就会调整运动方向，让 μ 趋近于 0，即可完成跟踪。

6.2 等值线、海洋特征极值跟踪

等值线、海洋特征极值跟踪是针对水平面的跟踪，这些海洋现象，如冷涡流、上升流在水平面体现为渐变的等值线围成的区域，其源头一般为其极大值或极小值。文献[7]中 Bachmayer 和 Leonard 设计了多滑翔机采用等边三角队形跟踪上升流在水平面形成的等值线，以验证多个滑翔机队形形成、扩张和缩放能力等。各滑翔机之间的距离为 3～6km，滑翔机在水平方向的航行速度约为 40cm/s。对于等值线、极值的跟踪如图 6.3 所示，跟踪等值线时，可以设定：

$$\begin{cases} T_{\text{object}} = T_{\text{constant}} \\ T_{\text{direction}} = \nabla T^{\perp} \end{cases} \tag{6.10}$$

跟踪极值时，可以设定：

$$\begin{cases} T_{\text{object}} = \max(|T|) \\ T_{\text{direction}} = \nabla T \end{cases} \tag{6.11}$$

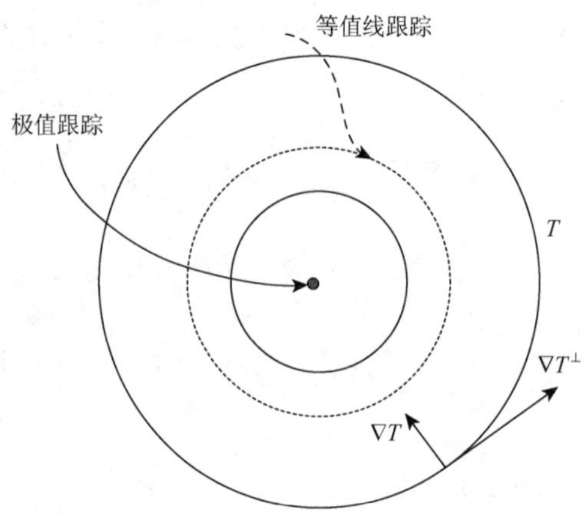

图 6.3　等值线与极值的跟踪

等值线跟踪包括两个过程：一个是趋近等值线的过程；另一个是观测平台已经运动到等值线上，需要沿等值线移动。所以运动的方向是梯度方向和切线方向的加权。队形尺寸的大小决定了多观测平台覆盖区域的大小，可以针对已有的观测数据预先设定尺寸的大小。

6.3　温跃层跟踪

海水温度随深度增加出现的急剧或不连续的阶跃状变化水层，称为海水温跃层。温跃层发生的海域，其温度在垂直方向上变化较大，通常冷水在其下层，暖水在其上层，对流相对稳定。温跃层区域温度、盐度的变化趋势是相同的。温跃层通常是按照温度在垂直面梯度的大小进行定义的，依据温跃层 0.05℃/m 的强度标准，我国南海海域四季都存在小于 50m 的浅跃层和大于 50m 的深跃层，并且分别分布在水深 100m 以浅的大陆架海域以及南海的深水海域。周燕遐[8]对温跃层进行了归类，将南海温跃层分为浅跃层型、深跃层型、混合跃层型、双跃层型、多跃层型、逆跃层型等。

对于小尺度的温跃层，可结合垂直截面数据进行分析。多个观测和对比的水层分别选为[9]0, 5, 10, 15, 20, 25, 30, 35, 50, 75, 100, 120, 150, 200, 250, 300, 500, 600, 700, 800,900, 1000, 1200, 1300, 1400, 1500, 1750, 2000, 2500, 3000, 4000, 5000, 6000, 7000, 8000, 9000（m）。

典型的观测方法是采用水下机器人、滑翔机等观测平台做锯齿状轨迹的运动，并重点在相对应的深度水层上进行观测，即选择特定剖面、特定深度范围进行观测，通过改变俯仰姿态以改变观测空间的尺度。

温跃层可以用跃层的边界、强度等描述。温跃层的上界深度即为跃层上端所在的深度，下界深度即为跃层下端所在的深度。上下界深度差即为温跃层的厚度，根据温跃层上下界的温度值和跃层的厚度，可推算温跃层的强度。因此，定义在垂直方向上温度梯度值 Q 为

$$Q = \frac{\Delta T}{\Delta z} \tag{6.12}$$

式中，ΔT 为两层海水温度差；Δz 为两层海水深度差。不同深度，对温跃层阈值的限定也不相同。温跃层的突变，带来了盐度、密度的变化，其判定方法主要有以下几种。

（1）垂向梯度法。在不同深度上，温度、盐度的梯度达到相应阈值即可认定为跃层，其阈值如表 6.1 所示。同时可以依据梯度信息确定跃层的上下边界，即对应水层的上下端点[10]。跟踪跃层时，只需限定：

$$Q \geqslant Q_{\text{threshold}} \tag{6.13}$$

表 6.1　跃层阈值

跃层	深度＜200m	深度＞200m
温度跃层强度/(℃/m)	0.2	0.05
盐度跃层强度/(S/m)	0.1	0.01
密度跃层强度/(kg/m^4)	0.1	0.015

（2）梯度函数逼近法。将海水理想地划分为上均匀层、跃层和下均匀层三层垂直结构，并建立一个近似的函数关系：

$$\begin{cases} T = t_1, & h \leqslant h_1 \\ T = Q(h - h_1) + t_1, & h_1 < h < h_2 \\ T = t_2, & h \geqslant h_2 \end{cases} \tag{6.14}$$

（3）海表温度（sea surface temperature，SST）数据分析中，对温跃层上界的定义为自海表向下（SST 卫星数据）与表层温度差为 0.5℃所在的深度。

基于跃层强度的定义，可以根据水下平台的观测数据相对精确地确定跃层深度边界、厚度和跃层的强度。将观测数据进行拟合可以获得 Q。在实际的观测中，水下机器人可以获得较为详细的、实时的观测采样数据，用水下机器人或滑翔机以锯齿状的轨迹去穿越温跃层，可以获得温跃层的上下边界和厚度等。对于观测空间尺度，可通过改变水下机器人或滑翔机的姿态来实现。在一个周期内，观测平台在水平方向移动的距离 $l_{水平}$ 反比于该周期中采样数据在水平方向的梯度变化 $Q_{水平}$：

$$Q_{水平} = \frac{\Delta T}{\Delta l_{水平}} \propto \frac{1}{l_{水平}} \tag{6.15}$$

对于滑翔机，可以通过改变电池质量块的位置来改变俯仰姿态，从而实现对跃层的跟踪。当然，在一个周期内，水平的移动距离并不是严格按照式（6.15）连续变化的，这种情况可以预先设定离散的观测网格，观测平台在相应的网格点上移动即可，这样可以在降低能耗的同时改变观测密度。跃层跟踪的示意图如图 6.4 所示，跟踪深度在几十米到几百米，水平距离可以从几十米到几百千米。

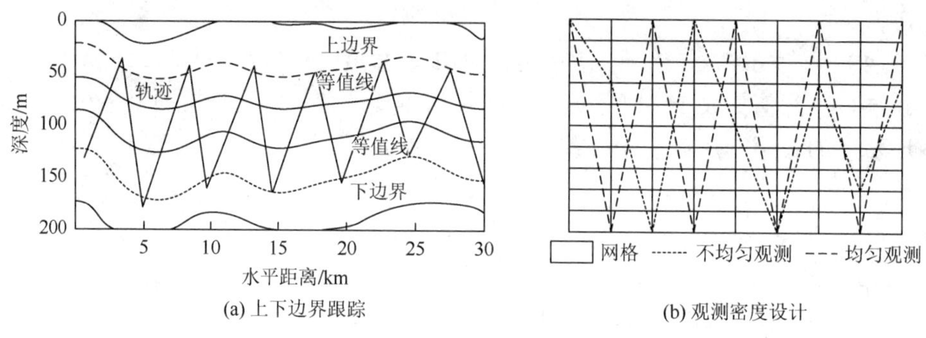

(a) 上下边界跟踪　　(b) 观测密度设计

图 6.4　剖面跃层跟踪

6.4　上升流跟踪

海洋上升流是水体的搬运过程[11]，即海水从深处向浅处的垂直运动，一般分为沿岸上升流和开阔水域上升流，可以用埃克曼理论解释，通过垂直运动使风驱动产生的铅直湍流摩擦力和科氏力相互平衡，产生的表层海水（相对于深层海水）速度大，最终造成大量海水水体的搬运与流动补偿。赤道附近的上升流是开阔水域上升流；发生在沿岸地区的上升流，是一种垂直向上的逆向运动洋流，风力吹送将表层海水推离海岸，致使海面略有下降，因此为实现水压的均衡，深层海水在该海域补偿上升，形成上升流，如图 6.5 所示。其他上升流有地形引起的上升流、中尺度涡流引起的上升流。地形引起的上升流，是由于海底地形斜坡的存在，海水的水平速度与坡面冲击的过程中，将动能转换为势能所形成的上升流。中尺度涡流往往伴随着上升流。中尺度涡流引起的上升流，尺度在数十至数百千米，包括冷涡和暖涡。北半球的冷涡为逆时针气旋式，中央为上升流；北半球的暖涡为顺时针气旋式，中央为下沉流。

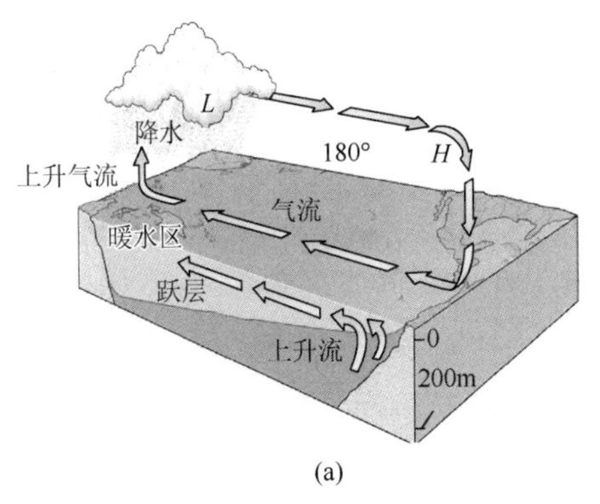

(a)

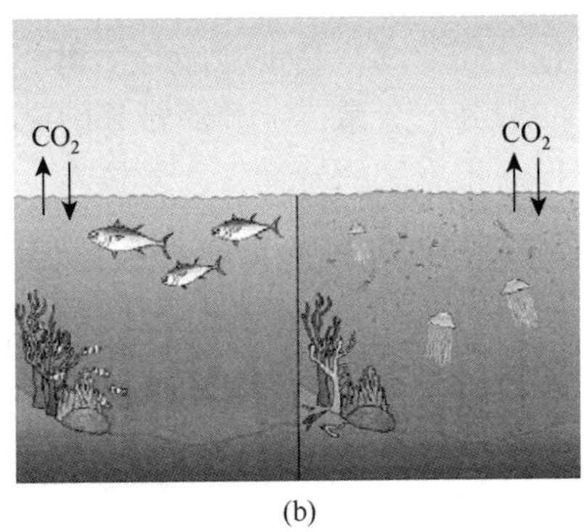

(b)

图 6.5 温度上升流与海洋碳循环

上升流区表层流场呈水平扩散，而深层水流呈垂直上升的态势，从而可以把含有丰富营养物、盐类的水体带到表层水面，并进行光合作用，为海洋生物营造富营养物的生态系统。上升流可以把海水下层的营养盐带到中上层，以供给浮游植物摄入，高水产能力会通过食物链从植物传递到动物，形成较为著名的渔场，如南美洲的秘鲁、非洲西南部和我国的舟山群岛，上升流海区鱼类生产量大约为其他海域的 75 倍，比其他海域具有更高的初级生产力。另外，过度的上升流会导致过多的营养盐并诱发浮游植物的过度增生，从而导致赤潮等灾害现象发生，“上升流系统赤潮”已成为国际研究的热点。另外，海洋上升流对全球碳循环的影响也是非常重要的，海洋上升流影响海区的物理过程（物理泵，温度升高，导致 CO_2 溶解释放回大气）和生物过程（生物泵，浮游植物聚集进行光合作用，从而需从大气中吸收 CO_2），上升流将深层水带至表层的过程中，随着上升流区域海水变暖，CO_2 溶解度降低，部分 CO_2 会释放回大气中，从这个角度讲，上升流海区作为大气碳源而存在；大量浮游植物通过光合作用形成更多的有机碳等，并在食物链内经过各种转化输送到动物链，此时上升流是将大气中 CO_2 吸收到海洋中，因此上升流成为研究全球碳循环的关键海区。

上升流的量级比较微弱，长江入海口的上升流水体移动速度大概在 1.5×10^{-5}m/s。浙江沿岸海区的上升流分布在深度为 15～35m 的海岸带上，其上升流量级一般在$(0.1\sim1)\times10^{-3}$m/s。闽南—台湾浅滩上升流是指夏季闽南近岸中心在南澳岛—海门附近的一部分低温、高营养盐和低溶解氧的水体，具有高级生产力、高浮游植物量等特征[12]，其主要是由夏季盛行的西南风驱动形成的。台湾浅滩上升流一般指夏季台湾浅滩南部存在的闭合椭圆形低温、高盐度区域，其闭合中心温度、盐度分别为 25℃和 34S[13]。上升流的物理、化学特征主要有以下几个方面[11]。

（1）低温、低氧：上升流为冷水上涌，有机体分解耗掉氧气。

（2）高盐度、高密度：盐度和密度的高值区，水体上升带来盐度的变化。

（3）高叶绿素：上升流带来的高营养物和 CO_2，适于浮游生物的快速生长，从而使海水上层的叶绿素含量较高。

在上升流研究上[11]，国内学者针对长江入海口的海域开展了走航式观测试验，以断面观测为主要方式。垂直方向上观测采样的密度和水深有关，在水深小于 20m 时为采样密度间隔 1m，水深大于 20m 时为采样密度间隔 2m。

上升流在物理过程上体现为大范围水体的流动，这种流动速度非常微弱，其量级一般在 10^{-5}m/s，温度、盐度变化体现为海洋标量场的值在某区域和相邻区域相比有突变。例如，冷水的涌升，涌升区的温度比两侧同一水层的温度低，这类现象不全是在梯度、变化剧烈程度上的区别，而是其温度、盐度和周围海域在断面上有明显突变。针对温度场的垂直剖面观测，可以跟踪上升流的等值线，即当存在水体盐度的高值、温度的低值时，就表明不是同一水层的流动，而是来自下层的水体涌升。

对于走航观测，可采用多滑翔机对某个纬度进行锯齿形轨迹观测。为提高多个纬度上数据的同步性，可以采用多观测平台从不同的起始位置进行梳状观测。

观测的水平分辨率为 $10'\times10'$[14, 15]，垂直方向上为 25 层。研究表明，粤东海域上升流区强度较强，并主要位于汕头沿岸至厦门海域附近 60km 的近岸海域内，上升流中心在 5m 水深处为 28℃，比外海同纬度温度低 1.2～1.5℃，在 15m 水深处为 25℃，比外海同纬度低 3～5℃，但密度、盐度明显比外海高。楼琇林[16]对浙江省沿岸上升流的主体温度、平均温度进行了统计分析，结果表明，上升流中心处与外围水体温差越大，则上升流越强。胡明娜[17]对 2002 年 6 月的舟山群岛 SST 数据和叶绿素数据进行了分析，长江入海口处叶绿素大于 1mg/m^3，而 SST 数据小于 26℃，这些都是明显的上升流特征现象。

可根据历史观测数据的同化结果，选取合适的纬度进行观测。观测上升流在断面上的变化时，可根据不同断面的等值线，改变水下机器人、滑翔机等观测平台的俯仰角以适应断面的标量场变化和等值线的变化，对比观测信息和观测的期望值，并结合观测平台在垂直面的运动特性进行控制。

在水平面上可以跟踪上升流形成的等值线［式（6.10）和式（6.11）］圈定上升流区域。对于上升流等值线，可以设定：

$$
\begin{cases}
T_{\text{object}} = T_{\text{constant}} \\
T_{\text{direction}} = \nabla T^{\perp}
\end{cases}
$$

圈定上升流中心，可以设定：

$$\begin{cases} T_{\text{object}} = \min(T) \\ T_{\text{direction}} = \nabla T \end{cases}$$

比较上升流和温跃层，可知上升流区和温跃层区的盐度都较高，但是就温度而言，上升流较低，而温跃层较高。在上升流区，盐度的变化趋势和温度的变化趋势是相反的，所以在跟踪上升流中心时，可以结合温盐深传感器在温度T、盐度S上的数据信息进行综合处理：

$$f_{\text{object}} = f(\min(T), \max(S)) \tag{6.16}$$

6.5 冷涡和暖涡跟踪

中尺度涡是由海水长时间的旋转运动所形成的，尺度从数十千米到数百千米，时间为数天到数月。中尺度涡根据旋转方向不同，分为气旋式和反气旋式：涡旋内海水做逆时针旋转运动是气旋式涡；涡旋内海水做顺时针旋转运动是反气旋式涡。从温度上划分，中尺度涡分为暖涡和冷涡。北半球气旋式涡的温度较低，称为冷涡；南半球反气旋式涡的温度较高，称为暖涡。中尺度涡能够将水体在尽可能保持原来性质的情况下，对其进行携带、搬运。对中尺度涡的运动进行研究，可以了解海洋中物质的混合，涡流对动量、热量和物质的输送能力，以及海洋温度、盐度结构等[18]。

我国南海的中尺度涡很活跃。中尺度涡往往伴随明显的上升流和下沉流。我国东海也有多处中尺度涡被发现，胡敦欣等[18]发现了东海北部济州岛西南的气旋式涡结构，指出涡流的上升促使低层冷水明显涌升，通过温度要素的分布可以认识冷涡上升流结构。孙湘平[19]预测了中国台湾东北海域出现在苏澳至三貂角、彭佳屿、钓鱼岛等三处冷涡流的存在。Qiao 等[20]在中国台湾东北部海域捕捉到三个冷涡，尺度在 30～100km，其中两个与孙湘平预测的相符合。许艳苹[21]研究了 2007 年 8 月和 9 月在南海西北部海域、西南部海域的两个涡流，其直径分别为 170km、200km，冷涡的中心区比边缘区温度低 6.8℃、6℃，密度大 2.6kg/m^3、2.9kg/m^3。

中国近海涡主要有东海南部暖涡、钓鱼岛北冷涡、台湾东北冷涡、东海北部冷涡、黑潮锋面引起的涡旋等，其中冷涡位置靠近黑潮，暖涡贴近台湾暖流。东海南部暖涡空间尺度为 190km，停留在 50～70m 深度层上。台湾东北冷涡一年四季均存在，分布在水深小于 75m 的海域，空间尺度为 50n mile×20n mile。

中尺度涡的形状一般为圆形或椭圆形，在传播过程中伴随着形状的改变，所以对涡的自动提取比较困难。常用的方法是设定相对于海平面的某一个闭合的等高线为中尺度涡的边界线[22]。冷涡（暖涡）是中心温度低（高），四周温度高（低），平面上有多条闭合等温度线构成的区域，温度场可以很好地表征这些要素[23, 24]。在纵剖面上，冷涡为冷水涌升，与上升流相辅相成，形成冷涡-上升流系统。对于涡流边缘的检测，可以借鉴 SST 数据的处理方法，难点在于涡流的范围比较大，涡流边界相对而言不是非常明显，相应的观测方式也有很大的不同，通常涡流区温度有如下特性：

$$T(r)=T_{\mathrm{c}}-(T_{\mathrm{c}}-T_{\mathrm{k}})\left(1-\mathrm{e}^{\frac{r}{R}}\right) \tag{6.17}$$

式中，r 为涡流中心与边缘的距离；T_{c} 为涡流中心处的温度；T_{k} 为涡流边界的温度；$R=5R_0$，R_0 为罗斯贝变形半径（Rossby deformation radius，该半径与纬度半径有关）[25-27]。涡流区大致范围可以根据式（6.18）判定：

$$f_T(x,y)=\begin{cases}1, & T_{\mathrm{c}}<T(r)<T_{\mathrm{k}}\\ 0, & 其他\end{cases} \tag{6.18}$$

在对 T_{c}、T_{k}、R_0 具体化的基础上，根据上述处理方法，可以找到涡流所在的大致边界。通常认定满足式（6.18）条件的相关海域中，75%海域为涡流区，基于该原理，可以对涡流边界进行估计。我们先对历史数据进行分析，确定涡流大致的中心位置，随后根据式（6.17）得到涡流从中心向四周蔓延的基本关系。最后，在估计边界时，通过数据插值的方法，在以涡流中心点为圆心取半径为 $r=0.25R,0.375R,0.5R$ 的圆上采用多滑翔机平台进行采样，并对这些数据进行插值，以获得涡流边界数据，插值方式如式（6.19）所示：

$$y_{\mathrm{bound}}=a_0+a_1 r \tag{6.19}$$

式中，a_0、a_1 为插值系数，可以通过对 $r=0.25R,0.375R,0.5R$ 的采样数据拟合获得；r 为采样数据点距离涡流中心的距离。跟踪示意图如图 6.6（a）所示，利用多个水下观测平台在闭合轨迹上同时进行协调观测采样，这样可获得同步性较高的数据；通过获得的插值系数和式（6.19）估计涡流边界。在已知涡流边界的基础上，设定需要跟踪的边界并进行跟踪：

$$\begin{cases}T(r)=T_{\mathrm{k}}\\ T_{\mathrm{direction}}=\nabla T^{\perp}\end{cases}$$

$$\begin{cases}\dfrac{\mathrm{d}T(x,y)}{\mathrm{d}x}=\dfrac{(T_{\mathrm{c}}-T_{\mathrm{k}})x}{R\sqrt{x^2+y^2}}\left(1-\mathrm{e}^{\frac{\sqrt{x^2+y^2}}{R}}\right)\\ \dfrac{\mathrm{d}T(x,y)}{\mathrm{d}y}=\dfrac{(T_{\mathrm{c}}-T_{\mathrm{k}})y}{R\sqrt{x^2+y^2}}\left(1-\mathrm{e}^{\frac{\sqrt{x^2+y^2}}{R}}\right)\end{cases} \tag{6.20}$$

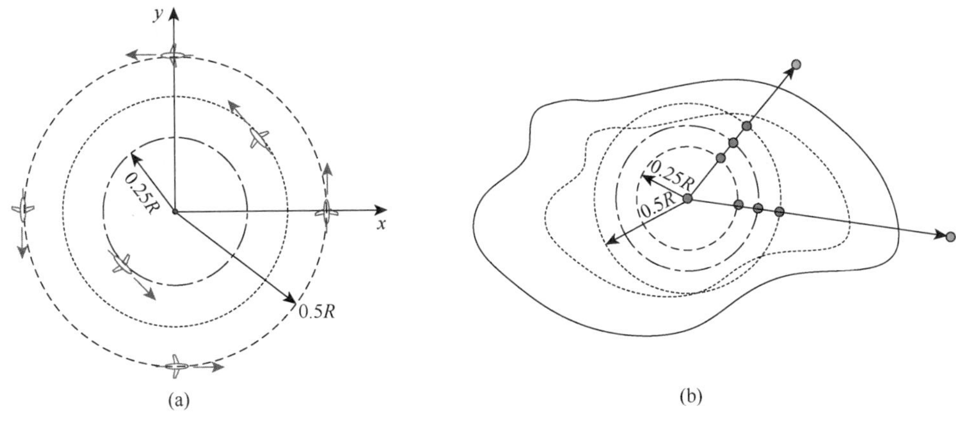

图 6.6 涡流边界预测

观测平台可以根据历史数据中的涡流信息、实际的观测数据、预测的边界位置对涡流的边界进行检测。这种观测方式是针对边界不是特别明显，且覆盖范围较大的情况。

冷水团的特性和涡流基本相似，可以采用类似的方法进行跟踪。冷水团主要发生在黄海底层的大部分区域，是被低温等温线封闭包络的水团。夏季时，冷水团的中心温度为 7～8℃。黄海冷水团共计有 3 个低温中心[28]，即北黄海冷中心（38°30′N, 122°30′E）、南黄海西侧冷中心（36°30′N, 129°24′E）、南黄海东侧冷中心（36°30′N, 122°15′E）。这些冷水团的温度变幅最大为 7.7℃。

6.6 海洋内波跟踪

海洋内波即海洋内部的波动[29]，发生在水体稳定层化的海洋内部，并可以传递数百千米且波形保持不变，振幅为数米至数百米，波长从数十米到数千米，时间从数小时到数十天、数月，短内波的传播速度可达每秒数十厘米量级，我国南海海域的内波速度一般在 0.2～2m/s[30]。海水的层化是内波形成的内因，受到扰动是内波形成的外因。海水密度存在分层差异，这些差异在受到扰动时会在分界面产生波动，即形成内波，密度变化是内波存在的必要条件[31]。外界扰动主要有风、地形、潮汐、海流、密度变化等。通常，小的扰动就可以形成大内波，这种波动形成后，很难恢复原状。深海内波受海底影响小，具有很强的线性，浅海内波具有很强的非线性。两层流体之间的波动可以简单描述为

$$V_{\text{wave}} = \pm\sqrt{gH\left(1-\frac{\rho_1}{\rho_2}\right)} \tag{6.21}$$

式中，H 为下层流体未受扰动时的深度；ρ_1、ρ_2 分别为上下层流体的密度，而海表的界面波即为 $\rho_1 = 0$ 时的情况。

通常线性或弱非线性的波称为内潮波，把强非线性、由潮汐生成的波称为内孤立波。在亚洲海洋声学实验中，研究东沙群岛海域的内波变化规律通常采用锚系潜标、拖曳式温盐深仪、雷达测波系统等。观测结果表明其传播距离约为 485km，内孤立波的振幅在 29～142m 范围内变化，持续时间为 7～8 天，这些表明了我国南海海域内波的存在。对南海海域内孤立波进行实际观测时，观测方式是在母船上释放携带温度计、压力计的观测链系统，在小于 170m 的较浅深度上每 5m 布放一个温度计，大于 170m 的深度每 10m 布放一个温度计，观测时间为 25 小时，每 30～40m 布设一个压力计[31]。

内波是一种在稳定的不同水层上的波动现象，这种波动会带来该水层的振动。温度、盐度等会伴随该水层的振动而呈现为一种波动状态，可以利用这种信息对其进行观测，即将通过温盐深传感器获得的温度、密度的垂直分布描述为与深度相关的形式，以分析波动的信息。在采用多水下机器人或滑翔机对内波进行观测时，应注意内波的观测是在预先设定的一定区域内、连续时间段内对不同深度的剖面数据的观测。传统方式是在合适的位置上布放锚系潜标，以等待内波到来，通过分析等温线在小时量级上的振动对波动进行分析。其缺陷在于，在水流影响的累积下，锚系观测链可能发生倾斜，锚系潜标有误差；另外，定点锚系潜标观测范围有限，处在一种等待状态。因此可以将锚系潜标与水下机器人或滑翔机进行协同观测。国内已经成功研制出了具有通信功能的潜标，即将潜标、浮标设计成一体，如图 6.7（a）所示。这样，一方面，观测平台可以拓宽观测区域，并适应不同深度的剖面观测；另一方面，观测平台可以以潜标为参考基准，进行自身位置和观测区域的调整。

图 6.7（a）是锚系观测矩阵对波动的观测。在图 6.7（b）中，我们将多滑翔机与潜标相结合，以获得大区域内的观测信息，可以避免锚系点处无明显内波的问题，并设定多滑翔机的轨迹，以使其沿波断面和波切面进行观测，从而获取更多的波动信息。滑翔机的速度为 0.2～1.5m/s，国外最新的翼形滑翔机速度可达 1.5m/s，可以对一定范围内的内波进行观测；对于速度较大的内波，可以在了解续航能力的基础上，选用操纵性更强、速度更快的水下机器人进行观测。对于小海流情况，可以直接采用滑翔机的锯齿轨迹对沿波移动和逆波移动方向进行观测，如图 6.7（c）所示，在断面上，假定波动的振动幅度为 ϖ，可知滑翔机的实际速度为

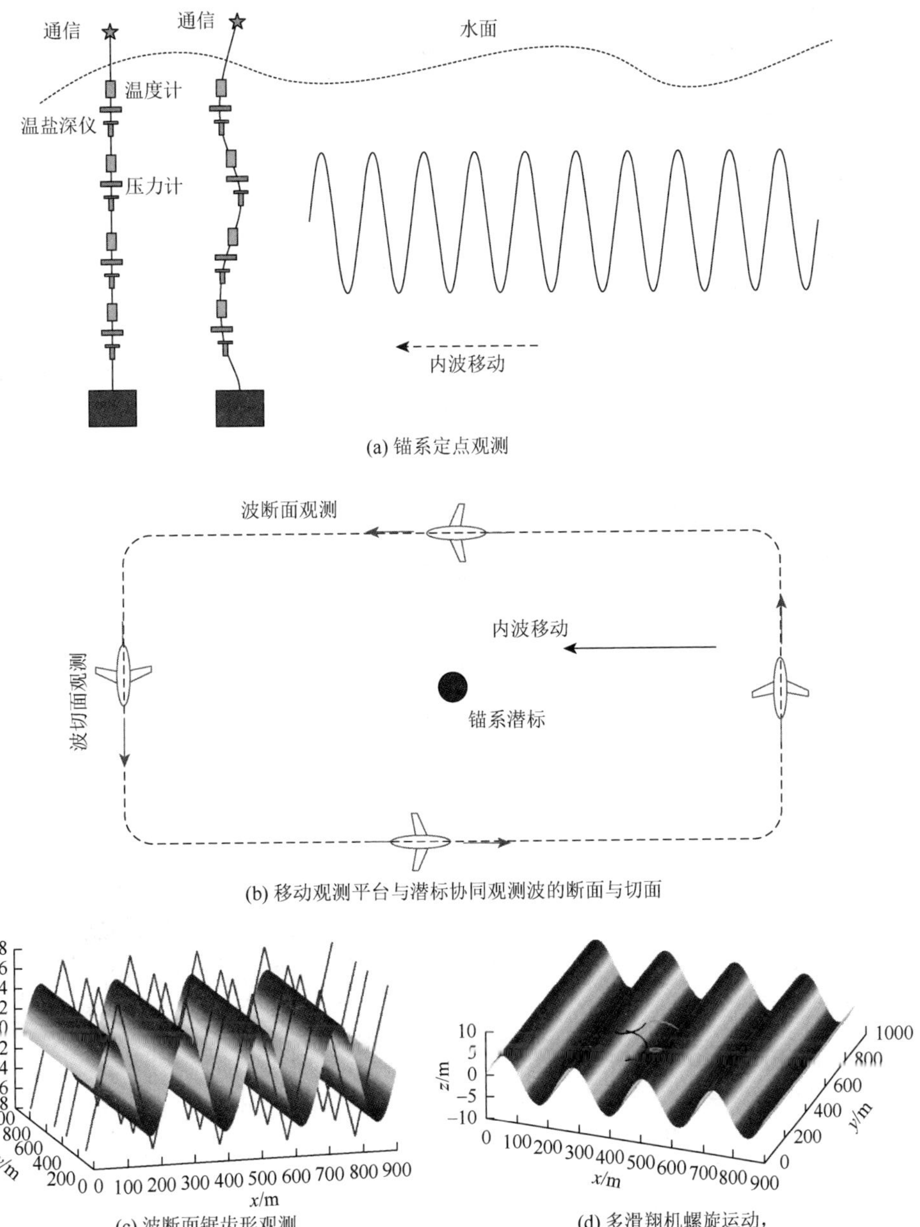

(a) 锚系定点观测

(b) 移动观测平台与潜标协同观测波的断面与切面

(c) 波断面锯齿形观测

(d) 多滑翔机螺旋运动，调整姿态以抗流

图 6.7 内波观测（锚系潜标与多观测平台协作）

$$
\begin{aligned}
V_{\text{real}} &= V_{\text{静水}} + V_{\text{wave}} \sin(\varpi t + \varpi_0) \\
&= V_{\text{静水}} \pm \sqrt{gH\left(1 - \frac{\rho_1}{\rho_2}\right)} \sin(\varpi t + \varpi_0)
\end{aligned} \tag{6.22}
$$

对于内波的波切面，滑翔机可以利用三维螺旋运动特性，改变自身的姿态，利用机翼升力的水平分量将波动的扰动抵消，抵消后的轨迹也是一个锯齿轨迹，如图 6.8 所示，速度关系为

$$
\begin{cases}
\boldsymbol{V} = \boldsymbol{V}_{\text{D-glider}} + \boldsymbol{V}_{\text{S-glider}} \\
\boldsymbol{V}_{\text{S-glider}} = \boldsymbol{V}_{\text{wave}} \sin(\varpi t + \varpi_0) = \pm \sqrt{gH\left(1 - \frac{\rho_1}{\rho_2}\right)} \sin(\varpi t + \varpi_0)
\end{cases} \tag{6.23}
$$

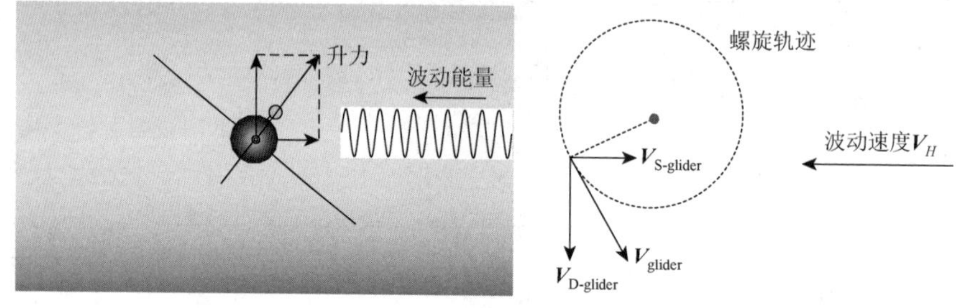

图 6.8 滑翔机姿态调整

6.7 本章小结

本章对主要的中小尺度海洋现象特性及其在我国近海海域的活动情况进行了系统的分析，主要包括锋区、锋面、上升流、温跃层、涡流、内波等海洋现象。这些海洋现象有以下特点：锋区反映两个水团能量在交换区域的变化程度；锋面则是交换最强的一条分界线；上升流是水体从海水下层往上层的涌流，具有中心温度低、盐度高的特点，是水体的搬运现象，温度、盐度变化的趋势相反；温跃层反映温度垂直方向的突变特性，温度、盐度都较高，且温度、盐度的变化趋势是相同的；涡流是一种旋转式的气旋运动，其中心和纬度相关；内波是海洋能量以波动的形式进行传递的现象。

本章针对不同海域、不同季节海洋现象的变化特性，系统地给出了这些现象在中国近海海域发生的阈值。在此基础上，对这些海洋特征进行了参数描述和跟踪方式分析，并给出了多水下机器人、滑翔机在跟踪过程中的控制策略，为实际多水下机器人、滑翔机等进行海洋特征的跟踪提供了基础条件。

参 考 文 献

[1] 刘传玉. 中国东部近海温度锋面的分布特征和变化规律[D]. 青岛：中国科学院海洋研究所，2009.

[2] Wang X D，Liu Y，Qi Y，et al. Seasonal variability of thermal fronts in the Northern South China Sea from satellite data[J]. Geophysical Research Letters，2001，28（20）：3963-3966.

[3] 汤毓祥，郑义芳. 关于黄、东海海洋锋的研究[J]. 海洋通报，1990，9（5）：89-96.

[4] 郑义芳，丁良模，谭锋. 黄海南部及东海海洋锋的特征[J]. 黄渤海海洋，1985，5（1）：16-19.

[5] 刘清宇. 海洋中尺度现象下的声传播研究[D]. 哈尔滨：哈尔滨工程大学，2006.

[6] Hewson T D. Objective fronts[J]. Meteorological Applications，1998，5：37-65.

[7] Bachmayer R，Leonard N E.Vehicle networks for gradient descent in a sampled environment[C]. Proceedings of the IEEE Conference on Decision and Control，Las Vegas，2002：112-117.

[8] 周燕遐. 南海海洋温度跃层统计分析[D]. 青岛：中国海洋大学，2002.

[9] Phaneuf M D. Experiments with the Remus AUV[D]. California：Naval Postgraduate School，2004.

[10] 张媛，吴德星，林霄沛. 东海夏季跃层深度计算方法的比较[J]. 中国海洋大学学报，2006，36：1-6.

[11] 吕新刚. 黄东海上升流机制数值研究[D]. 北京：中国科学院大学，2010.

[12] 黄荣祥. 台湾海峡南部的温、盐结构与夏季上升流，闽南—台湾浅滩渔场上升流区生态系研究[M]. 北京：科学出版社，1991：75-84.

[13] 何发祥. 台湾海峡南部夏季上升流与暖涡：闽南—台湾浅滩渔场上升流区生态系统研究[M]. 北京：科学出版社，1991：150-157.

[14] 经志友，齐义泉，华祖林. 闽浙沿岸上升流及其季节变化的数值研究[J]. 河海大学学报（自然科学版），2007，35（4）：464-470.

[15] 经志友，齐义泉，华祖林. 南海北部陆架区夏季上升流数值研究[J]. 热带海洋学报，2008，27（3）：1-8.

[16] 楼琇林. 浙江沿岸上升流遥感观测及其与赤潮灾害干系研究[D]. 青岛：中国海洋大学，2010.

[17] 胡明娜. 舟山及邻近海域沿岸上升流的遥感观测与分析[D]. 青岛：中国海洋大学，2007.

[18] 胡敦欣，丁宗信，熊庆成. 东海北部一个气旋型涡旋的初步分析[J]. 科学通报，1980，25（1）：29-31.

[19] 孙湘平. 台湾东北海域冷涡的分析[J]. 海洋通报，1997，16（2）：1-10.

[20] Qiao F，Zheng Q，Ge R，et al. Cruise observations of a cold core ring and β-spiral on the East China Sea continental shelf[J]. Geophysical Research Letters，2005，32：1-4.

[21] 许艳苹. 南海西部冷涡区域上层海洋营养盐的动力学[D]. 厦门：厦门大学，2009.

[22] Hwang C，Kao R，Wu C R. The kinematics of mesoscale eddies from TOPEX/POSEIDON altimetry over the subtropical counter current：Case studies for a cyclonic eddy and an anticyclonic eddy[C]. Geophysics and Oceanography，Wuhan，2002：183-190.

[23] 孙湘平，修树孟. 台湾东北海域冷涡分析[J]. 海洋通报，1997，16（2）：1-4.

[24] 孙湘平，修树孟. 台湾东北海域冷水块特征[J]. 黄渤海海洋，2002，20（1）：1-10.

[25] Chaudhuri A，Gangopadhyay A，Balasubramanian R，et al. Automated oceanographic feature detection from high resolution satellite images[C]. Proceedings of the Seventh IASTED International Conference on Signal and Image Processing，Rhodes，Greece，2004：217-223.

[26] Balasubramanian R，Tandon A，John B，et al. Detecting and tracking of mesoscale oceanic features in the Miami isopycnic circulation ocean model[C]. The IASTED International Conference on Visualization，Imaging，and Image Processing VIIP，Benalmedena，2003：169-174.

[27] Cayula J F，Cornillon P. Edge detection algorithm for SST images[J]. Journal of Atmospheric and Oceanic Technology，1992，9（1）：67-80.

[28] 温婷婷. 黄东海营养盐分布特征以及台湾东北部冷涡上升流的初步研究[D]. 青岛：中国海洋大学，2010.

[29] 申辉. 海洋内波的遥感与数值模拟研究[D]. 青岛：中国科学院海洋研究所，2005.

[30] 柯自明，尹宝树，徐振华，等. 南海文昌海域内孤立波特征观测研究[J]. 海洋与湖沼，2009，40（3）：269-274.

[31] 司广成. 南海北部内潮与内孤立波特征的研究与模拟[D]. 青岛：中国科学院海洋研究所，2010.

7 深海金属矿产资源开发利用技术

随着世界人口增加，人类面临着资源短缺的问题。特别是陆地空间所提供的矿物、油气、粮食逐渐不堪重负。深海海底蕴藏着大量的矿物、油气、可燃冰资源，具有广阔的应用前景，开发潜力巨大。

7.1 深海金属矿产资源开发的意义

海洋面积占地球表面积的 70.8%，其中超过 2000m 的深海区占海洋面积的 84%。深海蕴藏着极其丰富的矿产资源，随着陆地矿产资源的逐渐枯竭和海洋技术的不断进步，探测开发利用海底矿产资源已成为经济社会发展的必然选择。文献[1]介绍了海底资源的储量和我国深海矿产资源开发的战略部署。

1. 海底是巨大的金属矿产资源宝库

海底金属矿产资源主要有多金属结核、富钴结壳、热液硫化物。海底 15%的面积被多金属结核所覆盖，总储量约 30 000 亿 t，仅太平洋就有 17 000 亿 t，其中含锰 4000 亿 t，含镍 164 亿 t，含铜 88 亿 t，含钴 58 亿 t。富钴结壳中锰、钴、镍、铜的金属量分别为陆地资源量的 11.11 倍、71.58 倍、8.26 倍、29%，目前尚未有数据表明全球大洋富钴结壳资源量，仅通过对太平洋海山结壳进行资源调查，得知其结壳分布面积为 2 062 862km^2，计算出的结壳资源量为 1014.11 亿 t，其中锰 222.29 亿 t，钴 6.08 亿 t，镍 4.46 亿 t，铜 1.32 亿 t。其他如多金属热液硫化物等资源尚在发现之中。已进行的勘探仅仅掀开了海底金属资源的冰山一角，其储量已十分惊人，随着相关技术的发展，海洋必将是人类可利用的、巨大的金属资源宝库。

2. 开发利用海底矿产资源是国家重大战略部署

青铜时代揭开了人类利用金属资源的大幕，自此而始，在人类波澜壮阔的文明进程中，金属始终是无处不在的。随着社会工业化程度的提高，金属资源的消耗正以惊人速度增长。我国陆地金属资源储量有限、资源品质较差，远不能满足经济社会发展需求，现已成为世界上最大的金属矿产进口国，铁、铜、铅、镍、钴等主要金属矿产的对外依存度均已超过 50%，未来国家对金属资源需求量会越来越大，供需矛盾将成为制约社会经济发展的瓶颈，并对国家安全构成威胁。在陆地资源日趋匮乏的情况下，开发利用海洋资源将为国家战略需求提供重要保障。

2006 年温家宝总理做出了“深入开展国际海底区域工作，关系国家长远利益。要抓紧制订规划，明确目标、任务和重点。加强各部门的协调配合，充分发挥各方面的积极性”的重要批示，明确指出开展国际海底区域工作对我国的重要性，要求各部门加强协调，制订发展规划，明确目标任务，抓住重点，统筹规划，为我国经济持续稳定发展提供矿产资源保障。2010 年发布的《国务院关于加快培育和发展战略性新兴产业的决定》明确提出，面向海洋资源开发，大力发展海洋工程装备。海洋工程装备作为高端装备制造产业，被列入战略新兴产业。“大型海洋工程技术装备”被列为 62 个优先主题之一，“深海作业技术”被列为 24 个前沿技术之一。党的十八大也明确提出，要提高海洋资源开发能力，发展海洋经济，建设海洋强国。党的十九大报告指出，坚持陆海统筹，加快建设海洋强国。海洋是经济社会发展的重要依托和载体，建设海洋强国是中国特色社会主义事业的重要组成部分。

2017 年 5 月，国家发改委、国家海洋局联合印发《全国海洋经济发展“十三五”规划》指出，到 2020 年，我国海洋经济发展空间不断拓展，综合实力和质量效益进一步提高，海洋产业结构和布局更趋合理，海洋科技支撑和保障能力进一步增强，海洋生态文明建设取得显著成效，海洋经济国际合作取得重大成果，海洋经济调控与公共服务能力进一步提升，形成陆海统筹、人海和谐的海洋发展新格局。

3. 海底矿产资源开发具有一定的经济、环境优势

相对于陆地资源开采，深海采矿有自身的优势，由于采用移动的浮动生产系统作业，无须传统陆地矿山的矿区厂房、道路以至城镇等建设，不存在对当地人居生存环境和自然环境的影响，不仅可节省相当可观的基础建设费用，而且可以使一些规模较小、放在陆地则不具备经济开采价值的海底硫化矿矿床具有商业开采价值。

另外，由于深海矿产资源多位于各国专属经济区和国际海底区域，各地海洋、军事政策等对资源的开发可能会存在一定的影响，但移动的浮动生产系统具有很好的灵活性，是一种可以在全球范围内移动的生产系统，可以规避各地政策影响，避免因政策等不确定因素造成的基础设施投资损失。

文献[2]指出，任何经济长期战略中的一个主要因素必须是应对自然资源日益

增加的压力，以确保这些战略金属的供应安全。在当今迅速变化的全球经济格局中，深海采矿，特别是在已灭绝的热液喷口和多金属结核覆盖的广大地区，在2005～2015年短短十年内就从设想变成了现实。

深海采矿投资虽然巨大，但随着陆地土地成本增加、环保要求提高、找新矿和处理老矿的难度加大以及深海技术本身的发展，而且深海采矿无须陆地开采中的巷道掘进等费用，深海采矿的成本将可能变得可以接受。初步研究表明，200万～500万t的矿床在陆地上可能无法形成开采规模，但对海底同类矿床来说，如果在相邻区域内找到十几个同等规模的矿床，采用浮动的船只作业就可以进行商业开采。现阶段，商业开发海底硫化物矿床的可行性研究结论是：在2000m水深的海底年产200万t硫化物矿石，开采期为10年，投资与年作业业务费用低于许多陆地的地下矿井开采。

7.2 深海金属矿产资源探测、开发技术介绍

深海金属矿产资源开发利用，涵盖资源探测和资源开发两个方面。通过资源探测可了解深海海底地球物理信息特征，为深海资源开发奠定基础。通过研究全球大陆边缘地层层序构成与储层分布规律、大陆坡盆地烃源岩类型和分布规律、深水油气的成藏模式，可对深水油气、水合物与海底金属矿藏勘探目标进行预测，并提供海洋油气与金属矿藏勘探理论与技术支持。

1. 深海探矿设备及目的

深海探矿的目的是了解多金属结核等矿物资源的分布规律，探明其形态、类型、覆盖率、丰度、品位变化、储藏水深、地形特征、伴生沉积物类型和性质等。目前采用的探矿设备包括海底采样器、深水地震仪、光学探测仪及声学探测仪等。

2. 深海金属矿产资源开发关键技术简介

深海金属矿产资源开发技术主要包括以下研究方向。

（1）深海金属矿产资源开采系统总体技术。如图7.1所示，其研究范围包括：多金属结核、多金属硫化物和富钴结壳等深海金属矿产资源开采、输送工艺及系统总体作业技术方案，建立开采技术体系，开发深海采矿系统。

（2）海底极端环境、复杂地形下采矿作业技术。其研究范围包括：深海固体矿产资源剥离、破碎及采集技术，以及集矿机在海底沉积物稀软底质上和海山等复杂地形的行走技术，掌握水下集矿机的路径规划及控制技术，具备应用声学、光学、惯性导航定位仪器装备的能力。

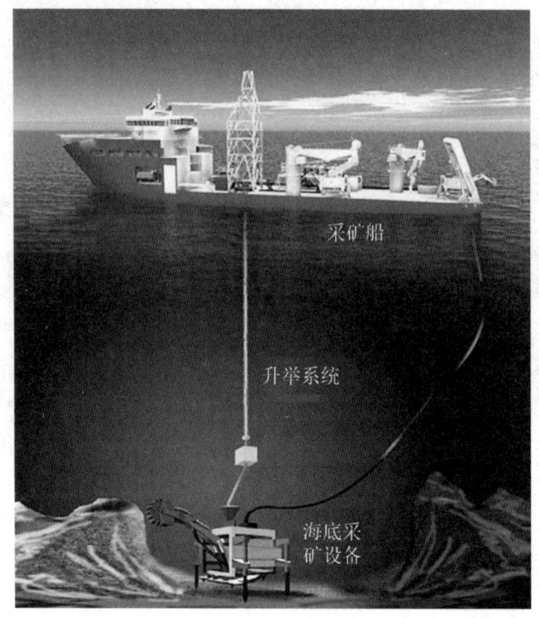

图 7.1 Nautilus 集团深海采矿系统设计图

（3）深海矿物长程输运技术。其研究范围包括：长距离管道粗颗粒稀疏固液两相流输送技术，包括粗颗粒管道提升通畅性防堵技术、管道力学及输送工艺参数检测技术、高效节能防堵粗颗粒两相流混输泵技术等。

（4）极端环境下深海定位和观测技术。其研究范围包括：高精度深海综合导航定位技术，融合声学和非声学导航定位技术，对海底集矿机、扬矿管道和其他移动平台实现高精度导航定位；研究极端环境高分辨率实时地形地貌观测技术，基于声学、光学原理，在强噪声干扰、沉积物大扰动条件下实现对海底集矿作业区域实时高分辨率三维成像。

7.3 深海金属矿产资源开发技术发展动态

深海金属矿产资源开发技术最早开始于 20 世纪 70 年代，至今大致可以划分为三个阶段。

1. 商业利益驱使下的技术开发阶段

该阶段主要集中在 20 世纪七八十年代，由于西方工业社会迅猛发展，对资源的需求日益膨胀，在两个超级大国全方位争霸的背景下，一方面为了评估和占有优质海底矿产资源，另一方面为了展示自己的技术优势，东西方两大阵营进行了大量的、具有相当规模的深海矿产资源开采海上试开采试验。在这轮竞争中，以美国为首的西方国家占据了绝对优势。1978 年，OMA（Ocean Mining Associates）在 1000m 水深的大西洋 BLAKE 海底台地，采用 Deepsea Miner 号货轮、拖曳水力式集矿机和气力提升进行了第一次结核采矿原型试验，该公司由于具有美国政府支持的背景，相对而言技术研发工作受到政府其他因素影响，进展稍缓，试验结果不是很理想。1978 年，OMCO（Ocean Mineral Company）在加利福尼亚州海岸外水深 1800m 处进行多次试验，1979 年进行了 5500m 水深采矿试验，采用 Glomar Explorer 打捞船和阿基米德螺旋驱动自行式集矿机，成功地进行了系统的布放/回收，但由于破碎机发生故障，没有将采集到的结核输送到水面；除此之外，OMCO 建造的当时世界上最大的、作业水深最深的打捞船成功地从 4000m 水深处打捞了苏联的潜艇。OMI（Ocean Management Incorporated）是纯粹以商业开采为目的的公司，其采用的设计思想是越简单越可靠（keep it simple and stupid），使用的是相对简单的系统，OMI 在太平洋克拉里昂克里帕顿地区进行了 5500m 水深的多次采矿试验，系统组成部分包括“SEDCO445”钻探船、拖曳式集矿机（采用水力和机械两种采集头）加上气力与水力管道提升系统（德国 KSB 泵业公司为此次海试研制了两台六级混流式深潜电泵），这些试验总共采集了约 1000t 的结核，是到目前为止世界上成功地从海底矿区采集结核最多的试验。

这一阶段通过一系列的深海采矿系统海试，获得了较多的多金属结核样品，验证了深海采矿技术上的可行性，打通了采矿系统的流程，形成了由海底集矿机采集、管道输送和水面采矿船组成的主流深海矿产资源开采系统。但在技术上还不成熟，采矿系统的可靠性、稳定性均得不到保障，经济性就更差。因此经过轰轰烈烈的一轮海试后，随着苏联的解体和东欧剧变，深海采矿技术研究进入相对沉寂期。

2. 政治斗争激烈的权益争取阶段

本阶段从 20 世纪 80 年代末至 21 世纪初，西方国家基本放弃了整体采矿系统的海上试开采试验，转而进行新发现矿物的采集技术等关键技术和设备的研究以及矿产资源评价体系和海洋环境保护研究。随着越来越多国家对深海矿产资源的重视和对环境问题的担忧，相关国际性组织随之成立，并制定了一系列的规章、制度，使得深海矿产资源的开发从无序到有序，从单一的多金属结核资源，发展到富钴结壳、多金属硫化物等多种资源。新兴国家出于长远考虑，纷纷加大了对深海矿产资源研究的力度，以便在新一轮的海洋矿产资源开采中获取更多利益。在此期间，中国、韩国、印度等国最为活跃。

联合国海洋法会议经过 9 年时间的协商与谈判于 1982 年制定了《联合国海洋法公约》（以下简称《公约》），确定了包括国际海底资源开发在内的各项法律制度。《公约》的显著特点之一是其整体性，《公约》旨在为海洋建立一套完整的法律秩序，以利于国际海洋交通以及促进海洋的和平用途、海洋资源的公平而有效的利用、海洋生物资源和海洋环境的保护。作为人类共同继承财产原则的具体体现，《公约》确立了专属经济区制度，设立了组织管理国际海底区域资源的国际海底管理局等国际机构。《公约》确立的国际海底制度基于当时的政治形势和对国际金属市场前景的预测而制定，是各利益集团经过长期的讨价还价达成的一个妥协平衡的产物。然而在《公约》所确立的国际海底制度基本定型之后，以美国《深海海底固体矿物资源法》的出台为开端，西方一些工业化国家先后制定了与《公约》制度相对立的深海采矿法律。《公约》于 1994 年 11 月 16 日生效，我国于 1996 年 6 月 7 日签署并批准该公约。

美国夏威夷地球物理研究所、科罗拉多矿业学院等一大批院校、研究院所和公司，在美国政府的组织下进行了富钴结壳资源的勘查、开采系统和冶炼方案研究。科罗拉多矿业学院的 Halkyard 于 1985 年在国际海洋环境工程会议上提出了由履带式集矿机、水力管道运输系统和水面采矿船构成的富钴结壳采矿系统技术方案。日本于 1990 年采用耙削、盘刀切削、滚筒式切削等多种方式对富钴结壳样品进行了破碎对比试验，证明上述方法对富钴结壳破碎均是有效的。俄罗斯在充分调查和勘探了富钴结壳资源后，于 1998 年率先向国际海底管理局提出“富钴结壳探矿章程”方案，并提出了电耙式钴结壳采掘车方案。

我国自 20 世纪 80 年代末期开始深海矿产资源开发研究，并成立了中国大洋矿产资源研究开发协会，领导、协调我国在国际海底区域资源研究开发工作，以国家专项的形式开展深海矿产资源的勘探、开采及加工利用技术研究。“八五”期间的研究对象为深海多金属结核的开采，期间中国五矿集团有限公司长沙矿冶研究院有限责任公司和长沙矿山研究院有限责任公司对水力式和复合式两种集矿方式、水力提升与气力提升两种扬矿方式进行了试验研究，取得了集矿与扬矿机理、工艺和参数方面的一系列研究成果与经验。“九五”期间，在之前基础上对研究工作进一步改进与完善，研制了千米水深履带自行复合式集矿机，并于 2001 年夏季在云南抚仙湖进行了部分采矿系统 135m 水深的综合湖试。

韩国的研究工作由其国家“深海采矿技术开发与深海环境保护”项目支持，其多金属结核采矿系统采用 OMA 系统为原型的管道输送系统设计方案。2000 年，韩国地球科学与矿物资源研究院（KIGAM）建成了 30m 高的扬矿试验系统，并进行了水力和气力提升试验。韩国 KRISO 于 20 世纪 90 年代末开始履带式采矿车基础理论和关键技术研究，并于 2003 年建立了采矿车水池试验系统。韩国海洋研究与开发研究院（KORDI）制造了一台 5m×4m×3m 的集矿机，空气中重 9t，水中重 4.5t，在实验室进行了集矿机的集矿性能和行驶性能测试，该实验室拥有一个 30m×6m×5m 的水池，水池底部铺模拟沉积物。

印度拥有一个预算庞大的深海资源开发研究计划，在采矿技术研究方面，通过与德国 Siegen 大学合作，已研制了一种海底采矿车，于 2000 年采用带吸沙头的自行式履带车和软管进行了 410m 水深的海上采砂试验（采用全软管输送）。受恶劣天气影响，前两次试验在布放与回收过程中均遇到了较大困难，第三次试验成功进行了约 40min 采集作业，采集矿浆最大浓度达到 22%。第三次试验中由于沉积物剪切强度低于 1kPa，集矿机发生了较大沉陷。同年，印度在水深更浅区域进行了采矿系统操控性能的测试，分别进行了开环与闭环控制试验，此次试验海底沉积物剪切强度大于 4kPa。由于采矿船与集矿机的相对位置定位遇到困难，同时集矿机的布放与回收过程中也遇到了困难，因此此次试验未能持续较长时间。在 2000 年试验基础上，2006 年印度与德国再次合作进行了 451m 水深浅海采矿试验研究，这次试验可认为是对 2000 年海试系统改进后进行的一次加强试验。改进后的集矿机长 3.4m、宽 3.45m、高 2.5m，水下重 7.2t，最大行驶速度可达 0.75m/s，采矿产量达 12t/h。试验中整个水下系统由折臂式布放/回收系统成功布放与回收。

这一阶段最显著的特点就是中国、韩国、印度等国家全面开展深海矿产资源开发研究工作，以及深海矿产资源的研究从单一的多金属结核向多种资源（如富钴结壳、多金属硫化矿等）扩展。

3. 政治斗争和商业利益双重作用下的竞相发展阶段

本阶段从 21 世纪初至今，随着以中国和印度为代表的新兴大国逐步向工业化过渡，人类对矿产资源的需求开始稳步回升。随着更多深海矿产资源的发现，以及技术的进步，深海采矿活动又逐渐活跃，部分国家或企业已经开始计划进行多金属硫化物的商业化开采。

澳大利亚的鹦鹉螺矿业和海王星矿业两家公司在多个西南太平洋国家专属经济区内申请了超过 100km^2 的勘探区，开展了大量针对海底多金属硫化物的勘探。鹦鹉螺矿业提出了采矿系统设计方案并宣布已与 Technip 等世界著名海洋工程公司签订了开发制造合同。2006 年，鹦鹉螺矿业进行了一次海底多金属硫化物的原位切削采集试验。试验通过在一个 ROV 上加装旋轮式切削刀盘、泵、旋流器和储料仓等，在海底进行了原位海底多金属硫化物切削及采集试验，试验结果表明，海底多金属硫化物能被切成合适的粒度并被泵送到储料仓中。这次试验从海底采集了大约 15t 矿石，证明了用这种开采方案和设备进行海底多金属硫化物采矿作业的技术可行性，而且为该矿区的资源评价提供了大量的矿石样品。2011 年 1 月，巴布亚新几内亚政府将世界上第一个深海采矿租约发给了鹦鹉螺矿业公司，由该公司开发俾斯麦海内的 Solwara1 项目。该租约覆盖位于拉包尔港以北约 50km 的 59km^{2}面积的 Solwara1 海域。Solwara1 矿床资源探明储量为 220 万 t 矿石，其中包括 87 万 t 质量分数为 6.8%的铜矿石和质量分数为 4.8g/t 的黄金矿石。

2010 年成立的 Dorado Ocean Resources Limited 是一家专业从事海洋矿产资源调查、勘探、商业开采的私人公司，该公司在南太平洋获得了原海王星公司的 14.7 万 km^{2}矿区，并额外申请矿区 2.84 万 km^2，其矿区合计 17.54 万 km^2。通过利用 ROV、多波束、侧扫声呐、温盐深传感器等设备进行调查和取样，获知其矿区多金属硫化物矿（SMS）的平均品位为：铜，0.4%；锌，9.3%；铅，4.9%；金，0.001 09%；银，0.055 02%。按照 2010 年 10 月 25 日的市场价，每吨矿石价值约为 1232 美元。

2011 年 6 月，加拿大的 Diamond Fields International 公司重新启动了红海多金属软泥开采研究，目前主要利用德国 Preussag 公司的相关资料进行评估。

荷兰的疏浚行业公司 IHC（Industriële Handels Combinatiev）看到了深海矿产资源开发巨大的潜在商机，将海洋矿产资源开发列为公司的发展方向，投入大量人力、物力进行研究。IHC 还与代尔夫特理工大学联合培养专业人员，为今后开发利用深海矿产资源进行人才储备。美国通用电气公司也并购了许多海洋工程与技术公司，试图重新开始海洋油气和矿产资源开采等业务。

2008 年 3 月 26 日，韩国从汤加政府获得在其专属经济区开展多金属硫化物调查的探矿执照。由韩国海洋技术、油气船和冶炼行业的四个公司所组成的韩国深海采矿财团（Korea Deep Seabed Mining Group，KDSMG）与韩国国土、交通与海洋事务部（The Ministry of Land，Transport and Maritime Affairs of Korea，MLTM）合作，开展对探矿许可区内资源潜力的评价研究。

“十五”期间，我国深海采矿技术研究以 1000m 海试为目标，完成了“1000m 海试总体设计”和集矿、扬矿、水声、测控、水面支持等各子系统的详细设计，研制了两级高比转速深潜泵样机，采用虚拟样机技术对 1000m 海试系统动力学特性进行了较为系统的分析。同期，结合国际海底区域活动发展趋势，中国大洋矿产资源研究开发协会还组织开展了富钴结壳采掘技术和行驶技术研究，研制了富钴结壳采集模型机，进行了截齿螺旋滚筒切削破碎、振动掘削破碎、机械水力复合式破碎 3 种破碎方法试验研究，以及履带式、轮式、步行式、ROV 式 4 种行走方式试验研究。此外还完成了 230m 水深的模拟结核矿井提升试验，以及扬矿系统虚拟实验研究等工作。

2014 年 2 月，欧盟支持由 IHC 牵头的 Bluemining 项目，进行了深海采矿装备开发预研究，将客户定义为“虚拟”客户，意指中国等资源消费大国。2015 年 3 月，欧盟又资助为期 42 个月的多金属硫化物采矿机研发项目（1200 万欧元）。美国的一些企业也看到了商机，以各种形式参与到深海采矿装备的开发之中。

7.4 深海金属矿产资源开采系统设计

不同的深海金属矿产资源有着不同的开发方法和开采系统，以下根据金属矿产的类型，就开采方法分别进行介绍。

1. 多金属结核矿开采

1）连续绳斗提升采矿系统

连续绳斗提升采矿系统（continuous line bucket system，CLBS）由采矿船、无极绳斗、绞车和万向支架等组成。无极绳斗由一条首尾相连的高强度无极绳和一系列铲斗组成，铲斗固定在无极绳上，铲斗间距 25～50m。采矿时，借助绞车、导向滑轮和万向支架等设备，将无极绳斗从采矿船上投入海中，使铲斗呈曲线接触海底，开动船上的绞车带动无极绳斗，使无极绳斗在采矿船与海底之间循环翻转，铲斗较低一侧在海底掠过，铲起结核、底部沉积物、底栖生物和其他物质，从海底提起，到船上倾倒，连续运转实现结核的连续开采。

铲斗大多采用金属网或有眼的盒子结构，在绞起过程中，沉积物可以被冲掉，结核留在铲斗中。铲入海底沉积物的深度在某种程度上可以由采矿船行驶速度和机动性加以综合控制，并在铲斗上安装角齿和滑行架。

连续绳斗提升采矿系统有单船作业和双船作业两种方式。单船作业方式进出的两根绳索相距很近，易使绳斗互相缠绕，影响采矿作业的顺利进行。为克服单船作业的绳斗缠绕问题，可采用双船作业方式：一艘船放绳入海，另一艘船将装有多金属结核的绳斗从海中收进，卸完结核后，立即将空绳斗传递到第一艘船，再送入海中，如此循环进行，实现结核的连续开采。

该系统的特点是设备简单，机械装置在船上，维修方便，准备及搬迁时间短；铲斗工作受水深和海底地形变化的影响不大；缆绳能平衡船的摇摆，减轻波浪对作业的影响；对多金属结核的块度要求不严格；设备投资少，生产成本低等。存在的主要问题是该系统难以控制，结核的回收率低，日采矿能力低。铲斗铲起海床上的结核和沉积物时，造成近底羽状流，污染附近海底及水体环境。

2）管道提升采矿系统

该系统主要由集矿、扬矿、操纵、监控四个部分组成。

（1）集矿。利用集矿机在海底表面采集矿石，集矿方法有水力式、机械式和水力-机械混合式三种。

（2）扬矿。将集矿机采集到的结核提升到采矿船内。目前采用的管道提升方法有泵提升和气力提升两种方式。泵提升是在扬矿管道中适当的位置安装多台大功率的潜水砂泵，通过流体静压力进行提升，该静压力足以克服由摩擦和锰结核自重产生的压力损失，将矿石提升至水面采矿船。气力提升是由装在船上的空压机将高压空气送入浸在水中 3000～6000m 长的扬矿管道中，使管内密度减小，管内所形成的负压和管外的海水压力产生压差，形成上升流，将含锰结核的混合海水提升到水面采矿船。

（3）操纵。采矿船的操纵机械用于集矿机和扬矿管道等设备的装卸、下放和回收。

（4）监控。集矿机、高压潜水泵或空压机以及海底检测分析仪器的监控，通过数据采集、数据处理和计算机集中控制，监视并控制集矿和扬矿作业。

管道提升式采矿方法配用自行式遥控集矿机，具有灵活性好、能避开海底障碍物与不利地形、采矿效率较高、开采规模大、技术难度小等特点。

工作过程：采矿船到达采区后，将集矿机和提升管接好，逐步放到海底，提升管上端悬置于采矿船，集矿机用于采集海底沉积物中的结核并进行初处理，在除去过大结核的同时，将合格尺寸的结核输入提升管底端，以水力或气力提升方式使管内的水以足够的速度向上运动，将结核输送到海面采矿船上。

3）无人潜水穿梭机系统

该系统相当于装有集矿装置的潜水器，兼有多金属结核的采集和运输的功能。该系统由螺旋推进装置、支承系统、采集系统、车内传输系统、压载物、矿核存储室、浮力材料、蓄电池、辅助推进系统组成。

工作过程：借自重把无人潜水穿梭机沉入海中，在接近海底时进行卸载以减慢下沉速度，使采矿车轻轻着地，抛弃部分压仓物，并收集结核。当采集的多金属结核装满采集矿仓时，抛弃剩余压仓物，从而使装满金属结核的潜水采矿器浮出水面，卸掉矿石，装满压仓物后再潜到海底进行下一次采矿。

潜水穿梭机系统采用高能蓄电池作为动力，是无缆的无人潜水器，可用履带行走，也可用螺旋桨潜行。由于安装了各种探测、TV 控制元件，它可以自由行走，提高了采集效率。可根据产量要求配备多台无人潜水穿梭机穿梭往来，类似陆上的自行矿车或铲运机。

该系统最大的优点是各无人潜水穿梭机相互独立，一台出现故障不会影响整个采矿系统，机动灵活，无须长距离运输管道、泵送或压气设施，材料消耗和能耗少。缺点是该装置制作需要较高水平的技术，动力部分成本高，且每次采集量有限，沉浮时间长，不如前述管道提升开采法经济。此外，该系统集矿过程中有相当数量的压仓物留在海底，对环境有明显的危害。

4）海底自动采矿系统

海底自动采矿系统（automatic submarine mining system，ASMS）是连续绳斗提升采矿系统和无人潜水穿梭机系统的结合体，是加设了提升管道的穿梭集矿系统，或是由遥控潜水采矿机代替连续铲斗的采矿系统。

2. 富钴结壳开采

1）自行式采矿机：管道提升开采系统

该系统由采矿车、水力吸矿器、储存仓、破碎与分选机、扬矿管等组成。采矿车长 13m、宽 8m，由 8 条三角形行走履带驱动，行驶速度 0.2m/s，作业功率 900kW，空气中重 100t，装备有 6 个带切割头的机械臂，由切割头切割钴结壳及其附着的基岩，破碎的矿物经水力吸矿器吸入储存仓，经二次破碎及分选后，采用气力提升方式经扬矿管提升到水面支持船。该系统能很好地适应复杂变化的微地形，但必须解决切割头随微地形变化的浮动问题。

2）截割式采矿机：管道提升开采系统

该开采系统由俄罗斯提出，其采矿机有左右两个螺旋滚筒，它们的外面装有切割刀和截齿，里面装有叶片，构成轴流泵，与吸入软管相连，支承在行走轮上，并通过几根索链与牵引钢丝绳相连。

作业时采矿车经潜水平台下放到海底，在海底装设锚固绞车座，用缆索连接潜水平台与锚固绞车座。启动电动机驱动螺旋滚筒，切割结壳，轴流泵均匀吸入结壳，经提升管提升至水面支持船，也可采用绳斗提升。该系统由于机构简单，极具应用前景。

3）自行式掘削机：管道提升开采系统

鹦鹉螺矿业公司于 2007 年为英国 SMD 公司设计研制了自行式掘削机：管道提升开采系统，掘削机伸出的机械臂前端安装有多刀头切削装置，可以在矿体上一层一层地摆动切削获得矿石，且集矿机可通过四个支撑柱的交替伸缩与平移来实现自行移动掘进，采集到的矿浆通过管道提升系统输送至水面支持船。整套系统平均开采能力可达 100m^3/h，高峰时期可达 6000t/d。

7.5 本章小结

本章阐述了深海金属矿产资源探测和资源开发的意义，并简要介绍了深海金属矿产资源探测与资源开发技术。本章最后部分对深海金属矿产资源开发利用技术国内外发展动态进行了总结分析，介绍了深海金属矿产资源开发利用技术阶段性发展情况。

参 考 文 献

[1] 阳宁，夏建新. 国际海底资源开发技术及其发展趋势[J]. 矿冶工程，2000，20（1）：1-4.

[2] Boomsma W，Warnaars J. Blue mining[C]. 2015 IEEE Underwater Technology，Chennai，India，2015：1-4.

索　引

彩　图

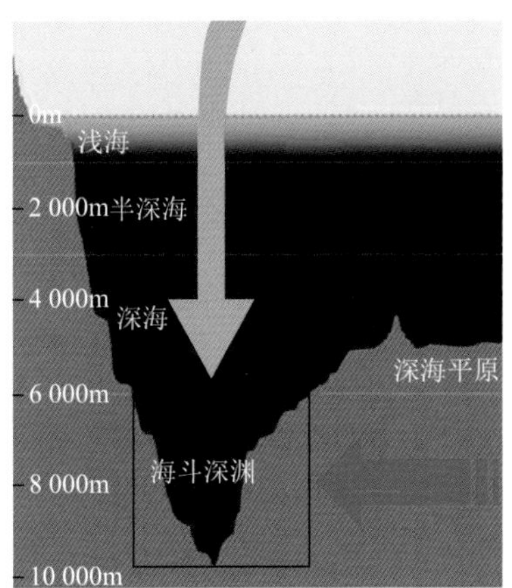

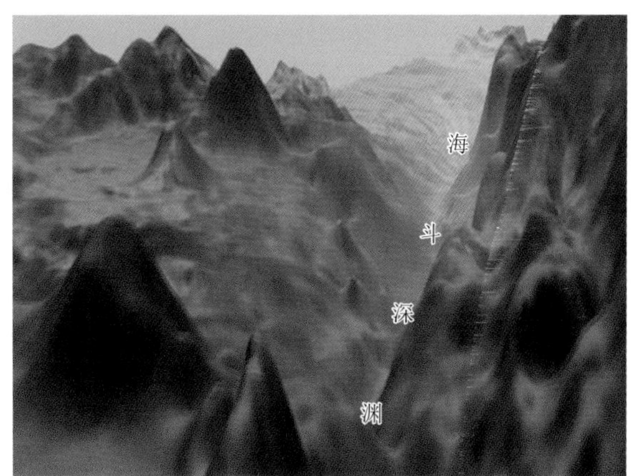

图 1.1　浅海、半深海、深海、海斗深渊对应的深度

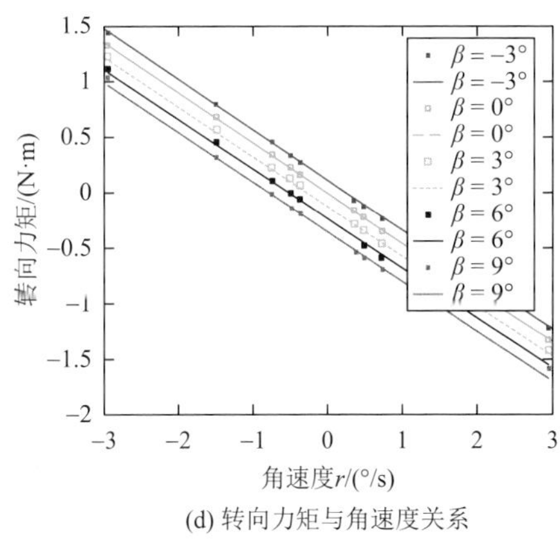

(d) 转向力矩与角速度关系

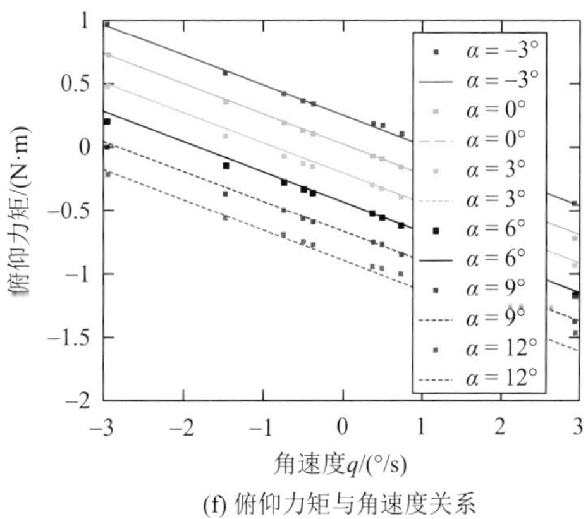

(f) 俯仰力矩与角速度关系

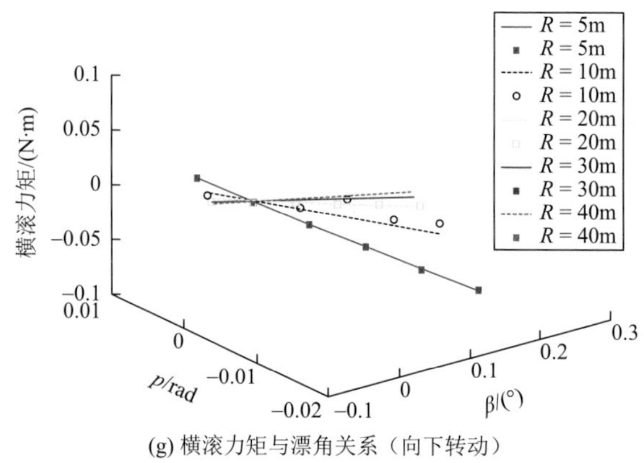

(g) 横滚力矩与漂角关系（向下转动）

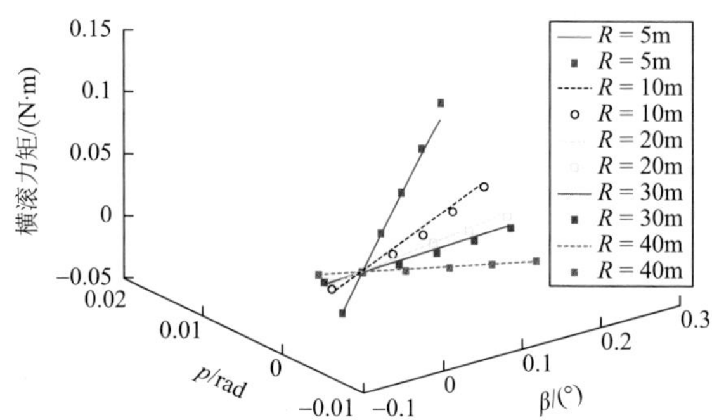

(h) 横滚力矩与漂角关系（向上转动）

图 4.7　滑翔机水动力系数拟合

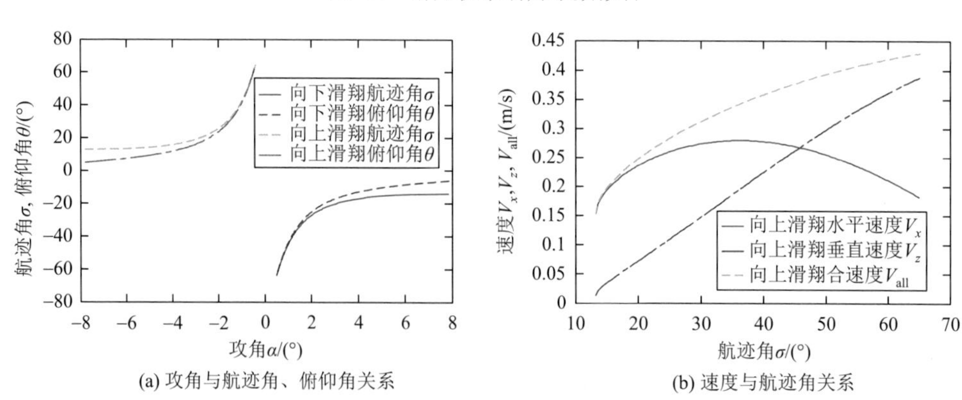

(a) 攻角与航迹角、俯仰角关系　　(b) 速度与航迹角关系

图 4.10　平衡滑翔状态时，攻角与航迹角、俯仰角，速度与航迹角关系

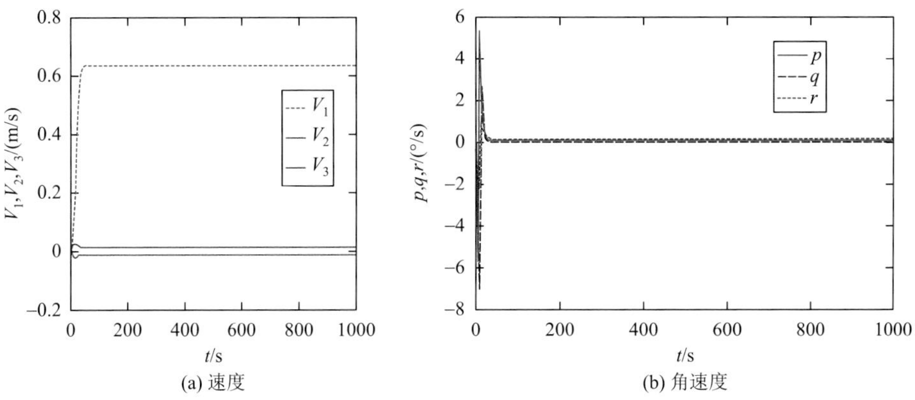

(a) 速度

(b) 角速度

图 4.15　滑翔机的速度和角速度

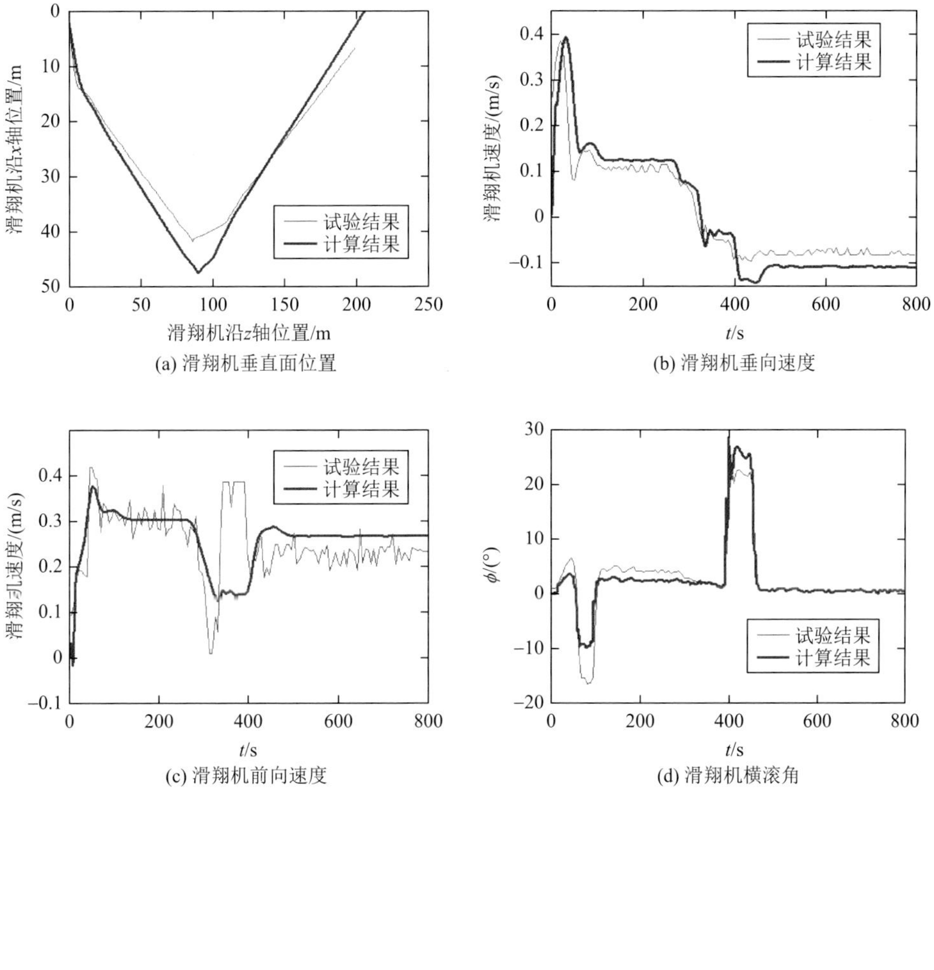

(a) 滑翔机垂直面位置

(b) 滑翔机垂向速度

(c) 滑翔机前向速度

(d) 滑翔机横滚角

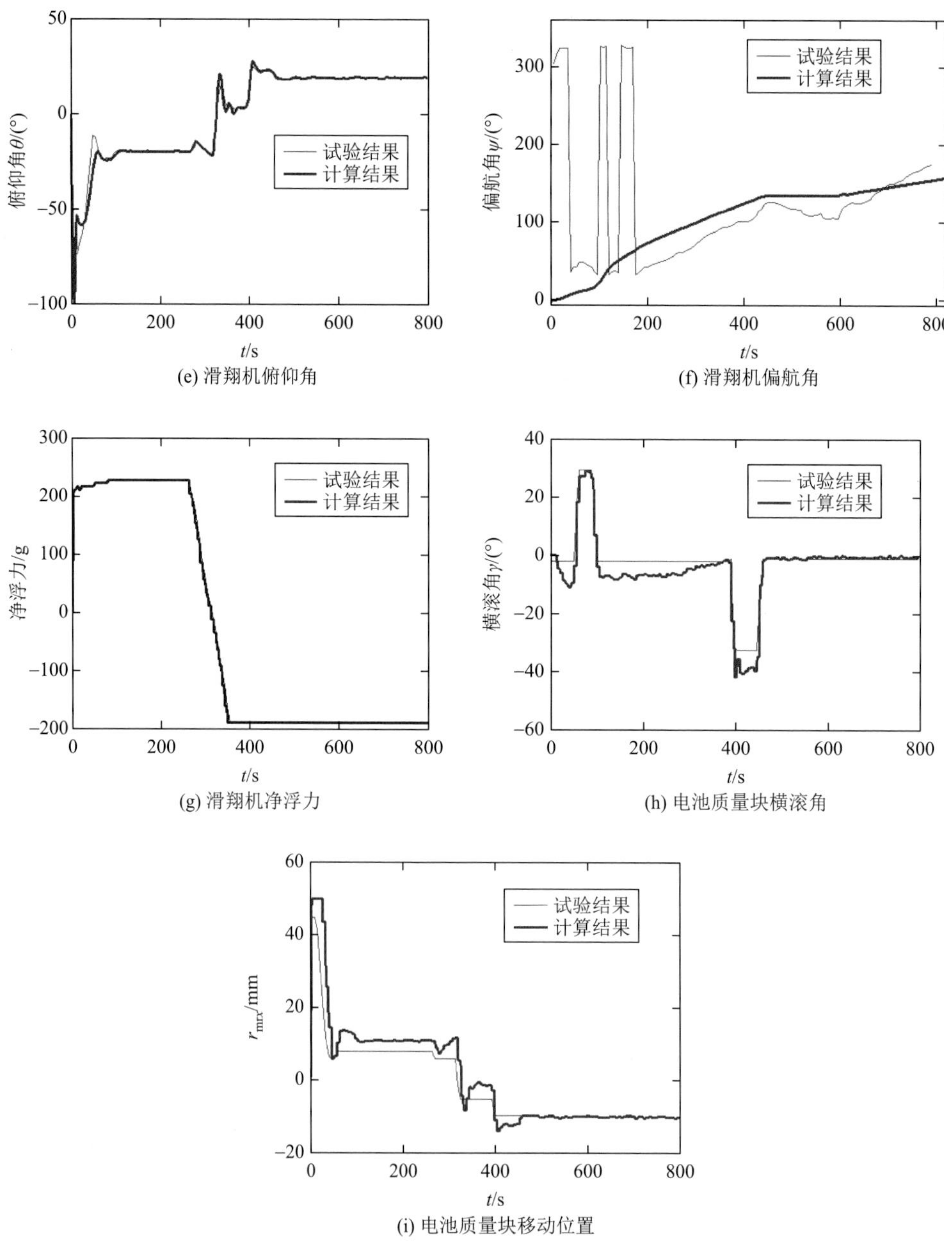

(e) 滑翔机俯仰角

(f) 滑翔机偏航角

(g) 滑翔机净浮力

(h) 电池质量块横滚角

(i) 电池质量块移动位置

图 4.21　滑翔机湖试试验结果

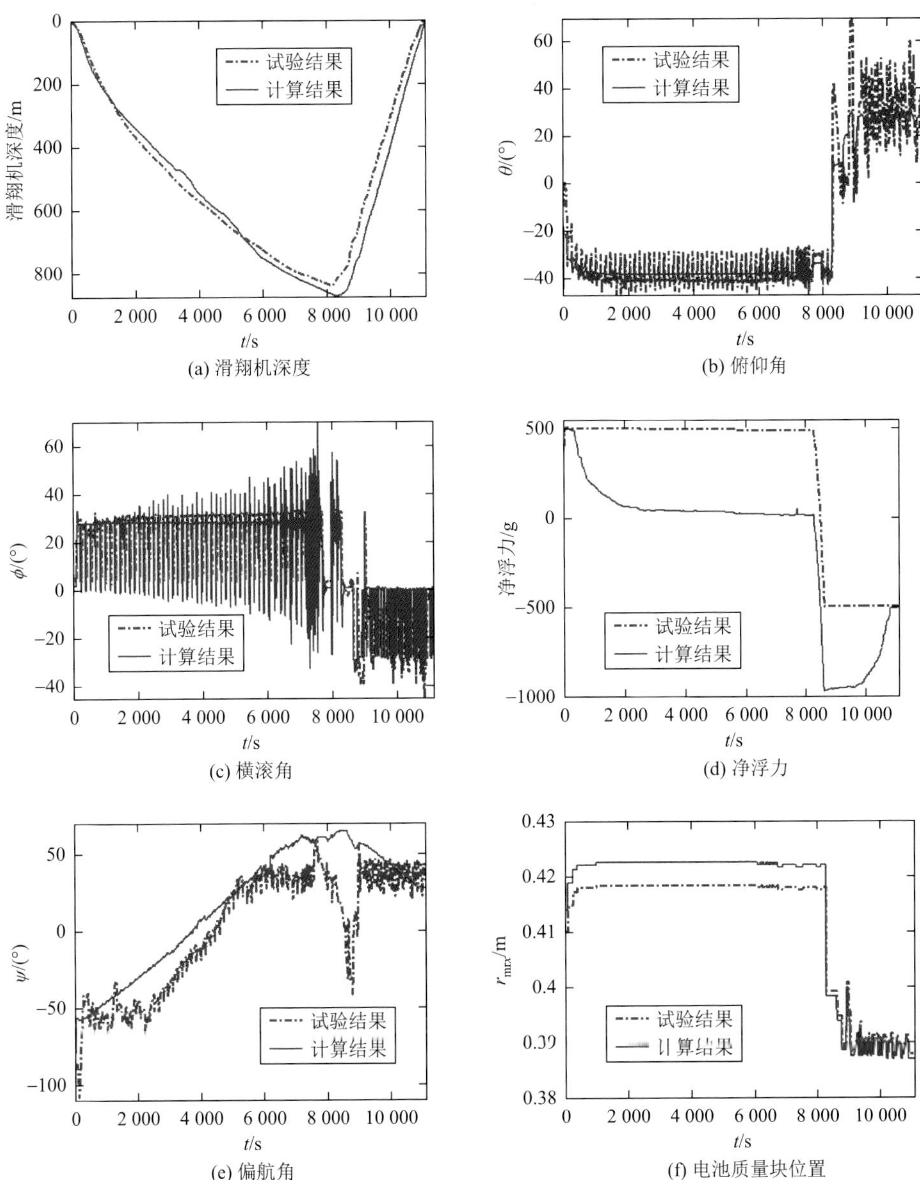

(a) 滑翔机深度

(b) 俯仰角

(c) 横滚角

(d) 净浮力

(e) 偏航角

(f) 电池质量块位置

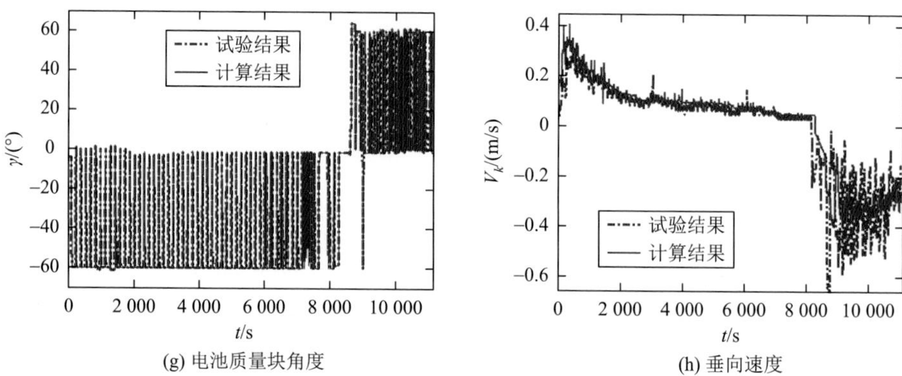

(g) 电池质量块角度

(h) 垂向速度

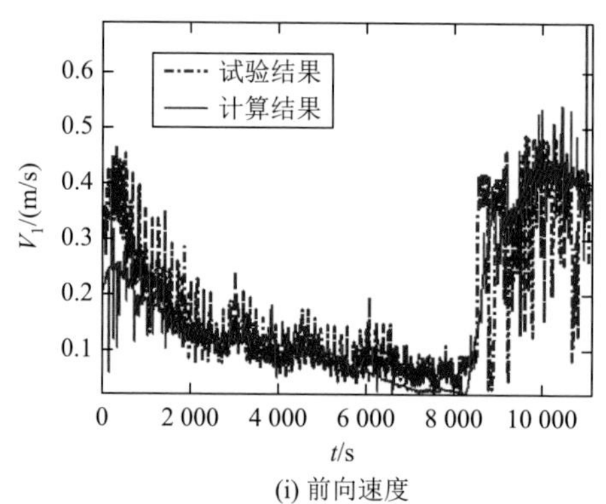

(i) 前向速度

图 4.23　滑翔机海试试验结果

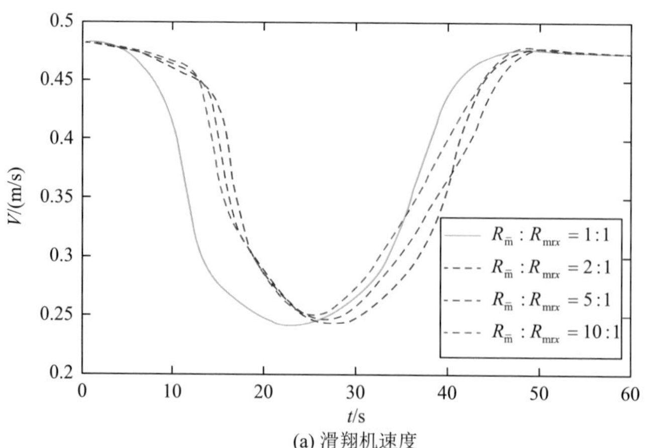

(a) 滑翔机速度

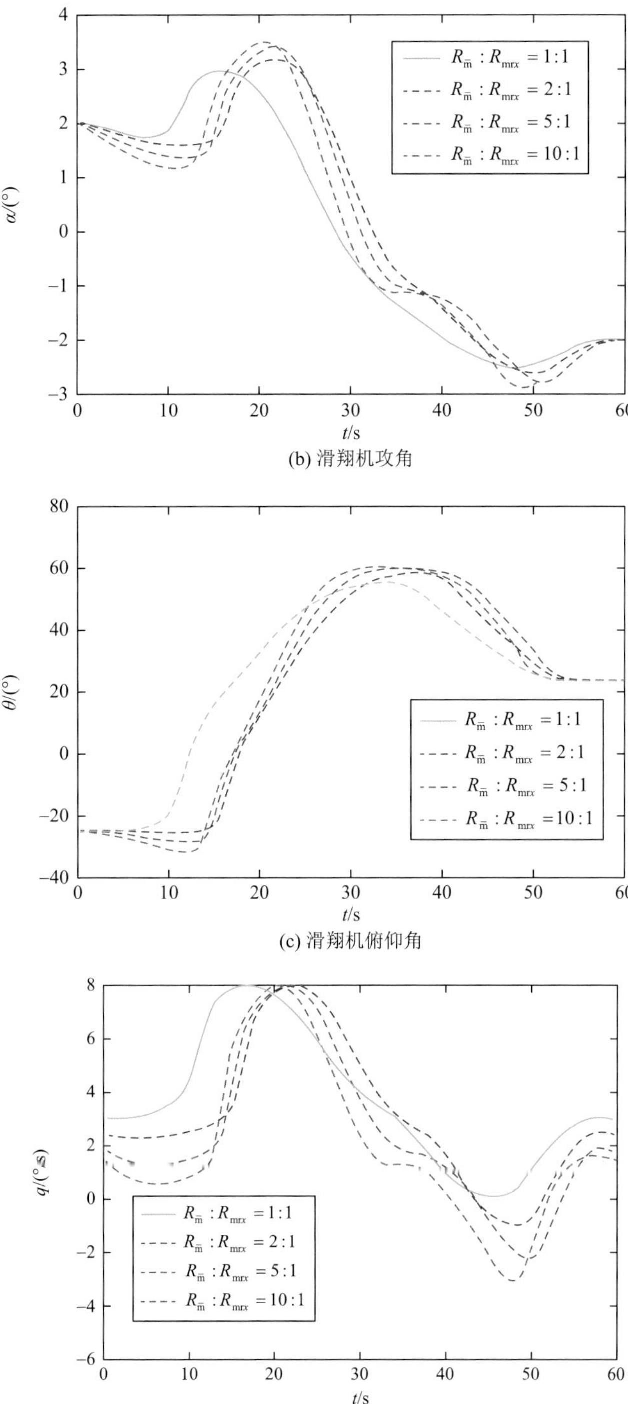

(b) 滑翔机攻角

(c) 滑翔机俯仰角

(d) 滑翔机俯仰角速度

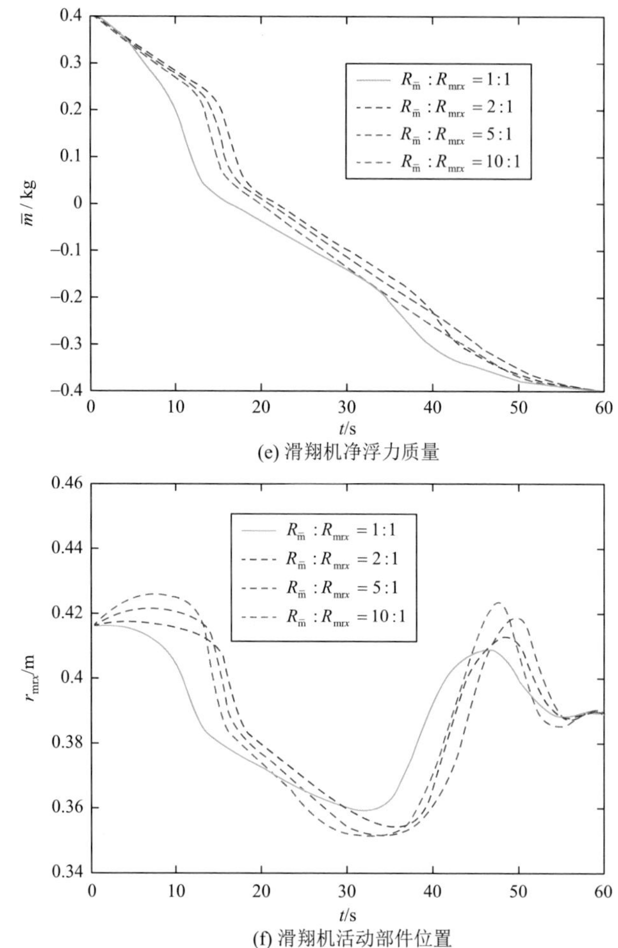

(e) 滑翔机净浮力质量

(f) 滑翔机活动部件位置

图 4.28　在不同权重下滑翔机各状态量变化

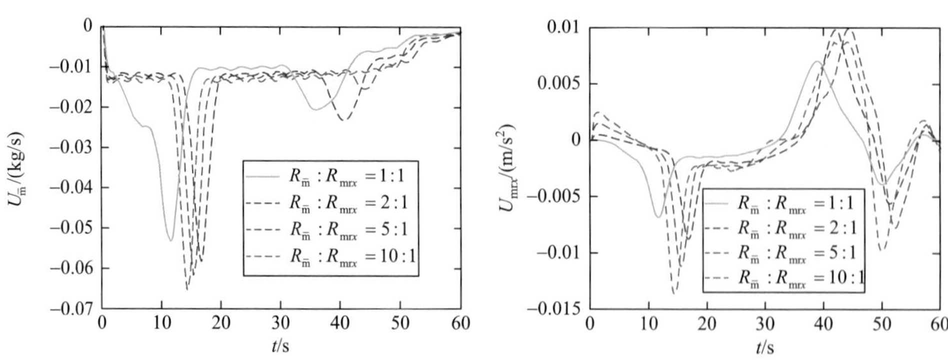

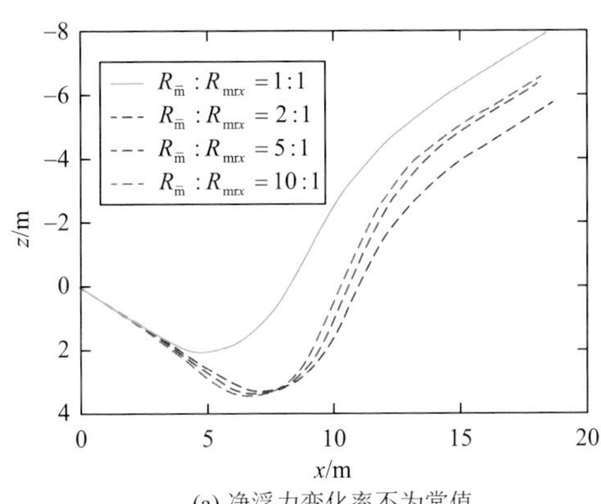

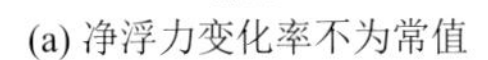
(a) 净浮力变化率不为常值

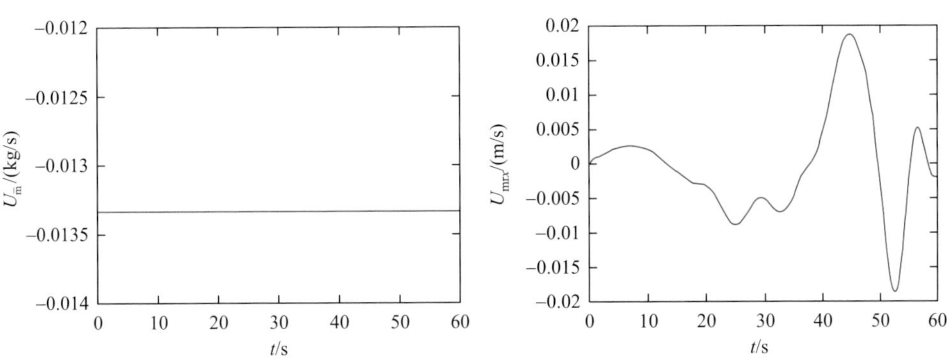

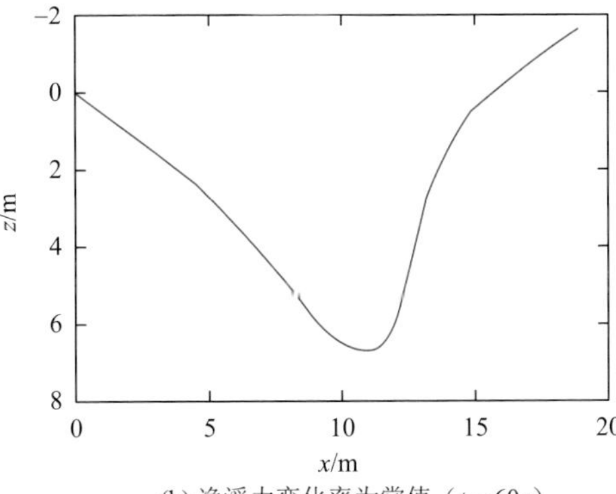

(b) 净浮力变化率为常值（$t = 60$s）

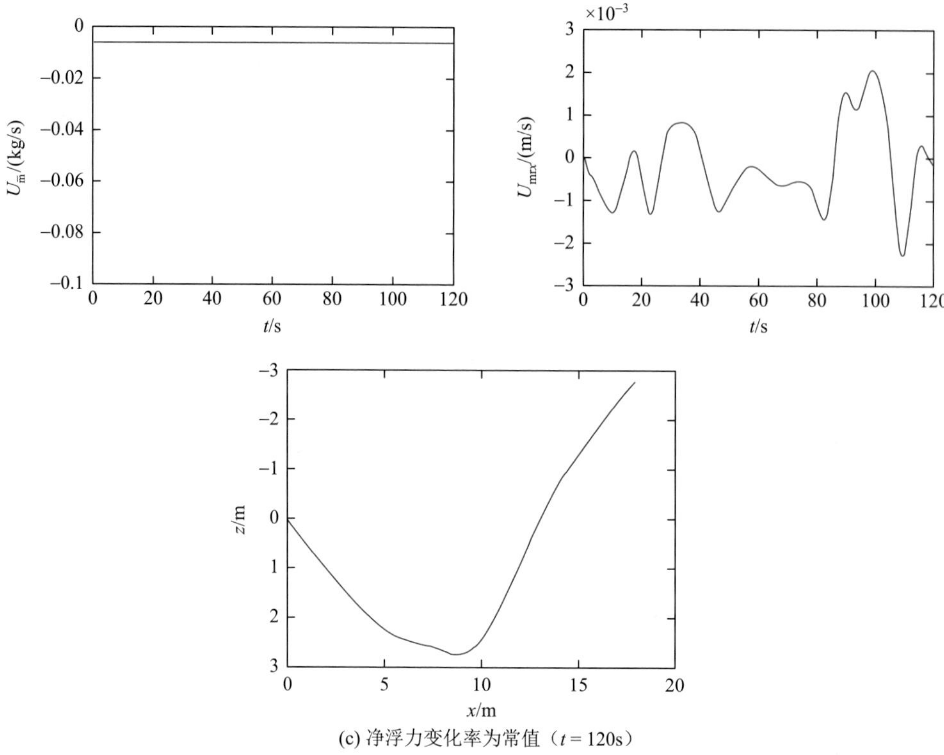

(c) 净浮力变化率为常值（$t = 120\text{s}$）

图 4.31　滑翔机在惯性坐标系下垂直面的轨迹，以及净浮力、动质量块位置控制量